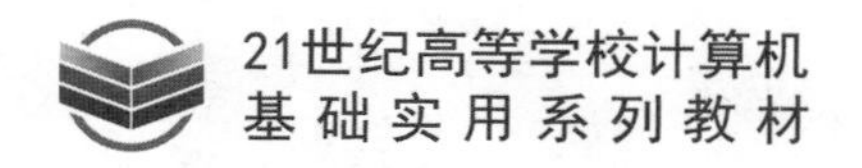

21世纪高等学校计算机
基础实用系列教材

数据结构（Java版）

第2版 · 微课视频版

◎ 吕云翔 郭颖美 王子豪 编著

清华大学出版社
北京

内 容 简 介

本书在选材与编排上，贴近当前普通高等院校“数据结构”课程的现状和发展趋势，内容难度适度，突出实用性和应用性。在内容选取与结构上，本书并未对各种数据结构面面俱到，而是通过分类和讲解典型结构，使读者形成对数据结构的宏观认识。根据内容侧重，本书共 8 章，分别为绪论、线性表、栈和队列、串和数组、树结构、图、排序和查找。

本书是高等院校计算机科学、软件工程及相关专业“数据结构”课程的理想教材，也可供程序员、系统工程师等相关人员阅读参考。

图书在版编目(CIP)数据

数据结构：Java 版：微课视频版/吕云翔，郭颖美，王子豪编著. —2 版. —北京：清华大学出版社，2023.7

21 世纪高等学校计算机基础实用系列教材

ISBN 978-7-302-62975-7

Ⅰ. ①数…　Ⅱ. ①吕…　②郭…　③王…　Ⅲ. ①数据结构－高等学校－教材　②JAVA 语言－程序设计－高等学校－教材　Ⅳ. ①TP311.12　②TP312.8

中国国家版本馆 CIP 数据核字(2023)第 039760 号

策划编辑：魏江江
责任编辑：王冰飞
封面设计：刘　键
责任校对：胡伟民
责任印制：刘海龙

出版发行：清华大学出版社
　　网　　址：http://www.tup.com.cn，http://www.wqbook.com
　　地　　址：北京清华大学学研大厦 A 座　　**邮　　编**：100084
　　社 总 机：010-83470000　　**邮　　购**：010-62786544
　　投稿与读者服务：010-62776969，c-service@tup.tsinghua.edu.cn
　　质量反馈：010-62772015，zhiliang@tup.tsinghua.edu.cn
　　课件下载：http://www.tup.com.cn，010-83470236
印 装 者：北京国马印刷厂
经　　销：全国新华书店
开　　本：185mm×260mm　　**印　张**：15.75　　**字　　数**：398 千字
版　　次：2019 年 4 月第 1 版　2023 年 7 月第 2 版　　**印　　次**：2023 年 7 月第1 次印刷
印　　数：10501～12000
定　　价：49.80 元

产品编号：099778-01

出版说明

随着我国改革开放的进一步深化，高等教育也得到了快速发展，各地高校紧密结合地方经济建设发展需要，科学运用市场调节机制，加大了使用信息科学等现代科学技术提升、改造传统学科专业的投入力度，通过教育改革合理调整和配置了教育资源，优化了传统学科专业，积极为地方经济建设输送人才，为我国经济社会的快速、健康和可持续发展以及高等教育自身的改革发展做出了巨大贡献。但是，高等教育质量还需要进一步提高以适应经济社会发展的需要，不少高校的专业设置和结构不尽合理，教师队伍整体素质亟待提高，人才培养模式、教学内容和方法需要进一步转变，学生的实践能力和创新精神亟待加强。

教育部一直十分重视高等教育质量工作。2007 年 1 月，教育部下发了《关于实施高等学校本科教学质量与教学改革工程的意见》，计划实施"高等学校本科教学质量与教学改革工程(简称'质量工程')"，通过专业结构调整、课程教材建设、实践教学改革、教学团队建设等多项内容，进一步深化高等学校教学改革，提高人才培养的能力和水平，更好地满足经济社会发展对高素质人才的需要。在贯彻和落实教育部"质量工程"的过程中，各地高校发挥师资力量强、办学经验丰富、教学资源充裕等优势，对其特色专业及特色课程(群)加以规划、整理和总结，更新教学内容、改革课程体系，建设了一大批内容新、体系新、方法新、手段新的特色课程。在此基础上，经教育部相关教学指导委员会专家的指导和建议，清华大学出版社在多个领域精选各高校的特色课程，分别规划出版系列教材，以配合"质量工程"的实施，满足各高校教学质量和教学改革的需要。

本系列教材立足于计算机公共课程领域，以公共基础课为主、专业基础课为辅，横向满足高校多层次教学的需要。在规划过程中体现了如下一些基本原则和特点。

(1) 面向多层次、多学科专业，强调计算机在各专业中的应用。教材内容坚持基本理论适度，反映各层次对基本理论和原理的需求，同时加强实践和应用环节。

(2) 反映教学需要，促进教学发展。教材要适应多样化的教学需要，正确把握教学内容和课程体系的改革方向，在选择教材内容和编写体系时注意体现素质教育、创新能力与实践能力的培养，为学生的知识、能力、素质协调发展创造条件。

(3) 实施精品战略，突出重点，保证质量。规划教材把重点放在公共基础课和专业基础课的教材建设上；特别注意选择并安排一部分原来基础比较好的优秀教材或讲义修订再版，逐步形成精品教材；提倡并鼓励编写体现教学质量和教学改革成果的教材。

(4) 主张一纲多本，合理配套。基础课和专业基础课教材配套，同一门课程可以有针对不同层次、面向不同专业的多本具有各自内容特点的教材。处理好教材统一性与多样化，基本教材与辅助教材、教学参考书，文字教材与软件教材的关系，实现教材系列资源配套。

(5) 依靠专家,择优选用。在制定教材规划时依靠各课程专家在调查研究本课程教材建设现状的基础上提出规划选题。在落实主编人选时,要引入竞争机制,通过申报、评审确定主题。书稿完成后要认真实行审稿程序,确保出书质量。

繁荣教材出版事业,提高教材质量的关键是教师。建立一支高水平教材编写梯队才能保证教材的编写质量和建设力度,希望有志于教材建设的教师能够加入到我们的编写队伍中来。

21世纪高等学校计算机基础实用系列教材

联系人:魏江江 weijj@tup.tsinghua.edu.cn

第 2 版前言

党的二十大报告中指出：教育、科技、人才是全面建设社会主义现代化国家的基础性、战略性支撑。必须坚持科技是第一生产力、人才是第一资源、创新是第一动力，深入实施科教兴国战略、人才强国战略、创新驱动发展战略，这三大战略共同服务于创新型国家的建设。高等教育与经济社会发展紧密相连，对促进就业创业、助力经济社会发展、增进人民福祉具有重要意义。

自 2017 年 11 月出版以来，《数据结构（Java 版）》经过了多次印刷，被许多高校选为“数据结构”课程的教材，深受这些学校师生的钟爱，并获得了良好的社会效益。但从另外一个角度来看，作者有责任和义务维护好这本书的质量，及时更新书中内容，做到与时俱进。

近年来，信息技术突飞猛进，在云计算、大数据和人工智能等方面发展得越来越快。即使在前一版的文章中已经涉及的一些技术，由于有了进一步的发展，也有必要将其内容进行及时的更新。本书改动内容如下。

（1）重新对每章的内容进行了梳理。

（2）在第 2～8 章，每章都增加了实验题及其解答，便于读者提高动手能力。

（3）针对每章的应用题，重新运行原有程序，使习题答案准确无误。

（4）针对每章的重点或难点的算法和实验，配置了微课视频进行讲解。

（5）删除了附录 A 的考试试题，将试题及其答案作为配套资源提供。

通过上述修改，希望教师和学生更喜欢本教材，也希望本教材信息容量大、知识性强的特色能够很好地得到延续。

为便于教学，本书提供丰富的配套资源，包括教学大纲、教学课件、电子教案、程序源码、习题答案和微课视频。本书配套的视频二维码位置如表 1 所示。

表 1　视频二维码位置

序号	视频内容标题	视频二维码位置	所在页码
1	U2 链表	2.3　线性表的链式存储和实现	24
2	U3 中缀表达式转后缀表达式	3.4.3　表达式求值	57
3	U4 KMP	4.2.2　KMP 算法	72
4	U5 队列实现二叉树的层次遍历	5.2.4　二叉树的遍历	95
5	U5 哈夫曼树	5.3　哈夫曼树及哈夫曼编码	103
6	U5 由二叉树的前序遍历和中序遍历还原树	5.5.3　从前序遍历和中序遍历构造二叉树	110
7	U6 迪杰斯特拉	6.5.1　求某个顶点到其余顶点的最短路径	133
8	U6 拓扑排序	6.6　拓扑排序和关键路径	135
9	U7 快速排序	7.3.2　快速排序	153

续表

资源下载提示

课件等资源:扫描封底的“课件下载”二维码,在公众号“书圈”下载。

数据文件等资源:扫描目录上方的二维码下载。

视频等资源:扫描封底的文泉云盘防盗码,再扫描书中相应章节的二维码,可以在线学习。

本书的作者为吕云翔、郭颖美、王子豪,曾洪立参与了部分内容的编写并进行了素材整理及配套资源制作等。

最后,请读者不吝赐教,及时提出宝贵意见。

编　者

2023年5月

前　言

随着近年来计算概念的快速发展，计算学科已经发展成为一个内涵繁杂的综合性学科，其至少可以划分为计算机工程(CE)、计算机科学(CS)、信息系统(IS)、信息技术(IT)和软件工程(SE)5 个领域，而且不同领域的人才所应具备的知识结构与能力侧重也不尽相同。尽管如此，从目前已经完成的部分来看，数据结构在各领域的知识体系中仍然占据着重要的位置。“数据结构”是普通高等院校计算机和信息管理等专业的一门必修课程，主要讨论数据的逻辑结构、在计算机中的存储结构以及对其进行的各种处理运算的方法和算法。

N. Wirth 早在 20 世纪 70 年代就指出“程序＝数据结构＋算法”。数据结构主要研究数据在计算机中存储、组织、传递和转换的过程及方法，这些也是构成与支撑算法的基础。近年来，随着面向对象技术的广泛应用，从数据结构的定义、分类、组成到设计、实现与分析的模式和方法都有了长足的发展，现代数据结构更加注重和强调数据结构的整体性、通用性、复用性、简洁性和安全性。

为遵循上述原则，本书选择 Java 作为描述语言，因为相对于其他语言，Java 程序设计语言是应用最广泛、面向对象程度化最高的语言，利用 Java 语言中的类和接口能够准确地描述任何一种数据结构的逻辑定义和运算，利用一种存储结构定义的派生类能够高效地实现对数据的运算。

在内容的选取与结构上，本书并未涉及各种数据结构，而是通过分类和讲解典型结构使读者形成对数据结构的宏观认识。根据内容的侧重，本书共分 8 章，分别为绪论、线性表、栈和队列、串和数组、树结构、图、排序和查找。

第 1 章介绍数据结构的基本概念，算法的描述和算法时间复杂度、空间复杂度等内容，是全书的基础。

第 2 章主要介绍线性表的基本概念和抽象数据类型定义、线性表顺序和链式两种存储方式的表示、基本操作的实现和相应的应用。

第 3 章简要介绍栈和队列的基本概念和抽象数据类型定义、栈和队列在顺序存储和链式存储结构下的基本操作和应用。

第 4 章主要介绍串的基本概念和数据类型定义、串的存储结构、基本操作实现和应用等内容。

第 5 章主要介绍树和二叉树的基本概念，详细介绍二叉树的性质和存储结构、遍历方法的实现及应用、哈夫曼树的概念和构造方法。

第 6 章主要介绍图的基本概念、抽象数据类型定义、存储结构和遍历方法，还介绍最小生成树的基本概念和算法、最短路径的相关算法、拓扑排序的概念和实现方法。

第 7 章介绍排序的基本概念，插入排序、交换排序、选择排序、归并排序等多种排序的原理、实现方法及性能分析。

第8章主要介绍查找的基本概念,顺序查找、二分查找等查找的原理、实现方法和性能分析,平衡二叉树、哈希表的概念、结构定义和实现方法。

本书理论知识的教学安排建议如下:

章　节	内　容	学 时 数
第1章	绪论	2
第2章	线性表	4～6
第3章	栈和队列	6～8
第4章	串和数组	2～4
第5章	树结构	6～8
第6章	图	4～8
第7章	排序	4～6
第8章	查找	4～6

建议先修课程:Java语言

建议理论教学时数:32～48学时

建议实验(实践)教学时数:16～32学时

本书中的所有算法都已经通过上机调试,尽量确保算法的正确性。在每章内容后都有小结,便于读者复习总结,并配有丰富的习题,包括选择题、填空题、算法设计题等,给读者更多思考的空间。

本书在以下几个方面具有突出特色:

(1) 内容精练,强化基础,合理安排内容结构,做到由浅入深、循序渐进。

本书各章节都从基本概念入手,逐步介绍其特点和基本操作的实现,把重点放在基础知识的介绍上,缩减难度较大的内容,使理论叙述简洁明了、重点突出、详略得当。

(2) 应用实例丰富、完整。

本书通过丰富的应用实例和源代码使理论和应用紧密结合,增强学生的理解能力,锻炼程序设计思维,并且代码有详细明了的注释,易于阅读。

(3) 每章后面附有小结和习题,便于学习、总结和提高。

本书结合学生的学习实际选择难度适中、逻辑合理,适于初学者和进阶者开拓思路、深入了解数据结构使用方法和技巧的习题,并附有详细的解答过程和注意要点,达到通俗易懂、由浅入深的效果,培养读者迁移知识的能力。

(4) 采用Java的泛型方法来体现方法的通用性。

本书采用面向对象的观点讨论数据结构技术,先将抽象数据类型定义成接口,再结合具体的存储结构加以实现,并以各实现类为线索对类中各种操作的实现方法加以说明。

(5) 图文并茂,便于学生直观地理解数据结构与算法。

本书通过图表的方式对数据结构及相应操作进行简单直接的描述,使内容更加浅显易懂。

教师可以按照自己对数据结构的理解适当地跳过一些章节,也可以根据教学目标灵活地调整章节的顺序,增减各章的学时数。

由于数据结构本身还在探索之中，加上我们的水平和能力有限，本书难免有疏漏之处，恳请各位同仁和广大读者给予批评指正，也希望各位能将实践过程中的经验和心得与我们交流。

作　者

2017 年 6 月

目录

第1章 绪　论

1.1 引　言

1.1.1 学习目的

软件设计是计算机学科的核心内容之一，如何有效地组织数据和处理数据是软件设计的基本内容，直接关系软件的运行效率和工程化程度。

"数据结构"是计算机科学中的一门综合性的专业基础课，与数学、计算机硬件、计算机软件有着十分密切的关系，是软件设计的重要理论和实践基础。"数据结构"是一门理论与实践并重的课程，学生既要掌握数据结构的基础理论知识，又要掌握运行和调试程序的基本技能，因此"数据结构"课程是培养学生的程序设计能力的必不可少的重要环节。

在计算机发展的初期，计算机处理的对象多为简单的数值数据。由于早期所涉及的运算对象是简单的整型、实型或布尔类型数据，数据量小且结构简单，所以程序设计者的主要精力集中在程序设计的技巧上。而现在，随着计算机和信息技术的飞速发展，计算机应用远远超出了单纯进行数值计算的范畴，从早期的科学计算扩大到过程控制、管理和数据处理等领域。处理非数值计算性问题占用了90%以上的机器时间，涉及了更为复杂的数据结构和数据元素间的相互关系。因此，数学分析和算法不再是解决这类问题的关键，只有设计出合适的数据结构才能有效地解决问题。

使用计算机解决实际的应用问题一般需要经过下列几个步骤。

(1) 从具体问题中抽象出适当的数学模型：分析问题，提取操作的对象，找出操作对象之间的逻辑关系，给出相应的数学模型。

(2) 设计解决此数学模型的算法。

(3) 编程、运行、调试，得出结果。

1.1.2 课程内容

"数据结构"课程主要讨论软件开发过程中的设计阶段，也涉及分析和编码阶段的若干问题。用计算机解决问题主要通过以下3个步骤。

(1) 抽象求解问题中需处理的数据对象的逻辑结构。

(2) 根据求解问题需要完成的功能特性实现存储结构表述。

(3) 确定为求解问题而需要进行的操作或运算。

为了构造和实现出好的数据结构，必须将以上三者结合，充分考虑与各种典型的逻辑结构、存储结构、数据结构相关的操作和实现及实现方法的性能,因此课程内容可归纳为如表1.1所示。

表1.1 "数据结构"课程

过程	方面	
	数据表示	数据处理
抽象	逻辑结构	基本运算
实现	存储结构	算法
评价	不同数据结构比较和算法性能分析	

1.2 基本概念

1.2.1 数据与数据结构

1. 数据

数据(Data)是能够被计算机程序识别、存储、加工和处理的描述客观事物的数字等符号集合的总称。数据是信息的载体,是计算机程序处理对象的集合,也是计算机处理信息的某种特定的符号化表示形式,除了整数、实数等数值数据外,还包括字符串等非数值数据及图形、图像、音频、视频等多媒体数据。如表1.2所示,书籍信息表中所含的数据就是表中所有书籍记录的集合。

表1.2 书籍信息表

书名	作者	出版社	价格
软件工程实用教程	吕云翔	清华大学出版社	49.00

2. 数据项

数据项(Data Item)是具有独立含义的、数据不可分割的最小标识单位,是数据元素的组成部分,也可称为字段和域。如表1.2所示,"书名""作者""出版社""价格"都是数据项,数据项可分为两种:一种为简单数据项,是进行数据处理时不能分割的最小单位,如"书名""价格";另一种为组合数据项,可以划分为更小的项,如"作者"可以划分为"第一作者""第二作者"。在一个数据元素中能够识别该元素的一个或者多个数据项称为关键字。

3. 数据元素

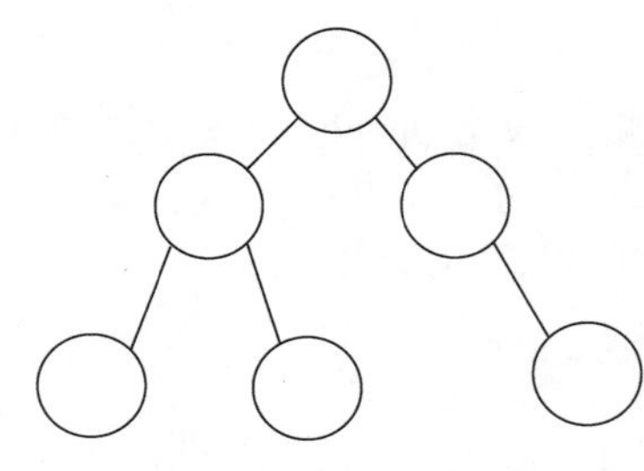

图1.1 结构图

数据元素(Data Element)是数据的基本单位,又可称为元素、结点、顶点和记录,是一个数据整体中可以标识和访问的数据单元。如表1.2中的一行数据称为一个数据元素或一条记录。在图或树中数据元素用圆圈表示,如图1.1所示,每个圆圈都代表一个数据元素,称为一个顶点。

一个数据元素可以是不可分割的原子项,也可以由若干数据项组成。如表 1.2 所示，书籍信息表中的每一条书籍记录就是一个数据元素，它由书名、作者、出版社、价格等数据项构成。

4. 数据对象

数据对象(Data Object)是性质相同的数据元素的集合，也叫数据元素类，是数据的一个子集，数据元素是数据对象的一个实例。例如表 1.2 中所有出版社为清华大学出版社的书籍记录可组成一个数据对象，第一行的书籍记录则为该数据对象的一个实例。

5. 数据结构

数据结构(Data Structure)是相互之间存在着一种或者多种关系的数据元素的集合，数据结构概念包含 3 个方面的内容，即数据的逻辑结构、数据的存储结构和数据的操作，只有 3 个方面的内容相同才能称为完全相同的数据结构。

1) 逻辑结构

数据的逻辑结构是指数据元素之间存在的逻辑关系，由数据元素的集合和定义在此集合上的关系组成。数据的逻辑结构与数据的存储无关，独立于计算机，是从具体问题抽象出来的数学模型。数据的逻辑结构由两个要素构成：一个是数据元素的集合；另一个是关系的集合。

根据数据元素间逻辑关系的不同特性，数据的逻辑结构可分为以下 4 类。

(1) 集合：集合中元素的关系极为松散，关系为“属于同一个集合”。集合的逻辑结构如图 1.2(a)所示。

(2) 线性结构：线性结构是数据元素中具有线性关系的数据结构，线性结构中的结点存在“一对一”的关系。开始结点和终端结点都是唯一的，除开始结点和终端结点外，每个结点有且仅有一个前驱结点和一个后继结点，开始结点仅有一个后继结点，终端结点仅有一个前驱结点。整数序列、字母表都是线性结构。线性结构的逻辑结构如图 1.2(b)所示。

(3) 树形结构：树形结构是数据元素之间具有层次关系的一种非线性结构，树形结构中的结点存在“一对多”的关系。除根结点外，每个结点有且仅有一个前驱结点，所有结点可以有零个或者多个后继结点，家谱、Windows 文件系统的组织方式、淘汰赛的比赛结果都是树形结构。树形结构的逻辑结构如图 1.2(c)所示。

(4) 图形结构：图形结构也是一种非线性结构，图形结构中的结点存在“多对多”的关系。所有结点都可以有多个前驱结点和后继结点。交通图、飞机航班路线图都是图形结构。图形结构的逻辑结构如图 1.2(d)所示。

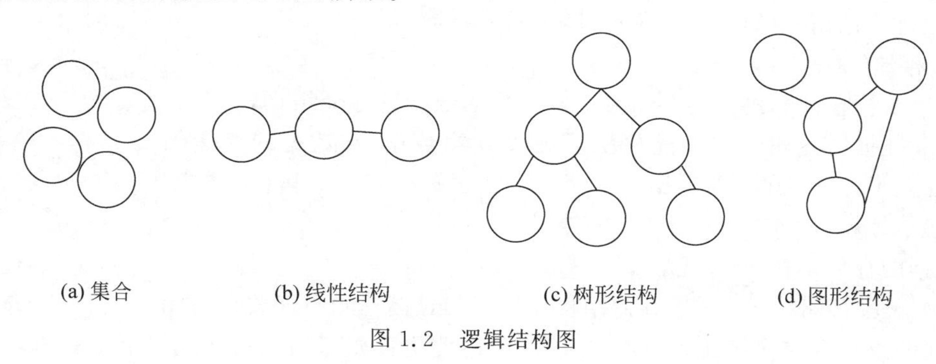

图 1.2　逻辑结构图

数据的逻辑结构涉及两方面的内容，一是数据元素，二是数据元素间的逻辑关系，所以可以采用一个二元组来定义数据的逻辑结构：

$$\text{Logical\_Structures}=(D,R)$$

其中，D 是数据元素的集合，R 是数据元素间逻辑关系的集合。若 a_1 和 a_2 都属于 D，并且 $<a_1,a_2>\in R$，则称 a_1 是 a_2 的前驱元素，a_2 是 a_1 的后继元素。一般情况下，若 $R_1\in R$，则 R_1 是 $D\times D$ 的关系子集。

【例 1.1】 根据给出的数据对象和数据关系求解相应的逻辑结构。

(1) 设数据对象 $D=\{1,2,3,4,5,6\}$，数据关系 $R=\{<1,2>,<1,3>,<1,4>,<3,5>,<3,6>\}$，试画出它们对应的逻辑图形表示，并指出它们属于何种逻辑结构。

解：该题中数据元素间的关系是一种一对多的关系，其中只有一个元素没有直接前驱，其余元素有且仅有一个直接前驱，而元素的直接后继可以有一个或多个，也可以没有。

其逻辑图形表示如图 1.3 所示，属于树形结构。

(2) 设数据对象 $D=\{1,2,3,4,5\}$，数据关系 $R=\{<1,2>,<2,3>,<5,1>,<2,5>,<4,1>,<4,5>,<3,4>\}$，试画出它们对应的逻辑图形表示，并指出它们属于何种逻辑结构。

解：该题中数据元素间的关系是多对多的关系，元素有多个直接前驱和直接后继，也可以没有。

其逻辑图形表示如图 1.4 所示，属于图形结构。

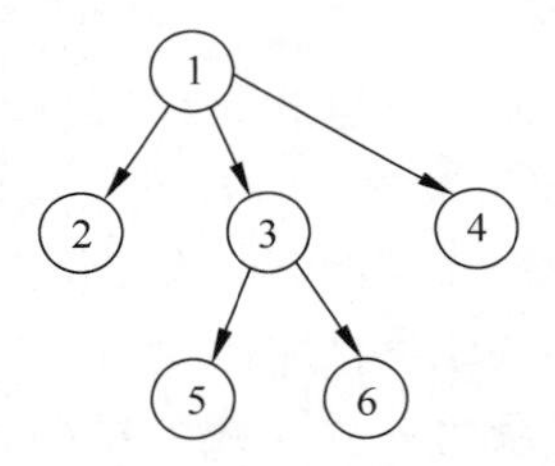

图 1.3 树形结构

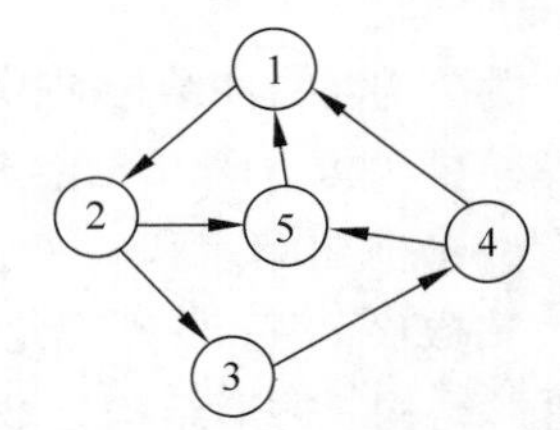

图 1.4 图形结构

(3) 设数据对象 $D=(1,2,3,4,5,6,7)$，数据关系 $R=(<1,2>,<1,3>,<3,4>,<3,6>,<4,5>)$，试画出它们对应的逻辑图形表示，并指出它们属于何种逻辑结构。

解：该题中数据元素间的关系是一种一对多的关系，其中只有一个元素没有直接前驱，其余元素有且仅有一个直接前驱，而元素的直接后继可以有一个或多个，也可以没有。

其逻辑图形表示如图 1.5 所示，属于树形结构。

2) 存储结构

逻辑结构在计算机中的存储表示或实现叫数据的存储结构，也叫物理结构。数据的逻辑结构从逻辑关系角度观察数据，与数据的存储无关，是独立于计算机的；而数据的存储结构是逻辑结构在计算机中的实现，依赖于计算机。

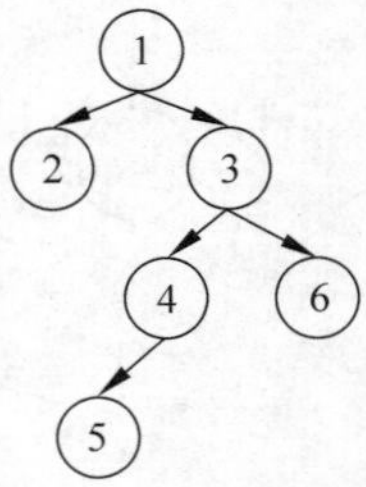

图 1.5 树形结构

数据的存储结构可以分为以下 4 类。

(1) 顺序存储结构：顺序存储结构在连续的存储单元中存放数据元素，元素的物理存储次序和逻辑次序一致，即物理位置相邻的元素在逻辑上也相邻，每个元素与其前驱元素和后继元素的存储位置相邻，数据元素的物理存储结构体现它们之间的逻辑关系。顺序存储结构可通过程序设计语言的数组实现。

(2) 链式存储结构：链式存储结构使用地址分散的存储单元存放数据元素，逻辑上相邻的数据元素的物理位置不一定相邻，数据元素间的逻辑关系通常由附加的指针表示，指针记录前驱元素和后继元素的存储地址。数据元素由数据元素值和存放逻辑关系的指针共同构成，通过指针将相互直接关联的结点链接起来，结点间的链接关系体现数据元素之间的逻辑关系。

(3) 索引存储结构：索引存储结构在存储数据元素的基础上增加索引表。索引表的项由关键字和地址构成，其中关键字唯一标识一个数据元素，地址为该数据元素存储地址的首地址。

(4) 散列存储结构：散列存储结构也叫哈希存储结构，数据元素的具体存储地址根据该数据元素的关键字值通过散列函数直接计算出来。

顺序存储结构和链式存储结构是两种最基本、最常用的存储结构。在实际应用中可以将顺序存储结构和链式存储结构进行组合构造出复杂的存储结构，根据所处理问题的实际情况选择合适的存储结构，从而达到操作简单、高效的目的。

3) 数据操作

数据操作是指对数据结构中的数据元素进行运算或处理。数据操作定义在数据的逻辑结构上，每种逻辑结构都需要一组对其数据元素进行处理以实现特定功能的操作，如插入、删除、更新等。数据操作的实现依赖于数据的存储结构。

常用的数据操作有以下几种。

(1) 创建操作。

(2) 插入操作。

(3) 删除操作。

(4) 查找操作。

(5) 修改操作。

(6) 遍历操作。

(7) 销毁操作。

1.2.2 数据类型与抽象数据类型

1. 数据类型

数据类型(Data Type)是一组性质相同的值的集合和定义在此集合上的一组操作的总称。在用高级程序语言编写的程序中必须对程序中出现的每个变量、常量明确说明它们所属的数据类型。确定数据的类型意味着确定了数据的性质以及对数据进行的运算和操作，同时数据也受到类型的保护，确保对数据不能进行非法操作。不同类型的变量的取值范围不同，所能进行的操作不同。例如，Java 语言中的整数类型 int 利用 32 位补码进行存储表示，取值范围为$[-2^{31},\cdots,-2,-1,0,1,2,\cdots,2^{31}-1]$，可以进行的操作集合为+，-，*，/，=，==，!=，<，<=，>，>=。

高级程序设计语言通常预定义基本数据类型和构造数据类型。基本数据类型是只能作为一个整体来进行处理不可分解的数据类型。Java 语言的基本数据类型有整型(byte，short，int，long)、浮点型(float，double)、字符型(char)和布尔型(boolean)。构造数据类型是使用已有的基本数据类型和已定义的构造数据类型通过一定的语法规则组织起来的数据类型。Java语言中的构造数据类型有数组、类和接口。在Java中通常通过类的声明引入新的数据类型。类的对象是新的数据类型的实例,类的成员变量确定数据表示方法和存储结构,类的函数确定数据可以进行的操作。

2. 数据抽象和抽象数据类型

1) 数据抽象

数据抽象是指"定义和实现相分离",即将一个类型的数据及其上的操作的逻辑含义和具体实现相分离,只考虑执行什么操作(做什么),而不考虑怎样实现这些操作(怎样做)。比如,程序设计语言中的数据类型是抽象的,仅描述数据的特性和对数据操作的语法规则,并没有说明这些数据类型是如何实现的,程序员使用数据类型只需要按照语法规则考虑对数据执行什么操作,而不必考虑怎样实现这些操作。

数据抽象是一种信息隐蔽技术,可利用数据抽象研究复杂对象,忽略次要和实现细节,抽象出本质特征,抽象层次越高,复用程度越高。数据抽象是通过抽象数据类型来实现的。

2) 抽象数据类型

抽象数据类型(Abstract Data Type,ADT)是从问题的数学模型中抽象出来的逻辑结构及定义在逻辑结构上的一组操作,仅描述了数据的特性和数据操作的语法规则,隐藏了数据的存储结构和操作的实现细节。

抽象数据类型是实现软件模块化设计思想的重要手段,一个抽象数据类型是描述一种特定功能的基本模块,由各种基本模块可组织和构造起来一个大型的软件系统。

在Java中抽象数据类型可以采用两种方法进行描述。

(1) 抽象类表示:由继承该抽象类的子类表示抽象类型的实现。

(2) Java接口表示:由实现该接口的类表示抽象类型的实现。

Java语言的接口是一组抽象方法、常量和内嵌类型的集合。接口是多继承的,一个接口可以继承多个父接口。接口是一种抽象数据类型,采用抽象的形式来描述约定,因此接口只有被类实现之后才有意义。

一个接口可以被多个类实现。接口提供方法声明与方法实现相分离的机制,使实现接口的多个类表现出共同的行为能力,接口声明的抽象方法在实现接口的多个类中表现出多态性。

【例1.2】 用Java语言的接口描述集合这一抽象数据类型。

解:

(1) 声明接口。

```
package ch01;
public interface Set < T > {              //集合接口,T是泛型参数,指定了集合中的数据元素类型
    boolean isEmpty();                    //判断集合是否为空
    int size();                           //返回集合中元素的个数
    T search(T key);                      //在集合中查找关键字为key的元素并返回
    boolean contains(T x);                //判断集合中是否包含元素x
    boolean add(T x);                     //向集合中添加元素x
    T remove(T key);                      //删除集合中关键字值为key的元素
    void clear();                         //删除集合中的所有元素
```

```
    boolean equals(Object obj);    //比较 this 与 obj 引用集合是否相等
}
```

声明 Set<T>为泛型接口，T 是类型形式参数，指定了集合中的数据元素类型，T 的实际参数类型是类，在声明和创建对象时指定。

泛型也称为类属，是对类型系统的一种强化措施。泛型通过类型参数使一个类或一个方法可以操作多种类型的对象，增强了编译时的类型安全，避免类型转换可能带来的麻烦和错误。

public 接口中的方法的默认修饰符为 public abstract，抽象方法只有方法声明，没有方法体，由实现此接口的类编写方法体，从而实现方法。

在 Java 中一个源程序文件可以声明多个接口和类，但是声明为 public 的类或者接口只能有一个，并且类或者接口名必须和文件名相同。

(2) 声明实现接口的类。

一个非抽象类如果实现多个接口，则它必须实现接口中的所有方法。每种数据结构就是一个实现抽象数据类型接口的类，每个类提供接口中方法的不同实现。

```
package ch01;
public class HashSet<T> implements Set<T> {     //散列表类,实现所有方法

    @Override
    public boolean isEmpty() {
        //TODO Auto-generated method stub
        return false;
    }

    @Override
    public int size() {
        //TODO Auto-generated method stub
        return 0;
    }

    @Override
    public T search(T key) {
        //TODO Auto-generated method stub
        return null;
    }

    @Override
    public boolean contains(T x) {
        //TODO Auto-generated method stub
        return false;
    }

    @Override
    public boolean add(T x) {
        //TODO Auto-generated method stub
        return false;
    }
```

```
        @Override
        public T remove(T key) {
            //TODO Auto-generated method stub
            return null;
        }

        @Override
        public void clear() {
            //TODO Auto-generated method stub

        }

    }
```

(3) 接口是引用类型。

接口是引用类型,一个接口对象可以引用实现该接口的类及其子类实例。接口对象调用的方法表现运行时多态性。例如:

```
    public static void main(String[ ]args){
            int x = 0;
            Set<Integer> set = new HashSet<Integer>();
                                        //Set<int>接口对象 set 引用 HashSet<int>的实例
            set.add(x);
    }
```

1.3 算 法

1.3.1 算法的概念

1. 算法的定义

算法是有穷规则的集合,其规则确定一个解决某一特定类型问题的指令序列,其中每一条指令表示计算机的一个或者多个操作。

算法必须满足以下5个特性。

(1) 有穷性:对于任意的合法输入值,算法必须在执行有穷步骤后结束,并且每一步都在有穷的时间内完成。

(2) 确定性:算法对各种情况下执行的每个操作都有确切的规定,算法的执行者和阅读者都能明确其含义和如何执行,并且在任何条件下算法都只有一条执行路径。

(3) 可行性:算法中的操作必须都可以通过已经实现的基本操作运算有限次实现,并且每一条指令都符合语法规则,满足语义要求,都能被确切执行。

(4) 有输入:输入数据是算法的处理对象,一个算法具有零个或多个输入数据,既可以由算法指定,也可以在算法执行过程中通过输入得到。

(5) 有输出:输出数据是算法对输入数据进行信息加工后得到的结果,输出数据和输入数据具有确定的对应关系,即算法的功能。一个算法有一个或多个输出数据。

2. 算法设计的目标

算法设计应该满足以下 4 个基本目标。

(1) 正确性：算法应满足应用问题的需求，这是算法设计最重要、最基本的目标。

(2) 健壮性：算法应具有良好的容错性，可以检查错误是否出现并且对错误进行适当的处理，即使输入的数据不合适，也能避免出现不可控的结果。

(3) 高效率：算法的执行时间越短，时间效率越高；算法执行时所占的存储空间越小，空间效率越高。时间效率和空间效率往往不可兼得，用户在解决实际问题时要根据实际情况权衡得失，进行高效率算法的设计。

(4) 可读性：算法的表达思路应清晰，层次分明，易于理解，可读性强，以便于后续对算法的使用和修改。

3. 算法与数据结构

算法建立在数据结构之上，对数据结构的操作需要使用算法来描述。算法设计依赖于数据的逻辑结构，算法实现依赖于数据的存储结构。

1.3.2 算法描述

算法可以采用多种语言进行描述，主要分为以下 3 种。

(1) 自然语言：自然语言用中文或英文对算法进行表达，简单易懂，但缺乏严谨性。如对顺序查找算法进行自然语言描述，在表 1.3 所示的学生信息表中以学号为关键字进行顺序查找，从线性表的一端开始依次比较学生的学号和所给定值，当学生的学号与所给定值相等时查找成功，查找操作结束；否则继续比较，直到比较完所有元素，查找失败，查找操作结束。

表 1.3 学生信息表

学号	姓名	性别	年龄	班级
001	张三	女	19	1
002	李四	男	19	1
003	王五	男	19	1

(2) 程序设计语言：使用某种具体的程序设计语言(如 Java 语言)对算法进行描述。此种方式严谨，算法可直接在计算机上执行，但算法复杂、不易理解，需要借助大量的外部注释才能使用户明白。例如：

```
1  public int seqSearch(int key){
2          int i = 0,n = length();
3          while(i < n&&r[i].id!= key){
4              i++;
5          }
6          if(i<n) return i;       //查找成功,返回记录序号
7          else return -1;         //查找失败
8  }
```

(3) 伪代码：伪代码是介于自然语言和程序设计语言之间的算法描述语言，是将程序设计语言的语法规则用自然语言进行表示，忽略了严格的语法规则和描述细节，更易被用户

理解,并且更容易转换成程序设计语言执行。例如:

```
key = 001
for(学号 in 学生信息表)
{
    if(学号 == key)
    查找成功,结束
}
    查找失败,结束
```

【例 1.3】 设计算法求两个整数的最大公约数。

解:求两个整数的最大公约数有以下 3 种方法。

(1) 质因数分解法。

假设 c 为两个整数 a 和 b 的最大公约数。用数学方法求两个数的最大公约数,分别将 a 和 b 两个整数分解成若干质因数的乘积,再从中选择最大的公约数。此种方法很难用于实际计算之中,因为大数的质因数很难进行分解。

(2) 更相减损术。

中国古代的数学经典著作《九章算术》中写道:"以少减多,更相减损,求其等也,以等数约之,即除也,其所以相减者皆等数之重叠,顾以等数约之。"其中,等数即指两数的最大公约数。

(3) 辗转相除法。

实际上,辗转相除法就是现代版的更相减损术,使用循环实现:

```java
public static int gcd(int a, int b){
        while(b!= 0){
            int tmp = a % b;
            a = b;
            b = tmp;
        }
        return a;
    }
```

1.3.3 算法分析

如果要解决一个实际问题,经常有多个算法可以选择,每个算法都有其自身的优缺点,为了选择合适的算法,需要利用算法分析技术评价算法的效率。算法分析技术主要是通过某种方法讨论算法的复杂度,评价算法的效率,以便在解决实际问题时根据实际情况和算法的优缺点对算法进行取舍。算法的优劣主要通过算法复杂度进行衡量,复杂度的高低反映了所需计算机资源的多少。计算机资源主要包括时间资源和空间资源。因此算法的复杂度通常以时间复杂度和空间复杂度来体现。在解决实际问题时优先选择复杂度较低的算法。

1. 算法的时间复杂度

算法的时间复杂度(Time Complexity)是指算法的执行时间随问题规模的变化而变化的趋势,反映算法执行时间的长短。

算法的执行时间是用算法编写的程序在计算机上运行的时间,它是算法中涉及的所有基本运算的执行时间之和。执行时间依赖于计算机的软、硬件系统,如处理器速度、程序运行的软件环境、编写程序采用的计算机语言、编译产生的机器语言代码等，因此不能使用真实的绝对时间来表示算法的效率，而应只考虑算法执行时间和问题规模之间的关系。

当问题的规模为 n 时，$T(n)$ 表示此时算法的执行时间，称为算法的时间复杂度。当 n 增大时，$T(n)$ 也随之增大。

假设一个算法是由 n 条指令序列构成的集合，算法的执行时间如下：

$$T(n)=\sum_{i=1}^{n} \text{指令序列}(i)\text{的执行次数} \times \text{指令序列}(i)\text{的执行时间}$$

由于算法的时间复杂度表示算法执行时间随数据规模的增大而增大的趋势，并非绝对时间，且与指令序列的执行次数成正比，所以通过计算算法中指令序列的执行次数之和来估算一个算法的执行时间。显然在一个算法中指令序列的执行次数越少，其运行时间也越少；指令序列的执行次数越多，其运行时间也越多。

通常采用算法的渐进分析中的大 O 表示法作为算法时间复杂度的渐进度量值，称为算法的渐进时间复杂度。大 O 表示法是指当且仅当存在正整数 c 和 n_0，使得 $0 \leqslant T(n) \leqslant cf(n)$ 对所有的 $n \geqslant n_0$ 成立时，$f(n)$ 称为 $T(n)$ 的渐进上界，表示算法执行时间的增长率与 $f(n)$ 的增长率相同，记为 $T(n)=O(f(n))$。

一般地，如果 $f(n)=a_k n^k+a_{k-1} n^{k-1}+\cdots+a_1 n^1+a_0$，且 $a_i \geqslant 0$，$T(n)=O(n_k)$，即使用大 O 表示法时只需保留关于数据元素个数 n 的多项式的最高次幂的项并去掉其系数。比如，若算法的执行时间是常数级，不依赖数据量的大小，则时间复杂度为 $O(1)$；若算法的执行时间与数据量为线性关系，则时间复杂度为 $O(n)$；对数级、平方级、立方级、指数级的时间复杂度分别为 $O(\log_2 n)$、$O(n^2)$、$O(n^3)$、$O(2^n)$。这些函数按数量级递增排列具有下列关系：

$$O(1)<O(\log_2 n)<O(n)<O(n\log_2 n)<O(n^2)<O(n^3)<O(2^n)$$

循环语句的时间代价一般可用以下 3 条原则进行分析：

(1) 一个循环的时间代价＝循环次数每次执行的基本指令数目。

(2) 多个并列的循环的时间代价＝每个循环的时间代价之和。

(3) 多层嵌套循环的时间代价＝每层循环的时间代价之积。

2. 算法的空间复杂度

算法的空间复杂度(Space Complexity)是指算法执行时所占用的额外存储空间量随问题规模的变化而变化的趋势。

执行一个算法所需要的存储空间主要包含以下两个部分。

(1) 固定空间部分：主要包括算法的程序指令、常量、变量所占的空间，与所处理问题的规模无关。

(2) 可变空间部分：主要包括输入的数据元素占用的空间和程序运行过程中额外的存储空间，与处理问题的规模有关。

在计算算法的空间复杂度时只考虑与算法相关的存储空间部分。算法本身占用的空间与实现算法的语言和描述语句有关，输入的数据元素与所处理的问题的规模有关，它们都不会随算法的改变而改变，所以将程序运行过程中额外的存储空间作为算法空间复杂度的量度。

当问题的规模为 n 时，$S(n)$ 表示此时算法占用的存储空间量，称为算法的空间复杂度。

当 n 增大时,$S(n)$也随之增大。

通常采用算法的渐进分析中的大 O 表示法作为算法空间复杂度的渐进度量值,称为算法的渐进空间复杂度,记作 $S(n)=O(f(n))$,其分析与算法的渐进时间复杂度相同。

【例 1.4】 设 n 为正整数,试确定下列程序段中语句"x++;"的频度(执行次数)。

(1)
```
for (i = 1;i <= n;i++)
  for (j = 1;j <= i;j++)
    x++;
```

(2)
```
for (i = 1;i <= n;i++)
  for (j = 1;j <= i;j++)
    for (k = 1;k <= n;k++)
      x++;
```

(3)
```
i = 0;  j = 1;
while (i + j <= n)
{
  x++;
  if (i > j) j++; else i++;
}
```

(4)
```
x = 91;  y = 100;
while(y > 0)
{
  if(x > 100){x -= 10;  y -- ;}
  else x++;
}
```

解:

(1) i 为 1 时,j 值只能取 1,语句执行一次;i 为 2 时,j 可取 1 或 2,语句执行两次;i 为 n 时,j 可取 1、2、…,n,语句执行 n 次,所以语句频度$=1+2+\cdots+n=n(n+1)/2$。

(2) i 为 1 时,j 值只能取 1,k 值可取 1、2、…、n,语句执行 n 次;i 为 2 时,j 可取 1 或 2,k 值可取 1、2、…、n,语句执行 $2n$ 次;i 为 n 时,j 可取 1、2、…、n,语句执行 $n\times n$ 次,所以语句频度$=n^2(n+1)/2$。

(3) i 与 j 初始和为 1,其后每循环一次 i 和 j 中有且仅有一个值增 1,即 i 与 j 的和增 1。由于循环条件为 i+j<=n,因此循环共执行 n 次。所以,语句频度为 n。

(4) 分析 y 的初始值为 100,当 $y\leqslant 0$ 时循环结束,$x++$ 每执行 10 次 y 减小 1,所以 $x++$ 的语句频度为 1000。

1.4 Java 提供的泛型方法

泛型方法是实现面向对象程序设计目标——代码复用的方式之一。若对多种数据类型的操作实现方法一致,则可以用泛型方法来描述此功能。Java 提供的泛型方法主要有以下两种。

(1) 使用 Object 类表示泛型。

(2) 使用 Comparable 接口类型表示泛型。

1.4.1 使用 Object 类表示泛型

使用 Object 类表示泛型就是使用像 Object 类这样的超类来实现泛型类:

```
public class Member {
    private Object value;
    public Object get(){
        return value;
    }
    public void set(Object x){
        value = x;
    }
}
```

为了访问这种对象的一个方法，需要先强制转换成正确的类型。下面给出的代码把字符串存储到 value 中，调用 get()方法读出，进行了强制类型转换。

```
public static void main(String [ ]args){
        Member a = new Member();
        a.set("Hello World");
        String str = (String)(a.get());
        System.out.println("Value is " + str);

        }
```

Java 中的 8 种基本数据类型不能作为 Object 类进行传递，但 Java 中提供了每种基本类型对应的包装类，如基本数据类型 int 的包装类是 Integer。下面的代码说明了进行整数等基本数据类型的存储：

```
public static void main(String [ ]args){
        Member a = new Member();
        a.set(new Integer(123));
        Integer b = (Integer)(a.get());
        int val = b.intValue();
        System.out.println("Value is " + val);

    }
```

1.4.2 使用 Comparable 接口类型表示泛型

只有当使用 Object 类中已有的方法来表示所执行的操作时才能够使用 Object 类作为泛型类。但是，考虑在一些数据元素组成的数组中寻找最大数的问题，因为 Object 类的数据元素是不能直接进行比较的，所以此时使用 Comparable 接口类型，使用 compareTo 方法比较数组中的两个数据元素。下面的代码给出了使用 Comparable 接口的类解决求数组中最大数的问题。

```
public class Max {
    public static Comparable findMax(Comparable [ ]a){
        int k = 0;
        for(int i = 1;i < a.length;i++){
            if(a[i].compareTo(a[k])> 0)
                k = i;
        }
```

```
            return a[k];
        }

        public static void main(String[] args) {
            String[] vals = {"abc","bcd","ake"};
            System.out.println(findMax(vals));
        }

}
```

只有实现了 Comparable 接口的对象才能作为数组元素进行参数传递,并且若属于 Comparable 接口类型的数组有两个不相容的对象,那么 compareTo 方法会抛出异常。与 Object 类相同,基本数据类型不能作为 Comparable 接口类型进行传递,但包装类可以。

小　　结

(1) 数据结构包括逻辑结构和存储结构两个方面。数据的逻辑结构分为集合、线性结构、树形结构和图形结构 4 种。数据的存储结构分为顺序存储结构、链式存储结构、索引存储结构和散列存储结构 4 种。

(2) 集合中的数据元素是相互独立的,在线性结构中数据元素具有“一对一”的关系,在树形结构中数据元素具有“一对多”的关系,在图形结构中数据元素具有“多对多”的关系。

(3) 抽象数据类型描述了数据的特性和数据操作的语法规则,隐藏了数据的存储结构和操作的实现细节。在 Java 语言中抽象数据类型用类的定义来实现。

(4) 算法的设计应该满足正确性、健壮性、高效率和可读性 4 个目标。

(5) 算法分析主要包括对时间复杂度和空间复杂度的分析,通常用大 O 表示法进行表示。

习　题　1

一、选择题

1. (　　)是数据的基本单位。

   A. 数据元素　　B. 数据对象　　C. 数据项　　D. 数据结构

2. (　　)是数据的不可分割的最小单位。

   A. 数据元素　　B. 数据对象　　C. 数据项　　D. 数据结构

3. 若采用非顺序映像,则数据元素在内存中占用的存储空间(　　)。

   A. 一定连续　　B. 一定不连续　　C. 可连续可不连续

4. 若采用顺序映像,则数据元素在内存中占用的存储空间(　　)。

   A. 一定连续　　B. 一定不连续　　C. 可连续可不连续

5. 在数据结构中从逻辑上可以把数据结构分为(　　)。

   A. 动态结构和静态结构　　B. 紧凑结构和非紧凑结构

   C. 线性结构和非线性结构　　D. 内部结构和外部结构

6. 在树形结构中数据元素间存在(　　)的关系。

A. 一对一　　　　B. 一对多

C. 多对多　　　　D. 除同属一个集合外别无关系

7. 下列说法中错误的是(　　)。

A. 数据对象是数据的子集

B. 数据元素间的关系在计算机中的映像即为数据的存储结构

C. 链式存储结构的特点是借助指示元素存储地址的指针来表示数据元素间的逻辑关系

D. 抽象数据类型指一个数学模型及定义在该模型上的一组操作

8. 计算机算法指的是(　　)。

A. 计算方法　　　　B. 排序方法

C. 解决问题的有限运算序列　　　　D. 调度方法

9. 下列不属于算法特性的是(　　)。

A. 有穷性　　B. 确定性　　C. 零或多个输入　　D. 健壮性

10. 算法分析的目的是(　　)。

A. 找出数据结构的合理性　　　　B. 研究算法中的输入和输出的关系

C. 分析算法的效率以求改进　　　　D. 分析算法的易读性和文档性

11. 算法分析的两个主要方面是(　　)。

A. 空间复杂度和时间复杂度　　　　B. 正确性和简明性

C. 可读性和文档性　　　　D. 数据复杂性和程序复杂性

12. 算法的计算量的大小称为算法的(　　)。

A. 效率　　B. 复杂性　　C. 现实性　　D. 难度

13. 在下面的程序段中,对 x 的赋值语句的频度为(　　)。

```
for(i = 1;i <= n;++i)
  for(j = 1;j <= n;++j)
    x = x + 1;
```

A. 2^n　　B. n　　C. n^2　　D. $\log_2 n$

14. 设 n 为正整数,则以下程序段中最后一行的语句频度在最坏情况下是(　　)。

```
for(i = n - 1;i >= 1; -- i)
  for(j = 1;j <= i;++j)
    if(A[j]> A[j + 1])
      A[j]←→A[j + 1];     //A[j]与 A[j + 1]对换
```

A. n　　B. $n(n-1)/2$　　C. $n(n+1)/2$　　D. n^2

二、填空题

1. 数据逻辑结构包括________、________、________、________ 4 种类型,树形和图形结构合称________。

2. 对于给定的 n 个元素,可以构造出的逻辑结构有________、________、________和________ 4 种。

3. 算法的 5 个重要特性是________、________、________、________、________。

4．评价算法的性能从利用计算机资源角度看主要从________方面进行分析。

5．线性结构中元素之间存在________关系，树形结构中元素之间存在________关系，图形结构中元素之间存在________关系。

6．所谓数据的逻辑结构指的是数据元素之间的________。

7．在线性结构中，开始结点________直接前驱结点，其余每个结点有且只有________个直接前驱结点。

8．在树形结构中，根结点只有________，根结点无前驱结点，其余每个结点有且只有________直接前驱结点；叶结点没有________结点，其余每个结点的后继结点可以________。

9．在图形结构中，每个结点的前驱结点和后继结点可以有________。

10．存储结构是逻辑结构的________实现。

11．一个算法的时空性能是指该算法的________和________。

12．在一般情况下一个算法的时间复杂性是________的函数。

三、算法设计题

1．判断 n 是否为一个素数，若是则返回逻辑值 true，否则返回逻辑值 false，写出算法并计算算法的时间复杂度。

2．设计一个算法，计算 $\sum_{i=1}^{n} i!$ 的值，并计算算法的时间复杂度。

3．设计一个算法，计算 $\sum_{i=1}^{n} i!$ 的值，并计算算法的空间复杂度。

4．设计一个算法，求出满足不等式 $1+2+3+\cdots+i \geqslant n$ 的最小 i 值，并计算算法的时间复杂度。

5．设计一个算法，打印出一个具有 n 行的乘法表，第 i 行($1 \leqslant i \leqslant n$)中有 $n-i+1$ 个乘法项，每个乘法项为 i 与 j($i \leqslant j \leqslant n$)的乘积，并计算算法的时间复杂度。

第2章 线性表

2.1 线性表及其基本操作

2.1.1 线性表的基本概念

线性表(Linear List)是其组成元素间具有线性关系的一种线性结构,是由 n 个具有相同数据类型的数据元素 a_0、a_1、…、a_{n-1} 构成的有限序列,一般表示为:

$$(a_0,a_1,\cdots a_i,a_{i+1},\cdots,a_{n-1})$$

其中,数据元素 a_i 可以是字母、整数、浮点数、对象或其他更复杂的信息,i 代表数据元素在线性表中的位序号($0\leqslant i<n$),n 是线性表的元素个数,称为线性表的长度,当 $n=0$ 时线性表为空表。例如英文字母表(A,B,…,Z)是一个表长为 26 的线性表。又如表 2.1 所示的书籍信息表,这个信息表中的所有记录序列构成了一个线性表,线性表中的每个数据元素都是由书名、作者、出版社、价格 4 个数据项构成的记录。

表 2.1 书籍信息表

书 名	作者	出 版 社	价格
软件工程实用教程	吕云翔	清华大学出版社	49.00

线性表中的数据元素具有线性的"一对一"的逻辑关系,是与位置有关的,即第 i 个元素 a_i 处于第 $i-1$ 个元素 a_{i-1} 的后面和第 $i+1$ 个元素 a_{i+1} 的前面。这种位置上的有序性就是一种线性关系,可以用二元组表示为 $L=(D,R)$,其中有以下关系:

$$D=\{a_i \mid 0\leqslant i<n\}$$

$$R=\{r\}$$

$$r=\{<a_i,a_{i+1}> \mid 0\leqslant i<n-1\}$$

对应的逻辑结构如图 2.1 所示。

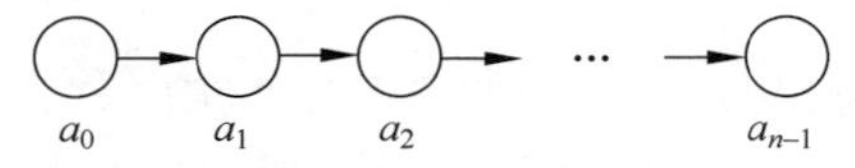

图 2.1 线性表的逻辑结构图

在线性表($a_0,a_1,\cdots,a_{n-1}$)中,a_0 为开始结点,没有前驱元素;a_{n-1} 为终端结点,没有后继元素。除开始结点和终端结点外,每个数据元素 a_i 都有且仅有一个前驱元素和后继元素。

2.1.2 抽象数据类型描述

线性表的抽象数据Java接口描述如下：

```
1   public interface IList {
2   public void clear();                        //将线性表置为空表
3   public boolean isEmpty();                   //判断线性表是否为空表
4   public int length();                        //返回线性表的长度
5   public Object get( int i);                  //读取并返回线性表中的第 i 个数据元素
6   public void insert(int i,Object x);         //插入 x 作为第 i 个元素
7   public void remove(int i);                  //删除第 i 个元素
8   public int indexOf(Object x);               //返回元素 x 首次出现的位序号
9   public void display();                      //输出线性表中各个数据元素的值
10 }
```

【例2.1】 有线性表 $A=(1,2,3,4,5,6,7)$，求length()、isEmpty()、get(3)、indexOf(4)、display()、insert(2,7)和remove(4)等基本运算的执行结果。

解：

length()=7；

isEmpty()返回false；

get(3)返回4；

indexOf(4)返回3；

display()输出1,2,3,4,5,6,7；

insert(2,7)执行后线性表 A 变为1,2,7,3,4,5,6,7；

remove(4)执行后线性表 A 变为1,2,3,4,6,7。

2.1.3 线性表的存储和实现

在2.1.2节中，线性表的抽象数据Java接口包含了线性表的主要基本操作，如果要使用这个接口，还需要具体的类来实现。线性表的Java接口的实现方法主要有以下两种。

(1) 基于顺序存储的实现。

(2) 基于链式存储的实现。

2.2 线性表的顺序存储

2.2.1 顺序表

1. 定义

线性表的顺序存储结构是把线性表中的所有元素按照其逻辑顺序依次存储到计算机的内存单元中指定存储位置开始的一块连续的存储空间中，称为顺序表。顺序表用一组连续的内存单元依次存放数据元素，元素在内存中的物理存储次序和它们在线性表中的逻辑次序一致，即元素 a_i 与其前驱元素 a_{i-1} 和后继元素 a_{i+1} 的存储位置相邻，如图2.2所示。

又因为数据表中的所有数据元素具有相同的数据类型，所以只要知道顺序表的基地址

和数据元素所占存储空间的大小即可计算出第 i 个数据元素的地址，可表示为：

$$\mathrm{Loc}(a_i)=\mathrm{Loc}(a_0)+i\times c, \quad 其中\ 0\leqslant i\leqslant n-1$$

其中，$\mathrm{Loc}(a_i)$是数据元素 a_i 的存储地址，$\mathrm{Loc}(a_0)$是数据元素 a_0 的存储地址，即顺序表的基地址，i 为元素位置，c 为一个数据元素占用的存储单元。

可以看出，计算一个元素地址所需的时间为常量，与顺序表的长度 n 无关；存储地址是数据元素位序号 i 的线性函数。因此，存取任何一个数据元素的时间复杂度为 $O(1)$，顺序表是按照数据元素的位序号随机存取的结构。

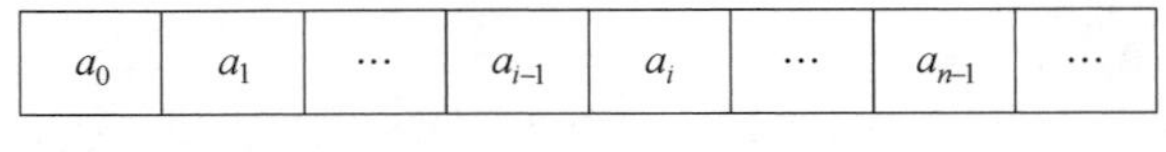

图 2.2　顺序表

2. 特点

(1) 在线性表中逻辑上相邻的元素在物理存储位置上也同样相邻。

(2) 可按照数据元素的位序号进行随机存取。

(3) 进行插入、删除操作需要移动大量的数据元素。

(4) 需要进行存储空间的预先分配，可能会造成空间浪费，但存储密度较高。

3. 描述

可以使用数组来描述线性表的顺序存储结构。在程序设计语言中数组是一种构造数据类型。数组存储具有相同数据类型的元素集合，数组的存储单元个数称为数组长度，每个存储单元的地址是连续的，每个元素连续存储。数组通过下标识别元素，元素的下标是其存储单元序号，表示元素在数组中的位置。一维数组使用一个下标唯一确定一个元素，二维数组使用两个下标唯一确定一个元素。

下面是顺序表类的 Java 语言描述：

```
1      package ch02;
2      public class SqList implements IList{
3      private Object[ ] listItem;                    //顺序表的存储空间
4      private int curLen;                            //顺序表的当前长度
5      private int maxSize;
6
7      //构造一个存储空间为 maxsize 的顺序表
8      public SqList(int maxsize) {
9          curLen = 0;
10         maxSize = maxsize;
11         listItem = new Object[maxSize];
12     }
13     //顺序表置为空表
14     public void clear() {
15         curLen = 0;
16     }
17     //判断顺序表是否为空表,若空,返回 true,否则返回 false
18     public boolean isEmpty() {
19         return curLen == 0;
20     }
```

```
21    //返回顺序表的长度
22    public int length() {
23        return curLen;
24    }
25    //读取并返回第 i 个数据元素
26    public Object get(int i) throws Exception {
27    if(i < 0||i > curLen - 1)
28            throw new Exception("第" + i + "个数据元素不存在");
29        return listItem[i];
30    }
31    //插入 x 作为第 i 个元素
32    public void insert(int i, Object x) throws Exception{
33        if(curLen == maxSize)                    //判断顺序表的存储空间是否已满
34            throw new Exception("顺序表满");
35        if(i < 0||i > curLen)                    //判断参数的值是否满足
36            throw new Exception("插入位置非法");
37        for(int j = curLen;j > i;j -- )//将插入位置及其之后的所有数据元素后移一个存储位置
38            listItem[j] = listItem[j - 1];
39        listItem[i] = x;                         //在位置处插入新的数据元素
40        curLen++;                                //表长加 1
41    }
42    //删除第 i 个元素
43    public void remove(int i) throws Exception{
44        if(i < 0||i > curLen - 1)
45            throw new Exception("删除位置非法");
46        for(int j = i;i < curLen - 1;i++)
47            listItem[j] = listItem[j + 1];
48        curLen -- ;
49    }
50    //返回元素 x 首次出现的位序号
51    public int indexOf(Object x) {
52        for(int i = 0;i <= curLen - 1;i++)
53        {
54            if(listItem[i].equals(x))
55                return i;
56        }
57        return  - 1;
58    }
59    //输出顺序表中的元素
60    public void display() {
61        for(int i = 0;i < curLen - 1;i++)
62            System.out.print(listItem[i] + " ");
63    }
64 }
```

2.2.2 顺序表的基本操作实现

1. 插入操作

插入操作 insert(i,x)是在长度为 n 的顺序表的第 i 个数据元素之前插入值为 x 的数据元素,其中 $0 \leqslant i \leqslant n$,当 $i=0$ 时在表头插入,当 $i=n$ 时在表尾插入。在插入操作完成后表长加 1,顺序表的逻辑结构由($a_0,a_1,\cdots,a_{i-1},a_i,\cdots,a_{n-1}$)变成了($a_0,a_1,\cdots,a_{i-1},x,a_i,\cdots,a_{n-1}$),如图 2.3 所示。

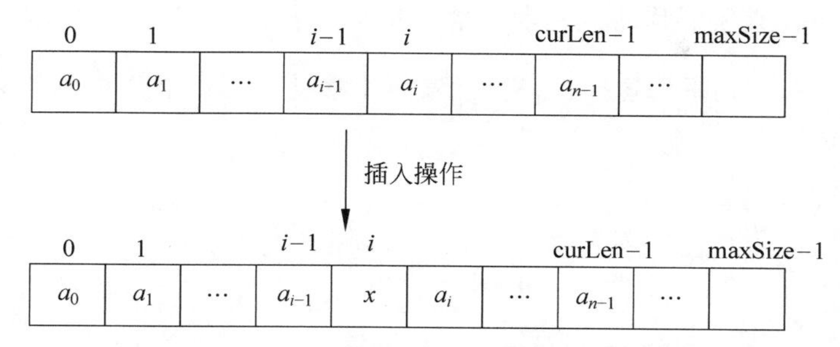

图 2.3　插入操作前后的顺序表存储结构图

其主要步骤如下。

(1) 判断顺序表的存储空间是否已满,若已满则抛出异常。

(2) 判断参数 i 的值是否满足 $0\leqslant i\leqslant \text{curLen}$,若不满足则抛出异常。

(3) 将插入位置及其之后的所有数据元素后移一个存储位置。

(4) 在位置 i 处插入新的数据元素 x。

(5) 表长加 1。

【算法 2.1】 顺序表的插入操作算法。

```
1  public void insert(int i, Object x) throws Exception{
2      if(curLen == maxSize)            //判断顺序表的存储空间是否已满
3          throw new Exception("顺序表满");
4      if(i < 0||i > curLen)            //判断参数 i 的值是否满足
5          throw new Exception("插入位置非法");
6      for(int j = curLen;j > i;j -- )  //将插入位置及其之后的数据元素后移一个存储位置
7          listItem[j] = listItem[j - 1];
8      listItem[i] = x;                 //在位置 i 处插入新的数据元素 x
9      curLen++;                        //表长加 1
10 }
```

算法的时间复杂度分析:

分析算法可以看出,在对顺序表进行插入操作时,时间花费主要用于第 7 行的数据元素的移动上。假设顺序表的表长为 n,若插入在表头,则需要移动 n 个元素;若插入在表尾,则需要移动 0 个元素。设插入位置为 i,则第 7 行语句的执行次数为 $n-i$。所以每次插入操作数据元素的平均移动次数为:

$$\sum_{i=0}^{n} p_i(n-i)$$

其中,p_i 是在顺序表的第 i 个存储位置插入数据元素的概率,假设每个插入位置出现的概率相同,即为$\dfrac{1}{n+1}$,可得:

$$\frac{1}{n+1}\sum_{i=0}^{n}(n-i)=\frac{n}{2}$$

即在等概率情况下,插入一个数据元素平均需要移动顺序表数据元素的一半,算法的时间复

杂度为 $O(n)$。

【例 2.2】 设 A 是一个线性表$(a_0,a_1,\cdots,a_n)$,采用顺序存储结构,则在等概率的前提下平均每插入一个元素需要移动的元素个数为多少?若元素插在 a_i 与 a_{i+1} 之间$(1\leqslant i\leqslant n)$的概率为$\frac{n-i}{\frac{n(n+1)}{2}}$,则平均每插入一个元素所要移动的元素个数又是多少?

解:分析可得:

$$\sum_{i=1}^{n+1}\frac{(n-i+1)}{n+2}=\frac{n+1}{2}$$

$$\sum_{i=1}^{n}\frac{(n-i)^2}{n(n+1)/2}=(2n+1)/3$$

2. 删除操作

删除操作 remove(i,x)是将长度为 n 的顺序表的第 i 个数据元素删除,其中 $0\leqslant i\leqslant n-1$。在删除操作完成后表长减 1,顺序表的逻辑结构由$(a_0,a_1,\cdots,a_{i-1},a_i,\cdots,a_{n-1})$变成了$(a_0,a_1,\cdots,a_{i-1},a_{i+1},\cdots,a_{n-1})$,如图 2.4 所示。

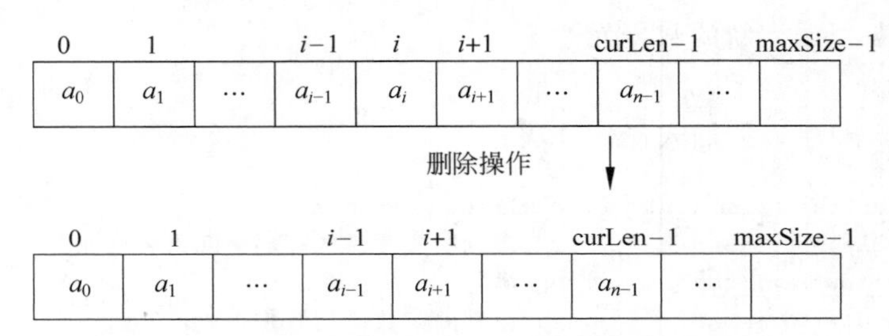

图 2.4 删除操作前后的顺序表存储结构图

其主要步骤如下。

(1) 判断参数 i 是否满足 $0\leqslant i\leqslant \text{curLen}-1$,若不满足则抛出异常。

(2) 将第 i 个数据元素之后的数据元素都向前移动一个存储单元。

(3) 表长减 1。

【算法 2.2】 顺序表的删除操作算法。

```
1  public void remove(int i) throws Exception{
2      if(i<0||i>curLen-1)
3          throw new Exception("删除位置非法");
4      for(int j=i;i<curLen-1;i++)
5          listItem[j]=listItem[j+1];
6      curLen--;
7  }
```

算法的时间复杂度分析:

分析算法可以看出,删除数据元素的时间花费主要用于第 5 行的数据元素的移动上。若顺序表的表长为 n,删除表头数据元素需要移动 n 个数据元素,删除表尾数据元素需要移动 0 个数据元素。设删除位置为 i,则第 5 行语句的执行次数为 $n-i-1$。所以每次删除操作数据元素的平均移动次数为:

$$\sum_{i=0}^{n-1} p_i(n-i-1)$$

其中，p_i 是删除顺序表的第 i 个存储位置的数据元素的概率，假设每个删除位置出现的概率相同，即为$\frac{1}{n}$，可得：

$$\frac{1}{n}\sum_{i=0}^{n-1}(n-i-1)=\frac{n-1}{2}$$

即在等概率情况下，删除一个数据元素平均需要移动的顺序表的数据元素为$\frac{n-1}{2}$个，算法的时间复杂度为 $O(n)$。

3. 查找操作

查找操作 indexOf(x)是在长度为 n 的顺序表中寻找初次出现的数据元素值为 x 的数据元素的位置。

其主要步骤为将 x 与顺序表中的每一个数据元素的值进行比较，若相等，则返回该数据元素的位置；若比较结束未找到等值的数据元素，返回−1。

【算法 2.3】 顺序表的查找操作算法。

```
1  public int indexOf(Object x) {
2      for(int i = 0;i <= curLen - 1;i++)
3      {
4          if(listItem[i].equals(x))
5              return i;
6      }
7      return - 1;
8  }
```

算法的时间复杂度分析：

查找操作的比较次数取决于元素位置。分析算法可以看出，查找操作的时间花费主要集中在数据元素的比较上。设顺序表的数据元素个数为 n，则比较次数最少为 1、最多为 n。假设各数据元素的查找概率相等，则数据元素的平均比较次数为：

$$\sum_{i=1}^{n}\frac{i}{n}=\frac{n+1}{2}$$

即在等概率情况下，查找一个数据元素平均需要比较的顺序表的数据元素为$\frac{n+1}{2}$个，算法的时间复杂度为 $O(n)$。

【例 2.3】 建立一个由 a～z 的 26 个字母组成的字母顺序表，求每个字母的直接前驱和直接后继，编程实现。

```
public static void main(String[] args) throws Exception {
    //TODO Auto - generated method stub
    SqList L = new SqList(26);
    for(int i = 0;i < 26;i++){
        L.insert(i,'a' + i);
    }
```

```
        System.out.println("请输入需要查询元素的位序号: ");
        int i = new Scanner(System.in).nextInt();
        if(i > 0&&i < 25){
            System.out.println("第" + i + "个元素的直接前驱为: " + L.get(i - 1));
            System.out.println("第" + i + "个元素的直接后继为: " + L.get(i + 1));
        }
        else if(i == 0){
            System.out.println("第" + i + "个元素的直接前驱不存在");
            System.out.println("第" + i + "个元素的直接后继为: " + L.get(i + 1));
        }
        else{
            System.out.println("第" + i + "个元素的直接后继不存在");
            System.out.println("第" + i + "个元素的直接前驱为: " + L.get(i - 1));
        }
    }
```

【例 2.4】 建立一个顺序表,表中数据为 5 个学生的成绩(89,93,92,90,100),然后查找成绩为 90 的数据元素,并输出其在顺序表中的位置。

```
    public static void main(String[] args) throws Exception {
        SqList q = new SqList(5);
        q.insert(0, 89);
        q.insert(1, 93);
        q.insert(2, 92);
        q.insert(3, 90);
        q.insert(4,100);
        int res = q.indexOf(90);
        if(res ==- 1)
            System.out.println("顺序表中不存在成绩为 90 的数据元素");
        else
            System.out.println("顺序表中成绩为 90 的数据元素的位置为: " + res);
    }
```

综上所述,顺序表具有较好的静态特性、较差的动态特性。

(1) 顺序表利用元素的物理存储次序反映线性表元素的逻辑关系,不需要额外的存储空间进行元素间关系的表达。顺序表是随机存储结构,存取元素 a_i 的时间复杂度为$O(1)$,并且实现了线性表抽象数据类型所要求的基本操作。

(2) 插入和删除操作的效率很低,每插入或删除一个数据元素,元素的移动次数较多,平均移动顺序表中数据元素个数的一半;并且数组容量不可更改,存在因容量小造成数据溢出或者因容量过大造成内存资源浪费的问题。

视频讲解

2.3 线性表的链式存储和实现

采用链式存储方式存储的线性表称为链表,链表是用若干地址分散的存储单元存储数据元素,逻辑上相邻的数据元素在物理位置上不一定相邻,必须采用附加信息表示数据元素之间的逻辑关系,因此链表的每一个结点不仅包含元素本身的信息-数据域,而且包含元素之间逻辑关系的信息，即逻辑上相邻结点地址的指针域。

2.3.1 单链表

单链表是指结点中只包含一个指针域的链表，指针域中储存着指向后继结点的指针。单链表的头指针是线性表的起始地址，是线性表中第一个数据元素的存储地址，可作为单链表的唯一标识。单链表的尾结点没有后继结点，所以其指针域值为 null。

为了使操作简便，在第一个结点之前增加头结点，单链表的头指针指向头结点，头结点的数据域不存放任何数据，指针域存放指向第一个结点的指针。空单链表的头指针 head 为 null。图 2.5 为不带头结点的单链表的存储示意图，图 2.6 为带头结点的单链表的存储示意图。

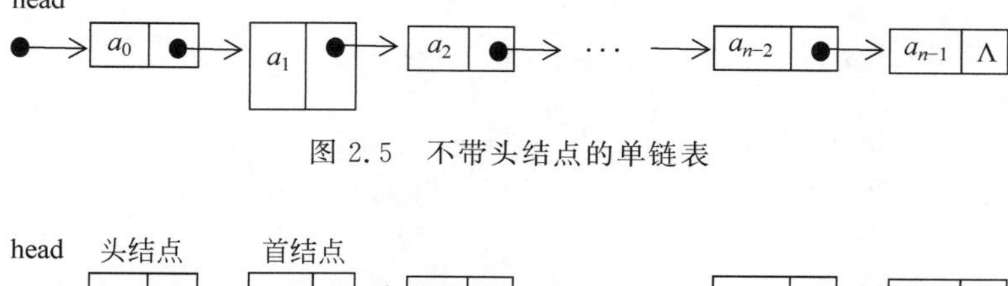

图 2.5 不带头结点的单链表

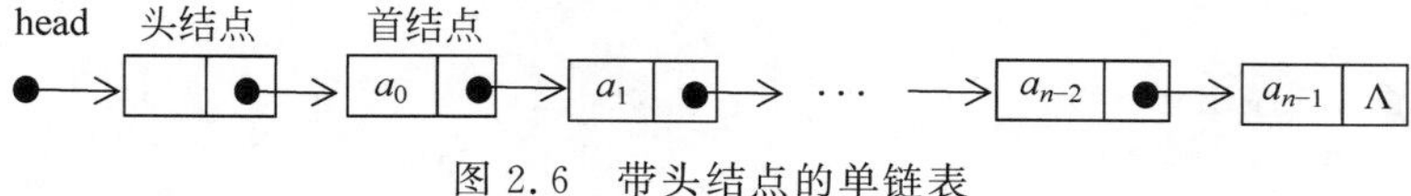

图 2.6 带头结点的单链表

单链表的结点的存储空间是在插入和删除过程中动态申请和释放的，不需要预先分配，从而避免了顺序表因存储空间不足需要扩充空间和复制元素的过程，避免了顺序表因容量过大造成内存资源浪费的问题，提高了运行效率和存储空间的利用率。

1. 结点类描述

```
1  package ch02;
2  public class Node {
3  public Object data;                          //存放结点数据值
4  public Node next;                            //存放后继结点
5  //无参构造函数
6  public Node(){
7      this(null,null);
8  }
9  //只有结点值的构造函数
10 public Node(Object data){
11     this(data,null);
12 }
13 //带有结点值和后继结点的构造函数
14 public Node(Object data,Node next){
15     this.data = data;
16     this.next = next;
17 }
18 }
```

2. 单链表类描述

```
1  package ch02;
2  public class LinkList implements IList{
3  public Node head;                          //单链表的头指针
4  //构造函数初始化头结点
5  public LinkList(){
6      head = new Node();
7  }
8  //构造函数构造长度为 n 的单链表
9  public LinkList(int n,boolean Order){
10     this();
11     if(Order)
12         create1(n);
13     else
14         create2(n);
15 }
16 //用尾插法顺序建立单链表
17 public void create1(int n){
18 
19 }
20 //用头插法逆序建立单链表
21 public void create2(int n){
22 
23 }
24 //将链表置空
25 public void clear(){
26     head.data = null;
27     head.next = null;
28 }
29 //判断链表是否为空
30 public boolean isEmpty(){
31     return head.next == null;
32 }
33 //返回链表长度
34 public int length(){
35     Node p = head.next;
36     int length = 0;
37     while(p!= null){
38         p = p.next;
39         length++;
40     }
41     return length;
42 }
43 //读取并返回第 i 个位置的数据元素
44 public Object get(int i) throws Exception {

45 }
46 //插入 x 作为第 i 个元素
47 public void insert(int i, Object x) throws Exception{
48 
```

```
49 }
50 //删除第 i 个元素
51 public void remove(int i) throws Exception{
52
53 }
54 //返回元素 x 首次出现的位序号
55 public int indexOf(Object x) {
56
57 }
58 public void display(){
59     Node p = head.next;
60     while(p!= null){
61         System.out.print(p.data + " ");
62         p = p.next;
63     }
64
65 }
66 }
```

2.3.2 单链表的基本操作实现

1. 查找操作

(1) 位序查找 get(i)是返回长度为 n 的单链表中第 i 个结点的数据域的值,其中 $0 \leqslant i \leqslant n-1$。由于单链表的存储空间不连续,因此必须从头结点开始沿着后继结点依次进行查找。

【算法 2.4】 位序查找算法。

```
1  public Object get(int i) throws Exception {
2      Node p = head.next;                    //p 指向单链表的首结点
3      int j;
4      //从首结点开始向后查找,直到 p 指向第 i 个结点或者 p 为 null
5      for(j = 0;j < i&&p!= null;j++){
6          p = p.next;
7      }
8      if(j > i||p == null)                   //i 不合法时抛出异常
9          throw new Exception("第" + i + "个数据元素不存在");
10     return p.data;
11 }
```

(2) 查找操作 indexOf(x)是在长度为 n 的单链表中寻找初次出现的数据域值为 x 的数据元素的位置。

其主要步骤为将 x 与单链表中的每一个数据元素的数据域进行比较,若相等,则返回该数据元素在单链表中的位置;若比较结束未找到等值的数据元素,返回-1。

【算法 2.5】 按值查找。

```
1  public int indexOf(Object x) {
2      Node p = head.next;
3      int j = 0;
4      while(p!= null&&!p.data.equals(x)){
5          p = p.next;
```

```
6           j++;
7       }
8       if(p!= null)
9           return j;
10      else
11          return - 1;
12 }
```

2. 插入操作

插入操作 insert(i,x)是在长度为 n 的单链表的第 i 个结点之前插入数据域值为 x 的新结点,其中 $0\leqslant i\leqslant n$,当 $i=0$ 时在表头插入,当 $i=n$ 时在表尾插入。

与顺序表相比,单链表不需要移动一批数据元素,而只需要改变结点的指针域,改变有序对,即可实现数据元素的插入,即$<a_{i-1},a_i>$转变为$<a_{i-1},x>$和$<x,a_i>$,如图 2.7 所示。

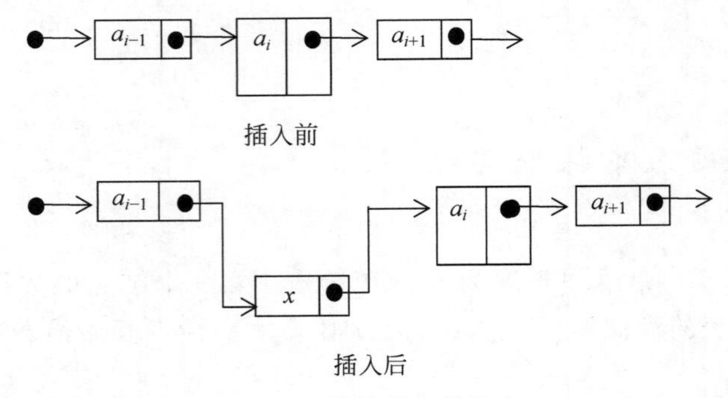

图 2.7　单链表上的插入

插入操作的主要步骤如下:

(1) 查找到插入位置的前驱结点,即第 $i-1$ 个结点。

(2) 创建数据域值为 x 的新结点。

(3) 修改前驱结点的指针域为指向新结点的指针,新结点的指针域为指向原第 i 个结点的指针。

【算法 2.6】　带头结点的单链表的插入操作。

```
1  public void insert(int i, Object x) throws Exception{
2      Node p = head;
3      int j =- 1;
4      //寻找第 i 个结点的前驱
5      while(p!= null&&j < i - 1){
6          p = p.next;
7          j++;
8      }
9      if(j > i - 1||p == null)            //i 不合法时抛出异常
10         throw new Exception("插入位置不合法");
11     Node s = new Node(x);
12     s.next = p.next;
13     p.next = s;
14 }
```

【算法 2.7】 不带头结点的单链表的插入操作。

```
1  public voidinsert(int i, Object x) throws Exception{
2      Node p = head;
3      int j = 0;
4      //寻找第 i 个结点的前驱
5      while(p!= null&&j < i - 1){
6          p = p.next;
7          j++;
8      }
9      if(j > i - 1||p == null)           //i 不合法时抛出异常
10         throw new Exception("插入位置不合法");
11     Node s = new Node(x);
12     if(i == 0){
13         s.next = head;
14         head = s;
15     }
16     else{
17         s.next = p.next;
18         p.next = s;
19     }
20 }
```

分析以上代码可以发现，由于链式存储采用的是动态存储分配空间，所以在进行插入操作之前不需要判断存储空间是否已满。

在带头结点的单链表上进行插入操作时，无论插入位置是表头、表尾还是表中，操作语句都是一致的；但是在不带头结点的单链表上进行插入操作时，在表头插入和在其他位置插入新结点的语句是不同的，需要分两种情况进行处理。本章之后的例题代码均是基于带头结点的单链表类实现。

3. 删除操作

删除操作 remove(i,x)是将长度为 n 的单链表的第 i 个结点删除，其中 $0 \leqslant i \leqslant n-1$。

与顺序表相比，单链表不需要移动一批数据元素，而只需要改变结点的指针域，实现有序对的改变，即可删除结点，即<a_{i-1},a_i>和<a_i,a_{i+1}>转变为<a_{i-1},a_{i+1}>，如图 2.8 所示。

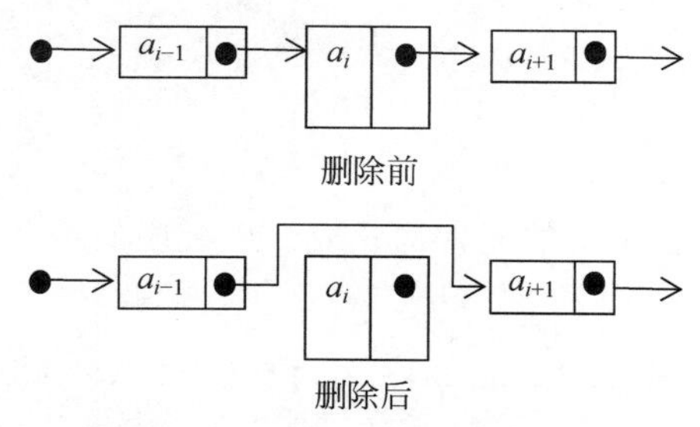

图 2.8 单链表的删除操作

其主要步骤如下。

(1) 判断单链表是否为空。

(2) 查找待删除结点的前驱结点。

(3) 修改前驱结点的指针域为待删除结点的指针域。

【算法 2.8】 删除操作。

```
1  public void remove(int i) throws Exception{
2      Node p = head;
3      int j =- 1;
4      //寻找第 i 个结点的前驱结点
5      while(p!= null&&j < i - 1){
6          p = p.next;
7          j++;
8      }
9      if(j > i - 1||p.next == null)      //i 不合法时抛出异常
10         throw new Exception("删除位置不合法");
11     p.next = p.next.next;
12
13 }
```

4. 单链表的建立操作

1) 头插法

将新结点插入到单链表的表头,读入的数据顺序与结点顺序相反。

【算法 2.9】 头插法。

```
1  public void create1(int n) throws Exception{
2      Scanner sc = new Scanner(System.in);
3      for(int i = 0;i < n;i++){
4          insert(0,sc.next());
5      }
6  }
```

2) 尾插法

将新结点插入到单链表的表尾,读入的数据顺序与结点顺序相同。

【算法 2.10】 尾插法。

```
1  public void create2(int n) throws Exception{
2      Scanner sc = new Scanner(System.in);
3      for(int i = 0;i < n;i++){
4          insert(length(),sc.next());
5      }
6  }
```

【例 2.5】 编程实现将数组中的元素构建成一个有序的单链表。

```
public static void main(String [ ]args){
    Scanner sc = new Scanner(System.in); //构造用于输入的对象
    int n,val;
    n = sc.nextInt();                     //n 为需要输入的数组元素的个数
    LinkList l = new LinkList();          //声明单链表
    for(int i = 0;i < n;i++){
        Node q = l.head;
        val = sc.nextInt();
```

```
            Node p = new Node(val);
    while(q!= null&&q.next!= null&&Integer.valueOf(q.next.data.toString())< val){
                q = q.next;
            }
            p.next = q.next;                //进行插入操作
            q.next = p;
        }
        Node k = l.head;
        for(int i = 0;i < n;i++){            //输出有序的单链表
            k = k.next;
            System.out.println(k.data);
        }
    }
```

2.3.3 其他链表

1. 循环链表

循环链表与单链表的结构相似，只是将链表的首尾相连，即尾结点的指针域为指向头结点的指针，从而形成了一个环状的链表。

循环链表与单链表的操作算法基本一致，判定循环链表中的某个结点是否为尾结点的条件不是它的后继结点为空，而是它的后继结点是否为头结点。

在实现循环链表时可用头指针或尾指针或二者同时使用来标识循环链表，通常使用尾指针进行标识，可简化某些操作。

2. 双向链表

双向链表的结点具有两个指针域，一个指针指向前驱结点，一个指针指向后继结点。这样使得查找某个结点的前驱结点不需要从表头开始顺着链表依次进行查找，从而减小时间复杂度。

1）结点类描述

```
1  package ch02;
2  public class DuLNode {
3  public Object data;                      //存放数据值的数据域
4  public DuLNode prior;                    //存放指向前驱结点的指针
5  public DuLNode next;                     //存放指向后继结点的指针
6  public DuLNode(){
7      this(null);
8  }
9  public DuLNode(Object data){
10     this.data = data;
11     this.prior = null;
12     this.next = null;
13 }
14 }
```

2）双向链表的基本操作实现

双向链表与单链表的不同之处主要在于进行插入和删除操作时每个结点需要修改两个指针域。

【算法 2.11】 插入操作。

```
1  public void insert(int i, Object x) throws Exception {
2      DuLNode p = head;
3      int j =- 1;
4      //寻找插入位置 i
5      while(p!= null&&j < i){
6          p = p.next;
7          j++;
8      }
9      if(j > i||p == null)              //i 不合法时抛出异常
10         throw new Exception("插入位置不合法");
11     DuLNode s = new DuLNode(x);
12     p.prior.next = s;
13     s.next = p;
14     s.prior = p.prior;
15     p.prior = s;
16 }
```

【算法 2.12】 删除操作。

```
1  public void remove(int i) throws Exception {
2      DuLNode p = head;
3      int j =- 1;
4      while(p!= null&&j < i){
5          p = p.next;
6          j++;
7      }
8      if(j > i||p == null)              //i 不合法时抛出异常
9          throw new Exception("删除位置不合法");
10     p.prior.next = p.next;
11     p.next.prior = p.prior;
12 }
```

2.4 顺序表与链表的比较

顺序表与链表的比较如表 2.2 所示。

表 2.2 顺序表与链表的比较

	顺 序 表	链 表
优点	(1) 可进行高效随机存取; (2) 存储密度高,空间开销小; (3) 实现简单,便于使用	(1) 灵活,可进行存储空间的动态分配; (2) 插入、删除效率高
缺点	(1) 需要预先分配存储空间; (2) 不便于进行插入和删除操作	(1) 存储密度低; (2) 不可按照位序号随机存取

2.5 实 验

2.5.1 数组奇偶分割

给定一个非负整数数组 A,返回一个由 A 的所有奇数元素组成的数组,其后为 A 的所有偶数元素。可以返回满足此条件的任何答案数组。

示例：

输入：[3,2,1,4]

输出：[3,1,2,4]

输出[1,3,2,4]、[1,3,4,2]或[3,1,4,2]也是可以的。

```
public class U2H1 {
    /**
     * 分析：与普通的数组排序思想类似，只不过比较规则不是通过大小判断，而是通过奇偶性质
判断
     *       可以使用数组排序常用的冒泡、快速排序等方法
     */
    public static void main(String[] args) {
        int[] nums = new int[]{1, 2, 3, 4};
        for (int i = 0; i < nums.length - 1 ; i++) {
            if (nums[i] % 2 == 0) {
                boolean hasSwap = false;
                for (int j = i + 1; j < nums.length; j++) {
                    if (nums[j] % 2 != 0) {
                        nums[i] = nums[j] + nums[i];
                        nums[j] = nums[i] - nums[j];
                        nums[i] = nums[i] - nums[j];
                        hasSwap = true;
                    }
                }
                //没有再交换过数组，说明后面的元素全部为偶数，没必要继续往下迭代
                if (!hasSwap) {
                    break;
                }
            }
        }

        //输出
        StringBuilder outputStr = new StringBuilder();
        outputStr.append("[");
        for (int num : nums) {
            outputStr.append(num).append(",");
        }
        //删除末尾多余的逗号
        outputStr.deleteCharAt(outputStr.length() - 1);
        outputStr.append("]");
        System.out.println(outputStr);
    }
}
```

2.5.2 反转链表

反转一个单向链表。

示例：

输入：1→2→3→4→5→NULL

输出：5→4→3→2→1→NULL

```
public class U2H2 {
    public static void main(String[ ] args) {
        Node head = new Node(1);
        Node now;
        for (now = head; now.data <= 10; now = now.next) {
            now.next = new Node(now.data + 1);
        }
        for(now = head;now!= null;now = now.next) {
            System.out.println(now.data);
        }
        System.out.println("^^^^^^^^^^^^^^reverse^^^^^^^^^^^^^^^^^^^^");
        head = iteration_reverse(head);
        for(now = head;now!= null;now = now.next) {
            System.out.println(now.data);
        }
    }

    public static Node iteration_reverse(Node head) {
        if (head != null && head.next != null) {
            Node beg = null;
            Node mid = head;
            Node end = head.next;
            //一直遍历
            while (true) {
                //修改 mid 所指结点的指向
                mid.next = beg;
                //此时判断 end 是否为 NULL,如果是则退出循环
                if (end == null) {
                    break;
                }
                //整体向后移动 3 个指针
                beg = mid;
                mid = end;
                end = end.next;
            }
            //最后修改 head 头指针的指向
            head = mid;
        }
        return head;
    }
}

class Node {
    int data;
    Node next;

    public Node(int data) {
        this.data = data;
        this.next = null;
    }
}
```

2.5.3 链表环检测

单链表中的环是指链表末尾的结点的 next 指针不为 NULL ,而是指向了链表中的某

个结点，导致链表中出现了环形结构。

传入一个单链表的 head，判断是否出现环形结构，如果出现则返回 true，否则返回 false。

示例：

输入：1→2→3→4→5→4→…

输出：true

输入：1→2→3→4→5→NULL

输出：false

分析：本题的实现可以通过每次访问一个结点时查找其后有没有相同结点(二重循环 $O(n^2)$)、存储已访问结点并且每次查询($O(n\log n)$)和快慢指针法实现。题解仅给出快慢指针法的原理和实现。

```
public class U2H3 {                          //快慢指针法
    public static boolean checkCircle(Node head) {
        Node fast;                           //慢指针,每次前进一个结点
        Node slow;                           //快指针,每次前进两个结点
        slow = fast = head;                  //两个指针均指向链表头结点
        //当没有到达链表结尾,则继续前进
        while (slow != null && fast.next != null) {
            slow = slow.next;                //慢指针前进一个结点
            fast = fast.next.next;           //快指针前进两个结点
            if (slow == fast)                //若两个指针相遇,且均不为 NULL 则存在环
                return true;
        }
        //到达末尾仍然没有相遇,则不存在环
        return false;
    }
}

class Node {
    int data;
    Node next;

    public Node(int data) {
        this.data = data;
        this.next = null;
    }
}
```

小　　结

(1) 线性表是其组成元素间具有线性关系的一种线性结构，其实现方式主要为基于顺序存储的实现和基于链式存储的实现。

(2) 线性表的顺序存储结构称为顺序表，可用数组实现，可对数据元素进行随机存取，时间复杂度为 $O(1)$，在插入或删除数据元素时时间复杂度为 $O(n)$。

(3) 线性表的链式存储结构称为链表，不能直接访问给定位置上的数据元素，必须从头

结点开始沿着后继结点进行访问,时间复杂度为 $O(n)$。在插入或删除数据元素时不需要移动任何数据元素,只需要更改结点的指针域即可,时间复杂度为 $O(1)$。

(4) 循环链表将链表的首尾相连,即尾结点的指针域为指向头结点的指针,从而形成了一个环状的链表。

(5) 双向链表的结点具有两个指针域,一个指针指向前驱结点,一个指针指向后继结点。这样使得查找某个结点的前驱结点不需要从表头开始顺着链表依次进行查找,从而减小时间复杂度。

习 题 2

一、选择题

1. 在一个长度为 n 的顺序存储的线性表中,向第 i 个元素($1\leqslant i\leqslant n+1$)位置插入一个新元素时需要从后向前依次后移(　　)个元素。

A. $n-i$　　B. $n-i+1$　　C. $n-i-1$　　D. i

2. 在一个长度为 n 的顺序存储的线性表中删除第 i 个元素($1\leqslant i\leqslant n$)时需要从前向后依次前移(　　)个元素。

A. $n-i$　　B. $n-i+1$　　C. $n-i-1$　　D. i

3. 在一个长度为 n 的线性表中顺序查找值为 x 的元素时,在等概率情况下查找成功时的平均查找长度(即需要比较的元素个数)为(　　)。

A. n　　B. $n/2$　　C. $(n+1)/2$　　D. $(n-1)/2$

4. 在一个长度为 n 的线性表中删除值为 x 的元素时需要比较元素和移动元素的总次数为(　　)。

A. $(n+1)/2$　　B. $n/2$　　C. n　　D. $n+1$

5. 在一个顺序表的表尾插入一个元素的时间复杂度为(　　)。

A. $O(n)$　　B. $O(1)$　　C. $O(n*n)$　　D. $O(\log_2 n)$

6. 若一个结点的引用为 p,它的前驱结点的引用为 q,则删除 p 的后继结点的操作为(　　)。

A. p=p.next.next　　B. p.next=p.next.next

C. q.next=p.next　　D. q.next=q.next.next

7. 假定一个多项式中 x 的最高次幂为 n,则在保存所有系数项的线性表表示中其线性表长度为(　　)。

A. $n+1$　　B. n　　C. $n-1$　　D. $n+2$

二、填空题

1. 对于当前长度为 n 的线性表,共包含有________个插入元素的位置,共包含有________个删除元素的位置。

2. 若经常需要对线性表进行表尾插入和删除运算,则最好采用________存储结构;若经常需要对线性表进行表头插入和删除运算,则最好采用________存储结构。

3. 由 n 个元素生成一个顺序表。若每次都调用插入算法把一个元素插入到表头,则整个算法的时间复杂度为________;若每次都调用插入算法把一个元素插入到表尾,则整个算法的时间复杂度为________。

4. 由 n 个元素生成一个单链表。若每次都调用插入算法把一个元素插入到表头，则整个算法的时间复杂度为________；若每次都调用插入算法把一个元素插入到表尾，则整个算法的时间复杂度为________。

5. 对于一个长度为 n 的顺序存储的线性表，在表头插入元素的时间复杂度为________，在表尾插入元素的时间复杂度为________。

6. 对于一个单链接存储的线性表，在表头插入结点的时间复杂度为________，在表尾插入结点的时间复杂度为________。

7. 从一个顺序表和单链表中访问任一给定位置序号的元素（结点）的时间复杂度分别为________和________。

三、算法设计题

1. 修改从顺序存储的集合中删除元素的算法，要求在删除一个元素后检查数组空间的大小，若空间利用率小于 40%则释放数组的一半存储空间。

2. 编写顺序存储集合类 sequenceSet 中的构造方法，它包含一维数组参数 Object[] a，该方法中给 setArray 数组分配的长度是 a 数组长度的 1.5 倍，并且根据 a 数组中所有不同的元素值建立一个集合。

3. 编写一个静态成员方法，返回一个顺序存储的集合 set 中所有元素的最大值，假定元素类型为 double。

4. 编写顺序存储集合类 sequenceSet 中的复制构造方法，它包含一个参数 Set set，实现把 set 所指向的顺序集合的内容复制到当前集合中的功能。

5. 编写一个静态成员方法，实现两个顺序存储集合的差运算，并返回所求得的差集。

6. 编写一个静态成员方法，实现两个链式存储集合的差运算，并返回所求得的差集。

7. 编写一个带有主函数的程序，其中包含两个静态成员方法，分别为使用顺序和链接存储的线性表解决约瑟夫（Josephus）问题。约瑟夫问题是设有 n 个人围坐在一张圆桌周围，现从某个人开始从 1 报数，数到 m 的人出列（即离开座位，不参加以后的报数），接着从出列的下一个人开始重新从 1 报数，数到 m 的人又出列，如此下去直到所有人都出列为止，试求出这 n 个人的出列次序。

例如，当 $n=8$、$m=4$ 时，若从第一个人开始报数，假定 n 个人对应的编号依次为 1、2、…、n，则得到的出列次序为“4,8,5,2,1,3,7,6”。

在每个解决约瑟夫问题的静态成员方法中，要求以整型对象 n、m 和 s 作为参数，n 表示开始参加报数的人数，m 为下一次要出列的人所报出的数字序号，s 为最开始报数的那个人的编号。

注意：人的座位是首尾相接的，所以报数是循环进行的，最后一个人报数后接着是最前面的一个人报数。

第3章 栈和队列

3.1 栈

3.1.1 栈的基本概念

栈是一种特殊的线性表,其插入、删除操作只能在表的尾部进行。在栈中允许进行插入、删除操作的一端称为栈顶,另一端称为栈底。在栈$\{a_0,a_1,\cdots,a_{n-1}\}$中$a_0$称为栈底元素,$a_{n-1}$称为栈顶元素。通常,栈的插入操作叫入栈,栈的删除操作叫出栈。

由于栈的插入和删除操作只允许在栈顶进行,每次入栈的元素即成为栈顶元素,每次最先出栈的总是栈顶元素,所以栈是一种后进先出的线性表。就像一摞盘子,每次将一个盘子摞在最上面,每次从最上面取一只盘子,不能从中间插进或者抽出。

3.1.2 栈的抽象数据类型描述

栈中的数据元素和数据间的逻辑关系与线性表相同,是由n个具有相同数据类型的数据元素构成的有限序列,栈的抽象数据类型的Java描述如下:

```
1  package ch03;
2  public interface IStack {
3  public void clear();                          //将栈置空
4  public boolean isEmpty();                     //判断栈是否为空
5  public int length();                          //返回栈的数据元素个数
6  public Object peek();                         //返回栈顶元素
7  public void push(Object x);                   //将数据元素 x 入栈
8  public Object pop();                          //将栈顶元素出栈并返回
9  public void display();                        //输出栈中的所有元素
10 }
```

栈的抽象数据Java接口包含了栈的主要基本操作,如果要使用这个接口还需要具体的类来实现。栈的Java接口的实现方法主要有以下两种:

(1) 基于顺序存储的实现,为顺序栈;

(2) 基于链式存储的实现,为链栈。

3.1.3 顺序栈

1. 顺序栈类的描述

顺序栈用数组实现,因为入栈和出栈操作都是在栈顶进行,所以增加变量top来指示栈顶元素的位置，top 指向栈顶元素存储位置的下一个存储单元的位置，空栈时 top＝0。

顺序栈类的 Java 语言描述如下：

```
1  package ch03;
2  public class SqStack implements IStack{

3  private Object[] stackElem;                    //顺序栈存储空间
4  private int top;                               //指向栈顶元素的下一个存储单元位置
5  private int maxSize;                           //栈的最大存储单元个数
6
7  //构造最大存储单元个数为 maxSize 的空栈
8  public SqStack(int maxSize){
9      top = 0;
10     this.maxSize = maxSize;
11     stackElem = new Object[maxSize];
12 }
13 //将栈置空
14 public void clear() {
15     top = 0;
16 }
17     //判断栈是否为空
18 public boolean isEmpty() {
19     return top == 0;
20 }
21     //返回栈中数据元素的个数
22 public int length() {
23
24     return top;
25 }
26     //返回栈顶元素
27 public Object peek() {
28     if(!isEmpty())
29         return stackElem[top - 1];
30     else
31         return null;
32 }
33     //入栈
34 public void push(Object x) {
35
36 }
37     //出栈
38 public Object pop() {
39
40 }
41 //输出栈中的所有数据元素
42 public void display(){
43     for(int i = top - 1;i >= 0;i--){
44         System.out.print(stackElem[i] + " ");
45     }
46 }
47 }
```

2. 顺序栈基本操作的实现

1）入栈操作

入栈操作 push(x)是将数据元素 x 作为栈顶元素插入顺序栈中,主要操作如下:

(1) 判断顺序栈是否为满,若满则抛出异常。

(2) 将 x 存入 top 所指的存储单元位置。

(3) top 加 1。

图 3.1 显示了进行入栈操作时栈的状态变化。

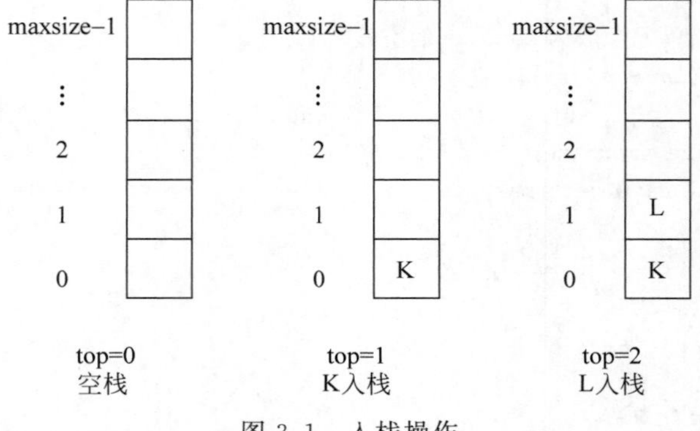

图 3.1 入栈操作

【算法 3.1】 入栈操作。

```
1  //入栈
2  public void push(Object x) {
3      if(top == maxSize)
4          throw new Exception("栈已满");
5      stackElem[top] = x;
6      top++;
7  }
```

2）出栈操作

出栈操作 pop()是将栈顶元素从栈中删除并返回,主要步骤如下。

(1) 判断顺序栈是否为空,若空则返回 null。

(2) top 减 1。

(3) 返回 top 所指的栈顶元素的值。

图 3.2 显示了进行出栈操作时栈的状态变化。

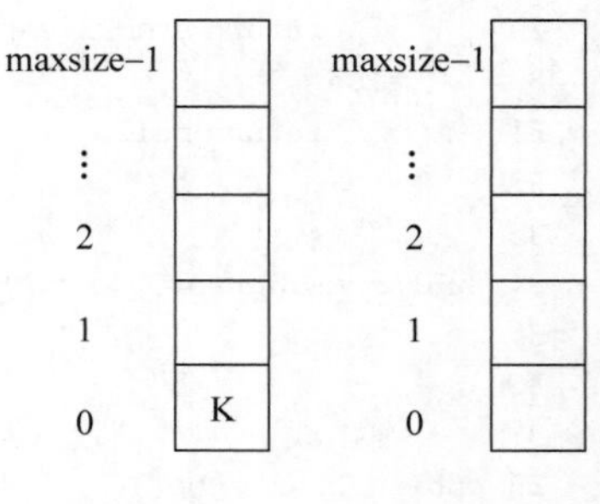

图 3.2 出栈操作

【算法 3.2】 出栈操作。

```
1  public Object pop() {
2      if(isEmpty())
3          return null;
4      top--;
5      return stackElem[top];
6  }
```

分析可得，入栈和出栈操作的实现为顺序表的尾插入和尾删除，时间复杂度为 $O(1)$。

【例 3.1】 利用顺序栈实现括号匹配的语法检查。

解：括号匹配是指程序中出现的括号，左、右括号的个数是相同的，并且需要先左后右依次出现。括号是可以嵌套的，一个右括号与其前面最近的一个左括号匹配，使用栈保存多个嵌套的左括号。

```
public void isMatched(String str) throws Exception{
    for(int i = 0;i < str.length();i++){
        if(str.charAt(i) == '('){                        //左括号入栈
            push('(');
        }
        else if(str.charAt(i) == ')'&&! isEmpty()){      //左括号出栈
            pop();
        }
        else if(str.charAt(i) == ')'&&isEmpty()){        //存在多余的右括号
            System.out.println("括号不匹配");
            return;
        }
    }
    if(isEmpty()){
        System.out.println("括号匹配");
    }
    else{                                                //存在多余的左括号
        System.out.println("括号不匹配");
    }
}
public static void main(String [ ]args) throws Exception{
    String str1 = "(a + b * (c + d))";
    String str2 = "(a + b * (c + d)))";
    SqStack q = new SqStack(str1.length());
    q.isMatched(str1);
    SqStack p = new SqStack(str2.length());
    p.isMatched(str2);
}
```

3.1.4 链栈

1. 链栈类的描述

采用链式存储结构的栈称为链栈，由于入栈和出栈只能在栈顶进行，不存在在栈的任意位置进行插入和删除的操作，所以不需要设置头结点，只需要将指针 top 指向栈顶元素结点，每个结点的指针域指向其后继结点即可。

链栈的存储结构如图 3.3 所示。

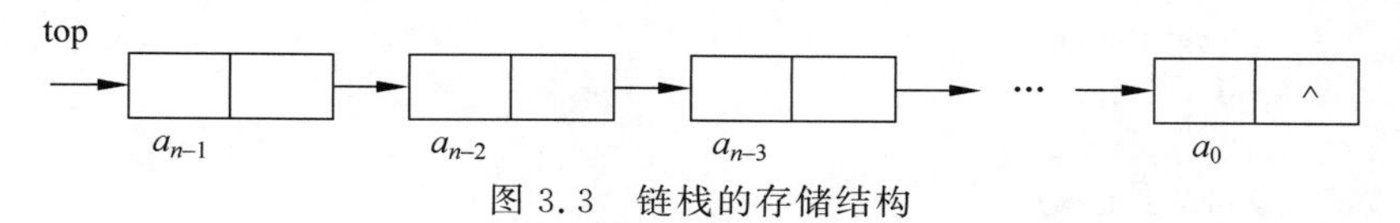

图 3.3 链栈的存储结构

实现 IStack 接口的链栈类的 Java 语言描述如下：

```
1  package ch03;
2  import ch02.Node;
3  public class LinkStack implements IStack{
4      private Node top;                                    //栈顶元素
5
6      //将栈置空
7      public void clear() {
8          top = null;
9      }
10     //判断栈是否为空
11     public boolean isEmpty() {
12         return top == null;
13     }
14     //返回栈中数据元素个数
15     public int length() {
16         Node p = top;
17         int length = 0;
18         while(p!= null){
19             p = p.next;
20             length++;
21         }
22         return length;
23
24     }
25     //返回栈顶元素
26     public Object peek() {
27         if(!isEmpty())
28             return top.data;
29         else
30             return null;
31     }
32     //入栈
33     public void push(Object x) throws Exception {
34         Node s = new Node(x);
35         s.next = top;
36         top = s;
37     }
38     //出栈
39     public Object pop() {
40         if(isEmpty())
41             return null;
42         Node p = top;
43         top = top.next;
44         return p.data;
45     }
```

```
46      //输出栈中的所有数据元素
47      public void display(){
48          Node p = top;
49          while(p!= null){
50              System.out.print(p.data + " ");
51              p = p.next;
52          }
53      }
54  }
```

2. 链栈基本操作的实现

1）入栈操作

入栈操作 push(x)是将数据域值为 x 的结点插入到链栈的栈顶，主要步骤如下。

(1) 构造数据值域为 x 的新结点。

(2) 改变新结点和首结点的指针域，使新结点成为新的栈顶结点。

链栈进行入栈操作后的状态变化如图 3.4 所示。

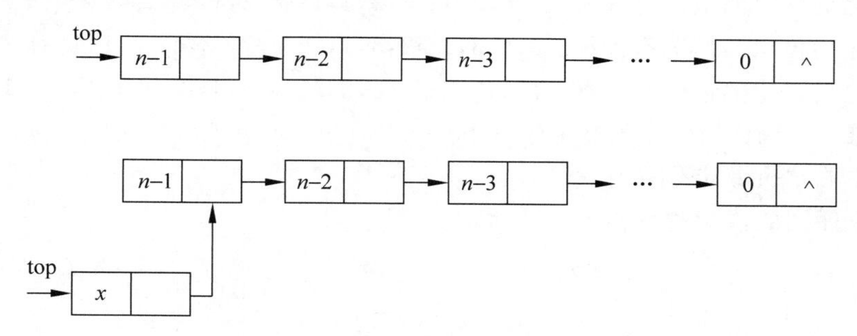

图 3.4　入栈操作

【算法 3.3】 入栈操作。

```
1  public void push(Object x) throws Exception {
2      Node s = new Node(x);
3      s.next = top;
4      top = s;
5  }
```

2）出栈操作

出栈操作 pop()是将栈顶元素从链栈中删除并返回其数据域的值，主要步骤如下。

(1) 判断链栈是否为空，若空则返回 null。

(2) 修改 top 指针域的值，返回被删结点的数据域值。

链栈进行出栈操作后的状态变化如图 3.5 所示。

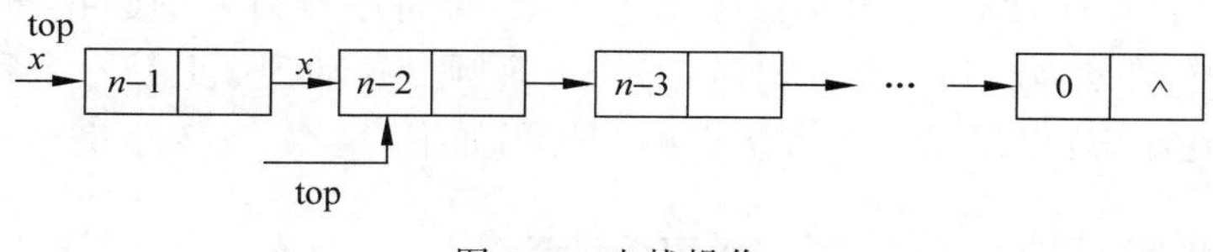

图 3.5　出栈操作

【算法3.4】 出栈操作。

```
1  public Object pop() {
2      if(isEmpty())
3          return null;
4      Node p = top;
5      top = top.next;
6      return p.data;
7  }
```

分析可得，使用单链表实现栈，入栈和出栈操作的实现为单链表的头插入和头删除，时间复杂度为$O(1)$。

【例3.2】 设有编号为1、2、3、4的4辆列车顺序进入一个栈式结构的车站，具体写出这4辆列车开出车站的所有可能的顺序。

解：至少有14种。

全进之后再出的情况只有1种：4,3,2,1。

进3个之后再出的情况有3种：3,4,2,1；3,2,4,1；3,2,1,4。

进两个之后再出的情况有5种：2,4,3,1；2,3,4,1；2,1，3,4；2,1,4,3；2,1,3,4。

进一个之后再出的情况有5种：1,4,3,2；1,3,2,4；1,3,4,2；1，2,3,4；1,2,4,3。

【例3.3】 在执行操作序列push(1)、push(2)、pop、push(5)、push(7)、pop、push(6)之后栈顶元素和栈底元素分别是什么？

解：操作序列的执行过程如图3.6所示。

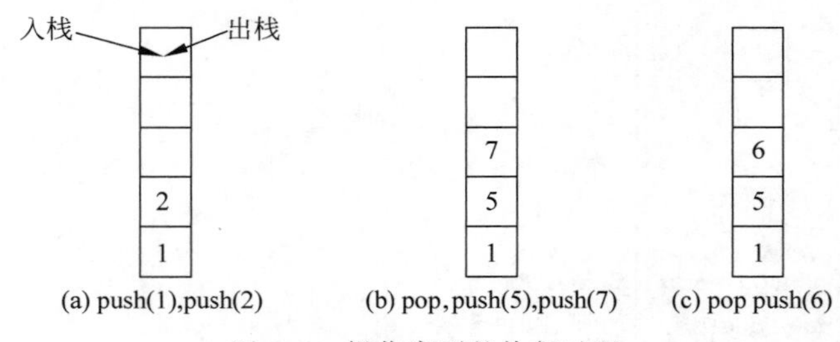

图3.6 操作序列的执行过程

所以栈顶元素为6、栈底元素为1。

【例3.4】 编程实现汉诺塔问题的求解。假设有3个分别命名为x、y、z的塔座，在塔座x上插有n个直径和序号均为1、2、…、n的圆盘。要求将塔座x上的n个圆盘借助塔座y移动到塔座z上，仍按照相同的序号排列，并且每次只能移动一个圆盘，任何时候都不能将一个较大的圆盘压在较小的圆盘之上。

解：分析问题可知，当$n=1$时只要将序号为1的圆盘从x直接移动到z即可；当$n>1$时则需要将序号小于n的$n-1$个圆盘移动到y上，再将序号为n的圆盘移动到z上，然后将y上的$n-1$个圆盘移动到z上。如何将$n-1$个圆盘移动到z上是一个和原问题相似的问题，只是规模变小，可以用同样的方法求解。代码如下：

```
public static void hanoi(int n, char x, char y, char z){
        if(n == 1)
```

```
            move(1,x,z);
        else{
            hanoi(n-1,x,z,y);              //将 x 上序号为 1 至 n-1 的圆盘从 x 移动到 y
            move(n,x,z);                   //将序号为 n 的圆盘从塔座 x 移动到塔座 z
            hanoi(n-1,y,x,z);              //将 y 上序号为 1 至 n-1 的圆盘从 y 移动到 z
        }
    }
    //将序号为 n 的圆盘从塔座 x 移动到塔座 z
    public static void move(int n,char x,char z){
        System.out.println("将圆盘:"+n+"从塔座"+x+"移动到塔座"+z+" ");
    }
    public static void main(String [ ]args){
        hanoi(3,'x','y','z');
                    }
```

3.2 队　　列

3.2.1 队列的基本概念

队列是一种特殊的线性表,其插入操作只能在表的尾部进行,删除操作只能在表头进行。在队列中允许进行插入操作的一端称为队尾,允许进行删除操作的另一端称为队首。在队列$\{a_0,a_1,\cdots,a_{n-1}\}$中 a_0 称为队首元素,a_{n-1} 称为队尾元素。通常,队列的插入操作叫入队,队列的删除操作叫出队。没有数据元素的队列称为空队列。

由于插入和删除操作分别在队尾和队首进行,最先入队的元素总是最先出队,因此队列具有先进先出的特点。

3.2.2 队列的抽象数据类型描述

队列中的数据元素和数据间的逻辑关系与线性表相同,是由 n 个具有相同数据类型的数据元素构成的有限序列,队列的抽象数据类型的 Java 描述如下:

```
1  package ch03;
2  public interface IQueue {
3  public void clear();                              //将队列置空
4  public boolean isEmpty();                         //判断队列是否为空
5  public int length();                              //返回队列的数据元素个数
6  public Object peek();                             //返回队首元素
7  public void offer(Object x) throws Exception;     //将数据元素 x 插入到队列成为队尾元素
8  public Object poll();                             //将队首元素删除并返回其值
9  public void display();                            //输出队列中的所有数据元素
10 }
```

队列的抽象数据 Java 接口包含了队列的主要基本操作,如果要使用这个接口,还需要具体的类来实现。队列的 Java 接口的实现方法主要有以下两种。

(1) 基于顺序存储的实现,为顺序队列。

(2) 基于链式存储的实现,为链队列。

3.2.3 顺序队列

1. 顺序队列类的描述及实现

顺序队列的存储结构与顺序栈类似,可用数组实现,因为入队和出队操作分别在队尾和队首进行,所以增加变量 front 来指示队首元素的位置,rear 指示队尾元素的下一个存储单元的位置。顺序队列进行入队操作的状态变化如图 3.7 所示,进行出队操作后的状态变化如图 3.8 所示。

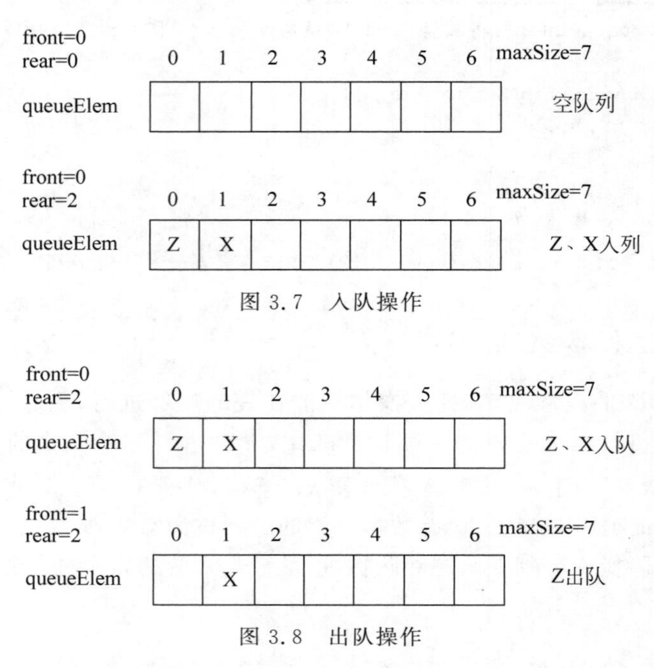

图 3.7 入队操作

图 3.8 出队操作

顺序队列类的 Java 语言描述如下:

```
1  package ch03;
2  public class SqQueue implements IQueue {
3  private Object[ ] queueElem;                    //队列的存储空间
4  private int front;                              //指向队首元素
5  private int rear;                               //指向队尾元素的下一个存储单元
6  private int maxSize;                            //队列的最大存储单元个数
7
8  //构造最大存储单元个数为 maxSize 的空队列
9  public SqQueue(int maxSize){
10     front = rear = 0;
11     queueElem = new Object[maxSize];
12     this.maxSize = maxSize;
13 }
14 //将队列置空
15 public void clear() {
16     front = rear = 0;
17 }
18     //判断队列是否为空
```

```
19 public boolean isEmpty() {
20     return rear == front;
21 }

22 //返回队列的长度
23 public int length() {
24     return rear - front;
25 }

26 //读取队首元素并返回其值
27 public Object peek() {
28     if(isEmpty())
29         return null;
30     return queueElem[front];
31 }
32 //入队
33 public void offer(Object x) throws Exception {
34     if(rear == maxSize)
35         throw new Exception("队列已满");
36     queueElem[rear] = x;
37     rear++;
38 }
39 //出队
40 public Object poll() {
41     if(rear == front)
42         return null;
43     Object p = queueElem[front];
44     front++;
45     return p;
46 }
47 //输出队列中的所有数据元素
48 public void display() {
49     if(!isEmpty()){
50         for(int i = front;i < rear;i++){
51             System.out.print(queueElem[i] + " ");
52         }
53     }
54     else{
55         System.out.print("此队列为空");
56     }
57 }
58 }
```

2. 循环顺序队列类的描述及实现

分析发现，顺序队列的多次入队和出队操作会造成有存储空间却不能进行入队操作的“假溢出”现象，如图 3.9 所示。顺序队列之所以会出现“假溢出”现象是因为顺序队列的存储单元没有重复使用机制，为了解决顺序队列因数组下标越界而引起的“溢出”问题，可将顺序序列的首尾相连，形成循环顺序队列。循环顺序队列进行入队和出队操作后的状态变化如图 3.10 所示。

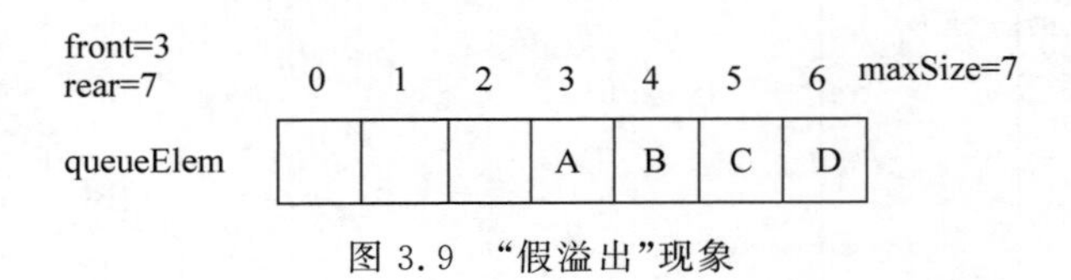

图 3.9 “假溢出”现象

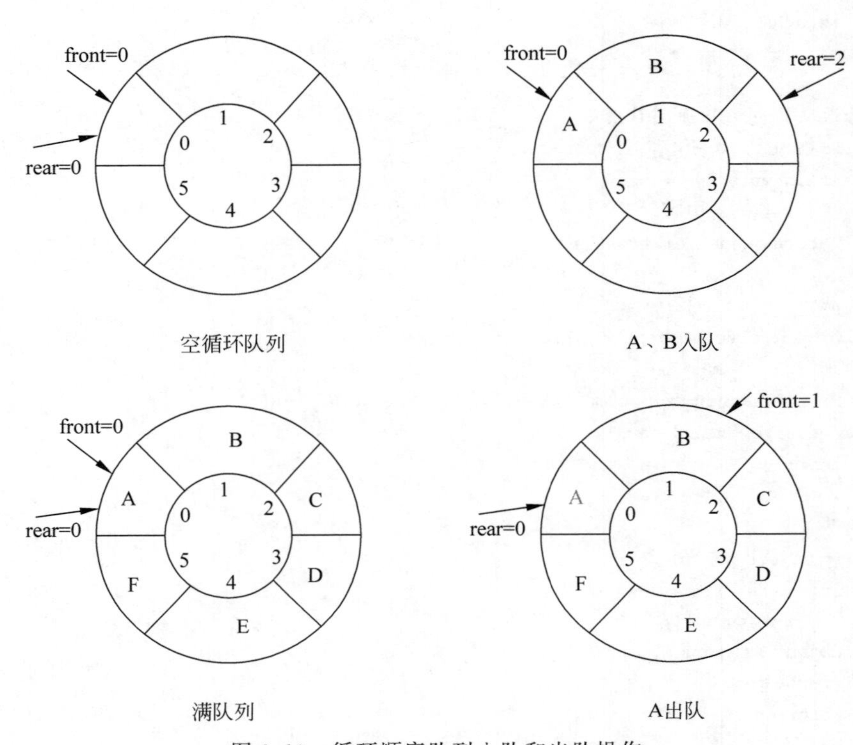

图 3.10 循环顺序队列入队和出队操作

有新的问题产生——队空和队满的判定条件都变为 front==rear，为了解决这一问题，可少利用一个存储单元，队列最多存放 maxSize−1 个数据元素，队空的判定条件为 front==rear，队满的判定条件为 front=(rear+1)%maxSize。

循环顺序队列类和顺序队列类的 Java 语言描述相似，仅是指示变量 front 和 rear 的修改以及队满的判定条件发生了变化。

循环顺序队列的 Java 语言描述如下：

```
1   package ch03;
2   public class CircleSqQueue {
3   private Object[ ] queueElem;                    //队列的存储空间
4   private int front;                              //指向队首元素
5   private int rear;                               //指向队尾元素的下一个存储单元
6   private int maxSize;                            //队列的最大存储单元个数
7
8   //构造最大存储单元个数为 maxSize 的空队列
9   public CircleSqQueue(int maxSize){
10      front = rear = 0;
11      queueElem = new Object[maxSize];
```

```
12      this.maxSize = maxSize;
13 }
14 //将队列置空
15 public void clear() {
16      front = rear = 0;
17 }
18 //判断队列是否为空
19 public boolean isEmpty() {
20      return rear == front;
21 }

22 //返回队列的长度
23 public int length() {
24      return (rear - front + maxSize) % maxSize;
25 }

26 //读取队首元素并返回其值
27 public Object peek() {
28      if(isEmpty())
29          return null;
30      return queueElem[front];
31 }
32 //入队
33 public void offer(Object x) throws Exception {
34      if((rear + 1) % maxSize == front)
35          throw new Exception("队列已满");
36      queueElem[rear] = x;
37      rear = (rear + 1) % maxSize;
38 }
39 //出队
40 public Object poll() {
41      if(rear == front)
42          return null;
43      Object p = queueElem[front];
44      front = (front + 1) % maxSize;
45      return p;
46 }
47 //输出队列中的所有数据元素
48 public void display() {
49      if(!isEmpty()){
50          for(int i = front;i < rear;i = (i + 1) % maxSize){
51              System.out.print(queueElem[i] + " ");
52          }
53      }
54      else{
55          System.out.print("此队列为空");
56      }
57 }
58 }
```

【例 3.5】 假定用于循环顺序存储一个队列的数组的长度为 N,队首和队尾指针分别为 front 和 rear，写出求此队列长度(即所含元素个数)的公式。

解：当 rear 大于等于 front 时队列长度为 rear－front，也可以表示为(rear－front＋N)%N；当 rear 小于 front 时队列被分成两个部分，前部分在数组尾部，其元素个数为 $N-1-$front，后部分在数组首部，其元素个数为 rear＋1，两者相加为 rear－front＋N。综上所述，在任何情况下队列长度的计算公式都为(rear－front＋N)%N。

【例 3.6】 在执行操作序列 EnQueue(1)、EnQueue(3)、DeQueue、EnQueue(5)、EnQueue(7)、DeQueue、EnQueue(9)之后队首元素和队尾元素分别是什么？EnQueue(k)表示整数 k 入队，DeQueue 表示队首元素出队。

解：上述操作的执行过程如图 3.11 所示。

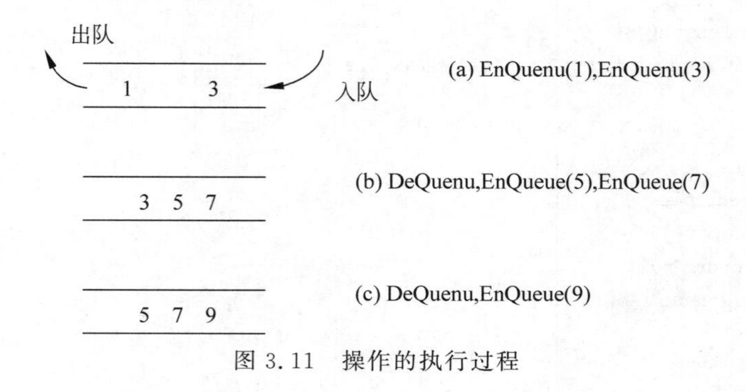

图 3.11 操作的执行过程

所以队首元素为 5，队尾元素为 9。

3.2.4 链队列

链队列用单链表实现，由于入队和出队分别在队列的队尾和队首进行，不存在在队列的任意位置进行插入和删除的情况，所以不需要设置头结点，只需要将指针 front 和 rear 分别指向队首结点和队尾结点，每个结点的指针域指向其后继结点即可。

图 3.12 所示为链队列进行入队操作后的状态变化。

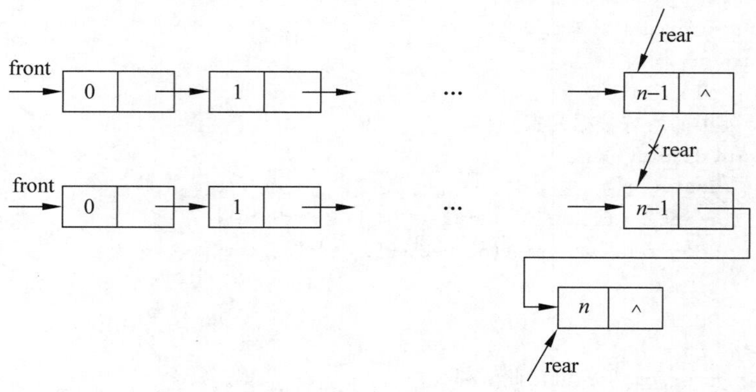

图 3.12 入队操作

图 3.13 所示为链队列进行出队操作后的状态变化。

利用 Node 类，链队列的 Java 语言描述如下：

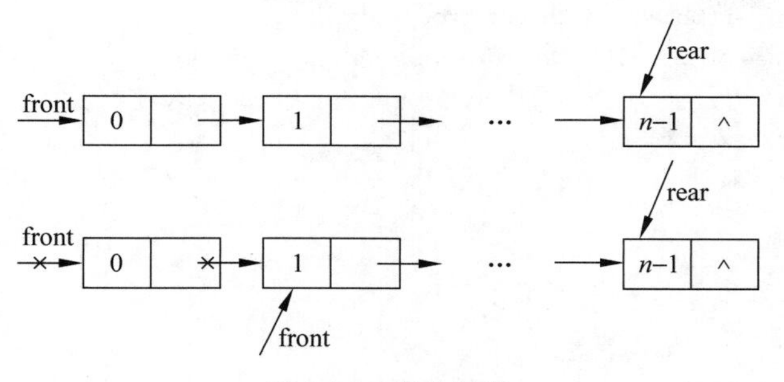

图 3.13　出队操作

```
1  package ch03;
2  import ch02.Node;
3  public class LinkQueue implements IQueue {
4  private Node front;                                  //队首指针
5  private Node rear;                                   //队尾指针
6
7  //构造空队列
8  public LinkQueue(){
9      front = rear = null;
10 }
11 //将队列置空
12 public void clear() {
13     front = rear = null;
14 }
15 //判断队列是否为空
16 public boolean isEmpty() {
17     return front == null;
18 }

19 //返回队列的长度
20 public int length() {
21     Node p = front;
22     int length = 0;
23     while(p!= null){
24         p = p.next;
25         length++;
26     }
27     return length;
28 }

29 //读取队首元素并返回其值
30 public Object peek() {
31     if(isEmpty())
32         return null;
33     return front.data;
34 }
35 //入队
```

```
36 public void offer(Object x) throws Exception {
37     Node s = new Node(x);
38     if(!isEmpty()){                                    //如果队列非空
39         rear.next = s;
40         rear = s;
41     }
42     else{
43         front = rear = s;
44     }
45 }
46 //出队
47 public Object poll() {
48     if((front == null))
49         return null;
50     Node p = front;
51     front = front.next;
52     if(p == rear)                                      //删除结点为队尾结点时需要修改 rear
53         rear = null;
54     return p.data;
55 }
56 //输出队列中的所有数据元素
57 public void display() {
58     if(!isEmpty()){
59         for(Node p = front;p!= null;p = p.next){
60             System.out.print(p.data + " ");
61         }
62     }
63     else{
64         System.out.print("此队列为空");
65     }
66 }
67 }
```

3.2.5 优先级队列

有些应用中的排队等待问题仅按照“先来先服务”原则不能满足要求,还需要将任务的重要程度作为排队的依据。例如操作系统中的进程调度管理,每个进程都有一个优先级值表示进程的紧急程度,优先级高的进程先执行,同级进程按照先进先出原则排队等待,因此操作系统需要使用优先级队列来管理和调度进程。又例如打印机的输出任务队列,对于先后到达的打印几百页和几页的任务将需要打印的页数较少的任务先完成,这样使得任务的总的等待时间最小。

优先级队列是在普通队列的基础之上将队列中的数据元素按照关键字的值进行有序排列。优先级队列在队首进行删除操作,但为了保证队列的优先级顺序,插入操作不一定在队尾进行,而是按照优先级插入到队列的合适位置。

和其他数据结构类似,优先级队列也可以采用顺序和链式两种存储结构。但为了快速地访问优先级高的元素以及快速地插入数据元素,通常使用链式存储结构。

1. 优先级队列结点类的描述

```
1  package ch03;
2  public class PriorityNode {
3  public Object data;                                    //结点的数据域
4  public int priority;                                   //结点的优先级
5  public PriorityNode(Object x,int priority){
6      this.data = x;
7      this.priority = priority;
8  }
9  }
```

2. 优先级队列类的描述及实现

```
1  package ch03;
2  public class PriorityQueue implements IQueue {
3  private PriorityNode front;
4  private PriorityNode rear;
5
6  public PriorityQueue(){
7      front = rear = null;
8  }
9  public void clear() {
10     front = rear = null;
11 }
12 //判断队列是否为空
13 public boolean isEmpty() {
14     return front == null;
15 }
16 //返回队列的长度
17 public int length() {
18     PriorityNode p = front;
19     int length = 0;
20     while(p!= null){
21         p = p.next;
22         length++;
23     }
24     return length;
25 }

26 //读取队首元素并返回其值
27 public Object peek() {
28     if(isEmpty())
29         return null;
30     return front.data;
31 }
32 //入队
33 public void offer(Object x,int priority) throws Exception {
34     PriorityNode s = new PriorityNode(x,priority);
```

```
35      if(! isEmpty()){                                //如果队列非空
36          PriorityNode p = front;
37          PriorityNode q = front;
38          while(p!= null&&p.priority <= s.priority){ //按优先级寻找元素所在的位置
39              q = p;
40              p = p.next;
41          }
42          //元素位置的 3 种情况
43          if(p == null){                              //队尾
44              rear.next = s;
45              rear = s;
46          }
47          else if(p == front){                        //队首
48              s.next = front;
49              front = s;
50          }
51          else{                                       //队中
52              q.next = s;
53              s.next = p;
54          }
55      }
56      else{                                           //队列为空
57          front = rear = s;
58      }
59  }
60  //出队
61  public Object poll() {
62      if((front == null))
63          return null;
64      PriorityNode p = front;
65      front = front.next;
66      if(p == rear)                                   //删除结点为队尾结点时需要修改 rear
67          rear = null;
68      return p.data;
69  }
70  //输出队列中的所有数据元素
71  public void display() {
72      if(! isEmpty()){
73          for(PriorityNode p = front;p!= null;p = p.next){
74              System.out.print(p.data + " " + p.priority + " ");
75          }
76      }
77      else{
78          System.out.print("此队列为空");
79      }
80  }
81  }
```

注意:在此优先队级列中,数据元素的优先级别依据优先数的大小进行判定,即优先数越小优先级别越高。

3. 优先级队列类的应用

【例 3.7】 利用优先级队列模仿操作系统的进程管理问题，要求优先级高的进程先获得 CPU，优先级相同的进程先到的先获得 CPU。假设操作系统中的进程由进程号和进程优先级两部分组成。

解：

```
public static void main(String [ ]args) throws Exception{
        PriorityQueue p = new PriorityQueue();
        p.offer(1,20);
        p.offer(2,30);
        p.offer(3,10);
        p.offer(4,50);
        System.out.println("进程服务的顺序为:");
        while(!p.isEmpty()){
            System.out.println(p.poll().toString());

        }
```

3.3 栈和队列的比较

栈和队列的比较如表 3.1 所示。

表 3.1 栈和队列的比较

<table>
<tr><td>相同点</td><td>(1) 均为线性结构，数据元素间具有“一对一”的逻辑关系。
(2) 都有顺序存储和链式存储两种实现方式。
(3) 操作受限，插入操作均在表尾进行(优先级队列除外)。
(4) 插入与删除操作都具有常数时间</td></tr>
<tr><td>不同点</td><td>(1) 栈删除操作在表尾进行，具有后进先出特性；队列的删除操作在表头进行，具有先进先出特性。
(2) 顺序栈可以实现多栈空间共享，而顺序队列则不同</td></tr>
</table>

3.4 实　　验

3.4.1 汉诺塔

相传在古印度圣庙中，有一种被称为汉诺塔(Hanoi)的游戏。该游戏是在一块铜板装置上放三根柱(编号 A、B、C)，在 A 柱自下而上、由大到小按顺序放置 64 个金盘。游戏目标：把 A 柱上的金盘全部移到 C 柱上，并仍保持原有顺序叠好。操作规则：每次只能移动一个盘子，并且在移动过程中三根柱上都始终保持大盘在下、小盘在上，操作过程中盘子可以置于 A、B、C 任一柱上。

编程要求：

有 A、B、C 三根柱子，A 为起始柱，B 为辅助柱，C 为目标柱，以及若干圆盘。圆盘按上小下大的顺序堆放在A柱上,从上到下依次为每一个圆盘标号为1～n。输入圆盘数,要求将A柱的圆盘移动到C柱,一次只能移动一个,过程中可以任意使用3根柱子,但是要保证小圆盘始终在上。输出每个圆盘每一步移动的过程,如1号圆盘从A→C。

输入:输入n,$1\leqslant n\leqslant 20$,表示黄金圆盘的个数。

输出:输出需要移动的圆盘和移动的具体方案,参见示例。

例如,1 A→C表示将1号圆盘从A柱移到C柱。

示例:

输入:2

输出:1 A→B

2 A→C

1 B→C

```
import java.util.Scanner;

public class U3H1 {
    public static void main(String[] args) {
        Scanner in = new Scanner(System.in);
        System.out.println("请输入圆盘的数量");
        int num = in.nextInt();
        hanoi(num, 'A', 'B', 'C');                    //起始柱、辅助柱、目标柱默认为A、B、C
    }

    //汉诺塔问题实现
    //a存放起始柱,b存放辅助柱,c存放目标柱
    public static void hanoi(int num, char a, char b, char c){
        if (num == 1) {
            System.out.println(num + " " + a + " -> " + c);
        }else{
            hanoi(num - 1, a, c, b);            //借助c把第num个以外的圆盘从a移动到b
            System.out.println(num + " " + a + " -> " + c); //把第num个圆盘从a移动到c
            hanoi(num - 1, b, a, c);            //借助a把第num个以外的圆盘从b移动到c
        }
    }

}
```

3.4.2 吃巧克力

小Q的父母要出差N天,走之前给小Q留下了M块巧克力。小Q决定每天吃的巧克力数量不少于前一天吃的一半,但是他又不想在父母回来之前的某一天没有巧克力吃,请问他第一天最多能吃多少块巧克力?

```
import java.util.Scanner;

public class U3H2 {
    public static void main(String[] args) {
```

```
        System.out.println("请输入巧克力个数 M:");
        Scanner sc1 = new Scanner(System.in);
        int M = sc1.nextInt();
        System.out.println("请输入出差天数 N:");
        Scanner sc2 = new Scanner(System.in);
        int N = sc2.nextInt();
        //第 i 天吃 a[i]个巧克力
        //为了保证最后一天有至少巧克力吃
        if (M - Eat(N) > 0) {
            System.out.println("第一天最多吃" + (M - Eat(N)) + "巧克力");
        } else {
            System.out.println("巧克力不足,请重新输入");
        }

    }

    private static int Eat(int s) {
        int sum = 1;
        for (int i = 0; i < s - 2; i++) {
            sum += 2 * sum;
        }
        return sum;

    }

}
```

3.4.3 表达式求值

传入一个由整数、运算符和符合语法的括号组成的表达式,输出运算结果。

视频讲解

示例:

输入:(((10 * (6 / (9 + 3) * 11)) + 17) + 5)/9

输出:8.555555555555555

提示:利用栈将表达式转换为逆波兰表达式(后缀表达式)后进行运算。

```
import java.util.Collections;
import java.util.Stack;

public class U3H3 {
    private Stack<String> postfixStack = new Stack<>();       //后缀式栈
    private Stack<Character> opStack = new Stack<>();         //运算符栈
    private int [] operatPriority = new int[] {0,3,2,1,-1,1,0,2};       //运用运算符 ASCII
码-40 做索引的运算符优先级
    public static void main(String[] args) {
        U3H3 cal = new U3H3();
        String s = "5+12*(3+5)/7";
        double result = cal.calculate(s);
        System.out.println(result);
    }
```

```
    /**
     * 按照给定的表达式计算
     * @param expression 要计算的表达式,如 5+12*(3+5)/7
     * @return
     */
    public double calculate(String expression) {
        Stack<String> resultStack = new Stack<String>();
        prepare(expression);
        Collections.reverse(postfixStack);                          //将后缀式栈反转
        String firstValue ,secondValue,currentValue;                //参与计算的第一个值、第二个
值和算术运算符
        while(!postfixStack.isEmpty()) {
            currentValue = postfixStack.pop();
            if(!isOperator(currentValue.charAt(0))) {             //如果不是运算符则存入操作
数栈中
                resultStack.push(currentValue);
            } else {               //如果是运算符则从操作数栈中取两个值和该数值一起参与运算
                secondValue = resultStack.pop();
                firstValue = resultStack.pop();
                String tempResult = calculate(firstValue, secondValue, currentValue.charAt
(0));
                resultStack.push(tempResult);
            }
        }
        return Double.valueOf(resultStack.pop());
    }

    /**
     * 数据准备阶段将表达式转换为后缀式栈
     * @param expression
     */
    private void prepare(String expression) {
        opStack.push(',');                            //运算符放入栈底元素逗号,此符号优先级最低
        char[] arr = expression.toCharArray();
        int currentIndex = 0;                                       //当前字符的位置
        int count = 0;                             //上次算术运算符到本次算术运算符的字符长度
        char currentOp ,peekOp;                                     //当前操作符和栈顶操作符
        for(int i=0;i<arr.length;i++) {
            currentOp = arr[i];
            if(isOperator(currentOp)) {                             //如果当前字符是运算符
                if(count > 0) {
                    postfixStack.push(new String(arr,currentIndex,count));      //取两个运
算符之间的数字
                }
                peekOp = opStack.peek();
                if(currentOp == ')') {//遇到反括号则将运算符栈中的元素移除到后缀式栈中,
直到遇到左括号
                    while(opStack.peek() != '(') {
                        postfixStack.push(String.valueOf(opStack.pop()));
                    }
                    opStack.pop();
```

```
            } else {
                while(currentOp != '(' && peekOp != ',' && compare(currentOp, peekOp) ) {
                    postfixStack.push(String.valueOf(opStack.pop()));
                    peekOp = opStack.peek();
                }
                opStack.push(currentOp);
            }
            count = 0;
            currentIndex = i + 1;
        } else {
            count++;
        }
    }
    if(count > 1 || (count == 1 && !isOperator(arr[currentIndex]))) {//最后一个字符不是
括号或者其他运算符则加入后缀式栈中
        postfixStack.push(new String(arr, currentIndex, count));
    }

    while(opStack.peek() != ',') {
        postfixStack.push(String.valueOf( opStack.pop())); //将操作符栈中的剩余元素添
加到后缀式栈中
    }
}

/**
 * 判断是否为算术符号
 * @param c
 * @return
 */
private boolean isOperator(char c) {
    return c == '+' || c == '-' || c == '*' || c == '/' || c == '(' ||c == ')';
}

/**
 * 利用 ASCII 码 - 40 做下标的算术符号优先级
 * @param cur
 * @param peek
 * @return
 */
public boolean compare(char cur, char peek) {// 如果是 peek 优先级高于 cur, 返回 true, 默认
都是 peek 优先级要低
    boolean result = false;
    if(operatPriority[(peek) - 40] >= operatPriority[(cur) - 40]) {
        result = true;
    }
    return result;
}

/**
 * 按照给定的算术运算符做计算
 * @param firstValue
```

```
     * @param secondValue
     * @param currentOp
     * @return
     */
    private String calculate(String firstValue,String secondValue,char currentOp) {
        String result = "";
        switch(currentOp) {
            case '+':
                result = String.valueOf(ArithHelper.add(firstValue, secondValue));
                break;
            case '-':
                result = String.valueOf(ArithHelper.sub(firstValue, secondValue));
                break;
            case '*':
                result = String.valueOf(ArithHelper.mul(firstValue, secondValue));
                break;
            case '/':
                result = String.valueOf(ArithHelper.div(firstValue, secondValue));
                break;
        }
        return result;
    }
}

class ArithHelper {

    // 默认除法运算精度
    private static final int DEF_DIV_SCALE = 16;

    // 这个类不能实例化
    private ArithHelper() {
    }

    /**
     * 提供精确的加法运算
     *
     * @param v1 被加数
     * @param v2 加数
     * @return 两个参数的和
     */

    public static double add(double v1, double v2) {
        java.math.BigDecimal b1 = new java.math.BigDecimal(Double.toString(v1));
        java.math.BigDecimal b2 = new java.math.BigDecimal(Double.toString(v2));
        return b1.add(b2).doubleValue();
    }

    public static double add(String v1, String v2) {
        java.math.BigDecimal b1 = new java.math.BigDecimal(v1);
        java.math.BigDecimal b2 = new java.math.BigDecimal(v2);
        return b1.add(b2).doubleValue();
```

```
}

/**
 * 提供精确的减法运算
 *
 * @param v1 被减数
 * @param v2 减数
 * @return 两个参数的差
 */

public static double sub(double v1, double v2) {
    java.math.BigDecimal b1 = new java.math.BigDecimal(Double.toString(v1));
    java.math.BigDecimal b2 = new java.math.BigDecimal(Double.toString(v2));
    return b1.subtract(b2).doubleValue();
}

public static double sub(String v1, String v2) {
    java.math.BigDecimal b1 = new java.math.BigDecimal(v1);
    java.math.BigDecimal b2 = new java.math.BigDecimal(v2);
    return b1.subtract(b2).doubleValue();
}

/**
 * 提供精确的乘法运算
 *
 * @param v1 被乘数
 * @param v2 乘数
 * @return 两个参数的积
 */

public static double mul(double v1, double v2) {
    java.math.BigDecimal b1 = new java.math.BigDecimal(Double.toString(v1));
    java.math.BigDecimal b2 = new java.math.BigDecimal(Double.toString(v2));
    return b1.multiply(b2).doubleValue();
}

public static double mul(String v1, String v2) {
    java.math.BigDecimal b1 = new java.math.BigDecimal(v1);
    java.math.BigDecimal b2 = new java.math.BigDecimal(v2);
    return b1.multiply(b2).doubleValue();
}

/**
 * 提供(相对)精确的除法运算。当发生除不尽的情况时,精确到小数点后 10 位,以后的数字
四舍五入
 *
 * @param v1 被除数
 * @param v2 除数
 * @return 两个参数的商
 */
```

```
    public static double div(double v1, double v2) {
        return div(v1, v2, DEF_DIV_SCALE);
    }

    public static double div(String v1, String v2) {
        java.math.BigDecimal b1 = new java.math.BigDecimal(v1);
        java.math.BigDecimal b2 = new java.math.BigDecimal(v2);
        return b1. divide ( b2, DEF _ DIV _ SCALE, java. math. BigDecimal. ROUND _ HALF _ UP).
doubleValue();
    }

    /**
     * 提供(相对)精确的除法运算。当发生除不尽的情况时,由 scale 参数指定精度,以后的数字
四舍五入
     *
     * @param v1 被除数
     * @param v2 除数
     * @param scale 小数点后保留几位
     * @return 两个参数的商
     */

    public static double div(double v1, double v2, int scale) {
        if (scale < 0) {
            throw new IllegalArgumentException ( "The scale must be a positive integer or
zero");
        }
        java.math.BigDecimal b1 = new java.math.BigDecimal(Double.toString(v1));
        java.math.BigDecimal b2 = new java.math.BigDecimal(Double.toString(v2));
        return b1.divide(b2, scale, java.math.BigDecimal.ROUND_HALF_UP).doubleValue();
    }

    /**
     * 提供精确的小数位四舍五入处理
     *
     * @param v 需要四舍五入的数字
     * @param scale 小数点后保留几位
     * @return 四舍五入后的结果
     */

    public static double round(double v, int scale) {
        if (scale < 0) {
            throw new IllegalArgumentException ( "The scale must be a positive integer or
zero");
        }
        java.math.BigDecimal b = new java.math.BigDecimal(Double.toString(v));
        java.math.BigDecimal one = new java.math.BigDecimal("1");
        return b.divide(one, scale, java.math.BigDecimal.ROUND_HALF_UP).doubleValue();
    }

    public static double round(String v, int scale) {
        if (scale < 0) {
```

```
            throw new IllegalArgumentException ( " The scale must be a positive integer or 
zero");
        }
        java.math.BigDecimal b = new java.math.BigDecimal(v);
        java.math.BigDecimal one = new java.math.BigDecimal("1");
        return b.divide(one, scale, java.math.BigDecimal.ROUND_HALF_UP).doubleValue();
    }
}
```

小　结

(1) 栈是一种特殊的线性表,它只允许在栈顶进行插入和删除操作,具有后进先出的特性,各种运算的时间复杂度为$O(1)$。栈采用顺序存储结构或者链式存储结构。

(2) 队列是一种特殊的线性表,它只允许在表头进行删除操作、在表尾进行插入操作,具有先进先出的特性,各种运算的时间复杂度为$O(1)$。队列采用顺序存储结构或者链式存储结构。

(3) 循环队列是将顺序队列的首尾相连,防止"假溢出"现象的发生。

(4) 优先级队列是在普通队列的基础之上将队列中的数据元素按照关键字的值进行有序排列。在表头进行删除操作,插入操作按照优先级插入到队列的合适位置。

习　题　3

一、选择题

1. 对于栈操作数据的原则是(　　)。

A. 先进先出　　B. 后进先出　　C. 后进后出　　D. 不分顺序

2. 在做入栈运算时应先判别栈是否(①),在做出栈运算时应先判别栈是否(②)。当栈中元素为n个,做进栈运算时发生上溢,则说明该栈的最大容量为(③)。

为了增加内存空间的利用率和减少溢出的可能性,由两个栈共享一片连续的内存空间时应将两栈的(④)分别设在这片内存空间的两端,这样当(⑤)时才产生上溢。

①、②:A. 空　　B. 满　　C. 上溢　　D. 下溢

③:A. $n-1$　　B. n　　C. $n+1$　　D. $n/2$

④:A. 长度　　B. 深度　　C. 栈顶　　D. 栈底

⑤:A. 两个栈的栈顶同时到达栈空间的中心点

B. 其中一个栈的栈顶到达栈空间的中心点

C. 两个栈的栈顶在栈空间的某一位置相遇

D. 两个栈均不空,且一个栈的栈顶到达另一个栈的栈底

3. 一个栈的输入序列为$1,2,3,\cdots,n$,若输出序列的第一个元素是n,输出的第$i(1\leqslant i\leqslant n)$个元素是(　　)。

A. 不确定　　B. $n-i+1$　　C. i　　D. $n-i$

4. 若一个栈的输入序列为$1,2,3,\cdots,n$,输出序列的第一个元素是i,则第j个输出元

素是(　　)。

A. $i-j-1$　　B. $i-j$　　C. $j-i+1$　　D. 不确定的

5. 若已知一个栈的入栈序列是1,2,3,…,n,其输出序列为$p_1,p_2,p_3,\cdots,p_n$,若p_n是n,则p_i是(　　)。

A. i　　B. $n-i$　　C. $n-i+1$　　D. 不确定

6. 有6个元素6、5、4、3、2、1顺序入栈,下列不是合法的出栈序列是(　　)。

A. 5,4,3,6,1,2　　B. 4,5,3,1,2,6　　C. 3,4,6,5,2,1　　D. 2,3,4,1,5,6

7. 设栈的输入序列是1,2,3,4,则(　　)不可能是其出栈序列。

A. 1,2,4,3　　B. 2,1,3,4　　C. 1,4,3,2　　D. 4,3,1,2

E. 3,2,1,4

8. 一个栈的输入序列为1,2,3,4,5,则下列序列中不可能是栈的输出序列的是(　　)。

A. 2,3,4,1,5　　B. 5,4,1,3,2　　C. 2,3,1,4,5　　D. 1,5,4,3,2

9. 设一个栈的输入序列是1,2,3,4,5,则下列序列中是栈的合法输出序列的是(　　)。

A. 5,1,2,3,4　　B. 4,5,1,3,2　　C. 4,3,1,2,5　　D. 3,2,1,5,4

10. 某堆栈的输入序列为a,b,c,d,下面序列中不可能是它的输出序列的是(　　)。

A. a,c,b,d　　B. b,c,d,a　　C. c,d,b,a　　D. d,c,a,b

11. 设a、b、c、d、e、f以所给的次序入栈,若在入栈操作时,允许出栈操作,则下面得不到的序列为(　　)。

A. f,e,d,c,b,a　　B. b,c,a,f,e,d　　C. d,c,e,f,b,a　　D. c,a,b,d,e,f

12. 设有3个元素X、Y、Z顺序入栈(入的过程中允许出栈),下列得不到的出栈排列是(　　)。

A. X,Y,Z　　B. Y,Z,X　　C. Z,X,Y　　D. Z,Y,X

13. 输入序列为A,B,C,变为C,B,A时经过的栈操作为(　　)。

A. push,pop,push,pop,push,pop　　B. push,push,push,pop,pop,pop

C. push,push,pop,pop,push,pop　　D. push,pop,push,push,pop,pop

14. 若一个栈以向量V[1..n]存储,初始栈顶指针top为$n+1$,则下面x入栈的正确操作是(　　)。

A. top=top+1;V[top]=x　　B. top=top−1; V[top]=x

C. V[top]=x; top=top+1　　D. V[top]=x; top=top−1

15. 若栈采用顺序存储方式存储,现两栈共享空间V[1..m],top[i]代表第i个栈(i=1,2)的栈顶,栈1的底在V[1]、栈2的底在V[m],则栈满的条件是(　　)。

A. |top[2]−top[1]|=0　　B. top[1]+1=top[2]

C. top[1]+top[2]=m　　D. top[1]=top[2]

二、填空题

1. 向量、栈和队列都是________结构,可以在向量的________位置插入和删除元素;对于栈只能在________插入和删除元素;对于队列只能在________插入和________删除元素。

2. 栈是一种特殊的线性表，允许插入和删除运算的一端称为________，不允许插入和删除运算的一端称为________。

3. ________是被限定为只能在表的一端进行插入运算、在表的另一端进行删除运算的线性表。

4. 在一个循环队列中，队尾指针指向队首元素的________位置。

5. 在具有 n 个单元的循环队列中，队满时共有________个元素。

6. 向栈中压入元素的操作是先________，后________。

7. 从循环队列中删除一个元素，其操作是先________，后________。

8. 顺序栈用 data[1..n]存储数据，栈顶指针是 top，则值为 x 的元素入栈的操作是________。

9. 表达式 23+((12*3-2)/4+34*5/7)+108/9 的后缀表达式是________。

10. 引入循环队列的目的是为了克服________。

三、算法设计题

1. 把十进制整数转换为二至九进制数并输出。

2. 堆栈在计算机语言的编译过程中用来进行语法检查，试编写一个算法检查一个 Java 语言程序中的大括号、方括号和圆括号是否配对，若能够全部配对则返回逻辑真，否则返回逻辑假。

3. 斐波那契(Fibonacci)数列的定义为，它的第 1 项和第 2 项分别为 0 和 1，以后各项为其前两项之和。若斐波那契数列中的第 n 项用 Fib(n)表示，则计算公式如下：

$$\mathrm{Fib}(n)=\begin{cases} n-1 & (n=1 \text{ 或 } 2) \\ \mathrm{Fib}(n-1)+\mathrm{Fib}(n-2) & (n>2) \end{cases}$$

试编写出计算 Fib(n)的递归算法和非递归算法。

第4章 串和数组

4.1 串

4.1.1 串的基本概念

字符串也叫串,是由字符组成的有限序列,是一种常用的非数值数据。串的逻辑结构是线性表,串是一种特殊的线性表,其每个数据元素都是一个字符。串的操作特点与线性表不同,主要是对子串进行操作,通常采用顺序存储结构存储。

字符串可以表示为 str="$a_0a_1\cdots a_i\cdots a_{n-1}$",其中 str 为串名,也叫串变量;$i$ 为字符 a_i 在串中的位序号;双引号中的字符序列称为串值;n 为串的长度;当 $n=0$ 时字符串不包含任何字符,为空串;当字符串由一个或多个空白字符组成时为空白串。

字符串中任意个连续字符组成的子序列称为字符串的子串,此字符串为该子串的主串。子串在主串中的位置是指子串在主串中第一次出现时的第一个字符在主串中的位置。空串是任意串的子串,每个字符串都是其自身的子串,除自身外,主串的其他子串称为主串的真子串。

串的比较规则和字符的比较规则有关,字符的比较规则由所属的字符集的编码决定。两个串相等是指串长度相同并且各对应位置上的字符也相同。两个串的大小由对应位置上的首个不同字符的大小决定,字符比较次序是从头开始依次向后。当两个串的长度不等而对应位置上的字符都相同时较长的串定义为较大。

4.1.2 串的抽象数据类型描述

字符串是数据元素类型为字符的线性表,其抽象数据类型描述与线性表相似,又根据串在实际问题中的应用抽象出串的基本操作,可得串的抽象数据类型 Java 语言描述如下:

```
1  package ch04;
2  public interface IString {
3  public void clear();                                   //将字符串置为空串
4  public boolean isEmpty();                              //判断是否为空串
5  public int length();                                   //返回串的长度
6  public char charAt(int i) throws Exception;            //读取并返回串中的第 i 个数据元素
7  public IString subString(int begin, int end);          //返回位序号从 begin 到 end - 1 的子串
8  public IString insert(int i, IString str);             //在第 i 个字符之前插入子串 str
9  public IString delete(int begin, int end);             //删除位序号从 begin 到 end - 1 的子串
10 public IString concat(IString str);                    //将 str 连接到字符串的后面
```

```
11 public int compareTo(IString str);              //比较 str 和当前字符串的大小
12 public int indexOf(IString str,int begin); //从位序号为 begin 的字符开始搜索与 str 相等的子串
13 }
```

字符串的抽象数据类型 Java 描述接口包含了串的主要基本操作,如果要使用这个接口,还需要具体的类来实现。串的 Java 接口的实现方法主要有以下两种。

(1) 基于顺序存储的实现,为顺序串。

(2) 基于链式存储的实现,为链串。

4.1.3 顺序串

1. 顺序串类的描述

顺序串与顺序表的逻辑结构相同,存储结构类似,均可用数组来存储数据元素。但串具有独特的不同于线性表的操作,属于特殊类型的线性表。图 4.1 所示为顺序串。

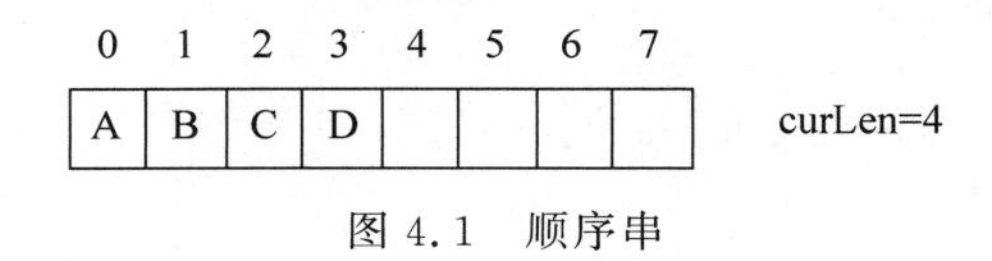

图 4.1 顺序串

实现 IString 接口的顺序串类的 Java 语言描述如下:

```
1  package ch04;
2  public class SqString implements IString{
3  private char[] strValue;                          //字符数组存放串值
4  private int curLen;                               //当前串的长度
5  //构造空串
6  public SqString(){
7      strValue = new char[0];
8      curLen = 0;
9  }
10 //以字符串常量构造串
11 public SqString(String str){
12     char[] p = str.toCharArray();
13     strValue = p;
14     curLen = p.length;
15 }
16 //以字符数组构造串
17 public SqString(char[] str){
18     strValue = new char[str.length];
19     for(int i = 0;i < str.length;i++){
20         strValue[i] = str[i];
21     }
22     curLen = str.length;
23 }
24 //将串变为空串
25 public void clear() {
26     curLen = 0;
27 }
28 //判断是否为空串
```

```
29 public boolean isEmpty() {
30     return curLen == 0;
31 }
32 //返回串的长度
33 public int length() {
34     return curLen;
35 }
36 //返回位序号为 i 的字符
37 public char charAt(int i) throws Exception {
38     if(i < 0 || i >= curLen)
39         throw new StringIndexOutOfBoundsException(i);
40     return strValue[i];
41 }
42 //将串的长度扩充为 newCapacity
43 public void allocate(int newCapacity) {
44     char[] tmp = strValue;
45     strValue = new char[newCapacity];
46     for(int i = 0;i < tmp.length;i++){
47         strValue[i] = tmp[i];
48     }
49
50 }
51 //返回位序号从 begin 到 end - 1 的子串
52 public IString subString(int begin, int end) {
53 }
54 //在第 i 个字符之前插入子串 str
55 public void insert(int i, IString str) throws Exception  {
56 }
57 //删除位序号从 begin 到 end - 1 的子串
58 public void delete(int begin, int end) {
59 }
60 //将 str 连接到字符串的后面
61 public void concat(IString str) {
62 }
63 //比较 str 和当前字符串的大小
64 public int compareTo(IString str) {
65 }
66 //从位序号为 begin 的字符开始搜索与 str 相等的子串
67 public int indexOf(IString str, int begin) {
68 }
69 }
```

2. 顺序串基本操作的实现

1) 求子串操作

求子串操作 subString(begin,end)是返回长度为 n 的字符串中位序号从 begin 到 end−1 的字符序列,其中 $0 \leqslant begin \leqslant n-1$,$begin < end \leqslant n$。其主要步骤如下:

(1) 检查参数 begin 和 end 是否满足 $0 \leqslant begin \leqslant n-1$ 和 $begin < end \leqslant n$,若不满足,则抛出异常。

(2) 返回位序号为 begin 到 end−1 的字符序列。

【算法 4.1】 求子串操作。

```
1  public IString subString(int begin, int end) {
2      if(begin < 0||begin >= end||end > curLen)  //判断参数是否合法
3          throw new StringIndexOutOfBoundsException("参数不合法");
4      char []tmp = new char[end - begin];
5      for(int i = begin;i < end;i++)             //复制子串
6          tmp[i - begin] = strValue[i];
7      return new SqString(tmp);
8  }
```

2）插入操作

插入操作 insert(i,str)是在长度为 n 的字符串的第 i 个元素之前插入串 str,其中 $0 \leqslant i \leqslant n$。其主要步骤如下：

（1）判断参数 i 是否满足 $0 \leqslant i \leqslant n$,若不满足,则抛出异常。

（2）重新分配存储空间为 $n+m$,m 为插入的字符串 str 的长度。

（3）将第 i 个及之后的数据元素向后移动 m 个存储单元。

（4）将 str 插入到字符串从 i 开始的位置。

【算法 4.2】 插入操作。

```
1  public void insert(int i, IString str) throws Exception {
2      if(i < 0||i > curLen)                      //判断参数 i 是否合法
3          throw new StringIndexOutOfBoundsException("插入位置不合法");
4      int len = str.length();
5      int newCapacity = len + curLen;
6      allocate(newCapacity);                     //重新分配存储空间
7      for(int j = curLen - 1;j >= i;j--){        //移动数据元素
8        strValue[j + len] = strValue[j];
9      }
10     for(int j = i;j < i + len;j++){            //插入
11         strValue[j] = str.charAt(j - i);
12     }
13     curLen = newCapacity;
14 }
```

3）删除操作

删除操作 delete(begin,end)是将长度为 n 的字符串的位序号为 begin 到 end－1 的元素删除,其中参数 begin 和 end 满足 0≤begin≤curLen－1 和 begin＜end≤curLen。其主要步骤如下：

（1）判断参数 begin 和 end 是否满足 0≤begin≤curLen－1 和 begin＜end≤curLen,若不满足,则抛出异常。

（2）将字符串位序号为 end 的数据元素及其之后的数据元素向前移动到位序号为 begin 的位置。

（3）字符串长度减小 end－begin。

【算法 4.3】 删除操作。

```
1  public void delete(int begin, int end) {
```

```
2        if(begin<0||end>curLen||begin>=end){ //判断参数是否合法
3            throw new StringIndexOutOfBoundsException("参数不合法");
4        }
5        for(int i=begin;i<=end-1;i++){          //向前移动元素
6            strValue[i]=strValue[i+end-begin];
7        }
8        curLen=curLen-end+begin;
9    }
```

4）连接操作

concat(str)是将串 str 插入字符串的尾部，此时调用 insert(curLen，str)即可实现。

5）比较操作

比较操作 compareTo(str)是将字符串与串 str 按照字典序进行比较。若当前字符串较大，返回1；若相等，返回0。若当前字符串较小，返回－1。其主要步骤如下：

（1）确定需要比较的字符的个数 n 为两个字符串长度的较小值。

（2）从下标0至 $n-1$ 依次进行比较。

【算法4.4】 比较操作。

```
1  public int compareTo(IString str) throws Exception {
2      int n=Math.min(curLen,str.length());
3      for(int i=0;i<n;i++){
4          if(strValue[i]>str.charAt(i))
5              return 1;
6          if(strValue[i]<str.charAt(i))
7              return -1;
8      }
9      return 0;
10 }
```

【例4.1】 编写一个程序，完成构造串、判断串是否为空、返回串的长度、求子串等操作。

```
public void display(){
        for(int i=0;i<length();i++){
            System.out.print(strValue[i]);
        }
        System.out.println();
    }
public static void main(String []args) throws Exception {
        SqString q=new SqString("Hello World");
        SqString p=new SqString("aaa");
        System.out.println("字符串是否为空: "+q.isEmpty());
        System.out.println("字符串的长度是: "+q.length());
        System.out.println("序号为1-3的字符为: ");
        ((SqString) q.subString(1,4)).display();
        q.concat(p);
        q.display();
    }
```

4.1.4 链串

链串采用链式存储结构,和线性表的链式存储结构类似,可以采用单链表存储串值。链串由一系列大小相同的结点组成,每个结点用数据域存放字符,指针域存放指向下一个结点的指针。

与线性表不同的是每个结点的数据域可以是一个字符或者多个字符。若每个结点的数据域为一个字符,这种链表称为单字符链表;若每个结点的数据域为多个字符,则称为块链表。在块链表中每个结点的数据域不一定被字符占满,可通过添加空字符或者其他非串值字符来简化操作。图 4.2 所示为两种不同类型的链串。

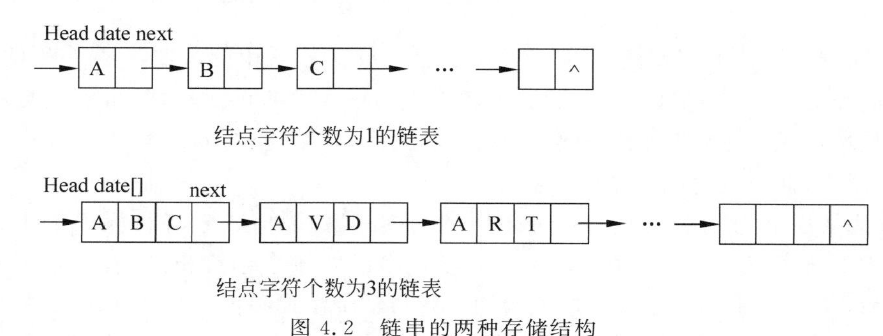

图 4.2 链串的两种存储结构

在串的链式存储结构中,单字符链表的插入、删除操作较为简单,但存储效率低。块链表虽然存储效率较高但插入、删除操作需要移动字符,较为复杂。此外,与顺序串相比,链串需要从头部开始遍历才能访问某个位置的元素。

用户在应用中需要根据实际情况选择合适的存储结构。

4.2 串的模式匹配

串的模式匹配也叫查找定位,指的是在当前串中寻找模式串的过程,主要的模式匹配算法有 Brute-Force 算法和 KMP 算法。

4.2.1 Brute-Force 算法

Brute-Force 算法从主串的第一个字符开始和模式串的第一个字符进行比较,若相等,则继续比较后续字符;否则从主串的第二个字符开始重新和模式串进行比较。依此类推,直到模式串的每个字符依次与主串的字符相等,匹配成功。

【算法 4.5】 Brute-Force 模式匹配。

```
1  public int BF(IString str, int begin) throws Exception {
2      if(str.length()<= curLen&&str!= null&&curLen > 0){
3          int i = begin;
4          int len = str.length();
5          while(i <= curLen - len){                  //从主串的第 i 个元素开始比较
6              for(int j = 0;j < len;j++){            //比较模式串的元素
7                  if(str.charAt(j)!= strValue[j + i]){
```

```
8                     i++;
9                     break;
10                }
11                else if(j == len - 1){          //len个字符全部匹配成功
12                    return i;
13                }
14            }
15
16        }
17    }
18    return -1;
19 }
```

Brute-Force算法的实现简单,但效率非常低。m为模式串的长度,n为主串的长度。

(1) 最好情况:第一次匹配即成功,比较次数为模式串的长度m,时间复杂度为$O(m)$。

(2) 最坏情况:每次匹配比较至模式串的最后一个字符,并且比较了目标串中所有长度为m的子串,此时的时间复杂度为$O(m \times n)$。

这是因为Brute-Force算法是一种带回溯的模式匹配算法,它将目标串中所有长度为m的子串依次与模式串进行匹配,若主串和模式串已有多个字符相同,有一个不同的字符串出现,就需要将主串的开始比较位置增加1后与整个模式串再次重新比较,这样没有丢失任何匹配的可能。但是每次匹配没有利用前一次匹配的比较结果,使算法中存在较多的重复比较,降低了算法的效率;如果利用部分字符匹配的结果,可将算法的效率提高。因此提出了KMP算法,在下一节进行介绍。

视频讲解

4.2.2 KMP算法

KMP算法的主要思想是当某次匹配失败时主串的开始比较位置不回退,而是利用部分字符匹配的结果将模式串向右移动较远的距离后再继续进行比较。

1. KMP模式匹配算法分析

设主串为s="ababcabdabcabca"、模式串为p="abcabc",指针i、j分别指示主串和模式串所比较字符的位序号。

(1) 在第一趟匹配中,当$s_0=p_0$、$s_1=p_1$、$s_2 \neq p_2$时$i=2$、$j=2$。

(2) 在第二趟匹配中应修改$i=1$、$j=0$后再次进行比较。但由于$p_0 \neq p_1$、$s_1=p_1$,所以$s_1 \neq p_0$,故此时不需要进行s_1和p_0的比较,而只需比较s_2和p_0。

(3) 在第三趟匹配中,当$s_7 \neq p_5$时$i=7$、$j=5$,此时有$s_2s_3s_4s_5s_6=p_0p_1p_2p_3p_4$,因为$p_0 \neq p_1$、$p_0 \neq p_2$,所以以$s_3$和$s_4$为开始位置的比较不必进行。又因为$p_0p_1=p_3p_4$,所以$s_5s_6=p_0p_1$,这两次比较也可以省略。

通过对模式串匹配过程的分析可以发现,从模式串本身即可计算出匹配失败后下一次匹配模式串的比较位置,主串的比较位置不需要进行回退。

设主串为s="aba bcabdabcabca"、模式串为p="abcabc",指针i、j分别指示主串和模式串所比较字符的位序号。当某次匹配不成功时有$s_i \neq p_j$,并且$s_{i-j}s_{i-j+1}\cdots s_{i-1}=p_0p_1\cdots p_{j-1}$。此时需要寻找前缀子串$p_0p_1\cdots p_{k-1}=p_{j-k}p_{j-k+1}\cdots p_{j-1}$,其中$0<k<j$,这时候即满足$s_{i-k}s_{i-k+1}\cdots s_{i-1}=p_0p_1\cdots p_{k-1}$,下一次匹配可直接比较$s_i$和$p_k$。此外,为

了减少比较次数,k 应取最大值,即 $p_0p_1\cdots p_{k-1}$ 应为满足此性质的最长前缀子串。若 k 不存在,下一次匹配则直接比较 s_i 和 p_0。

2. k 值的计算

通过前面的分析已知,每次模式串开始比较的位置(即 k 的值)仅与模式串本身有关。一般用 next[j]来表示 p_j 对应的 k 值。

初始时可定义 next[0]=−1,next[1]=0。

设 next[j]=k,则 $p_0p_1\cdots p_{k-1}=p_{j-k}p_{j-k+1}\cdots p_{j-1}$,$k$ 为满足等式的最大值。计算 next[$j+1$]的值。

(1) 若 $p_k=p_j$,则存在 $p_0p_1\cdots p_{k-1}p_k=p_{j-k}p_{j-k+1}\cdots p_{j-1}p_j$,此时 next[$j+1$]=$k+1$。

(2) 若 $p_k\neq p_j$,可以把计算 next[j]的值的问题看成新的模式匹配过程,主串为 p,模式串为 p 的前缀子串。

出现不匹配,应将模式串的比较位置变为 k'=next[k],若 $p_j=p_{k'}$,则 next[$j+1$]=$k'+1$=next[k]+1,否则继续执行步骤(2),直到 $p_j=p_k$,或者当 $k=0$ 并且 $p_j\neq p_k$ 时 next[$j+1$]=0。

【算法 4.6】 求解 next[j]。

```
1  public int[] next(IString p) throws Exception{
2      int[] next = new int[p.length()];          //next[]数组
3      int k = 0;                                 //模式串指针
4      int j = 1;                                 //主串指针
5      next[0] =- 1;
6      next[1] = 0;
7      while(j < p.length() - 1){
8          if(p.charAt(j) == p.charAt(k)){
9              next[j + 1] = k + 1;
10             k++;
11             j++;
12         }
13         else if(k == 0){
14             next[j + 1] = 0;
15             j++;
16         }
17         else{
18             k = next[k];
19         }
20     }
21     return next;
22 }
```

3. KMP 算法步骤

KMP 算法的主要步骤如下。

(1) 计算模式串的 next[]函数值。

(2) i 为主串的比较字符位序号,j 为模式串的比较字符位序号。当字符相等时,i、j 分别加 1 后继续比较;否则 i 的值不变,j=next[j],继续比较。

(3) 重复步骤(2),直到 j 等于模式串的长度时匹配成功,否则匹配失败。

【算法 4.7】 KMP 算法。

```
1  public int KMP(IString p,int begin) throws Exception{
2      int[] next = next(p);                          //计算 next 值
3      int j = 0;
4      for(int i = 0;i <= curLen - p.length();){  //i 为主串的字符指针
5          if(j ==- 1||strValue[i] == p.charAt(j)){ //比较的字符相等或者比较主串的下一个字符
6              i++;
7              j++;
8          }
9          else {                                     //比较的字符不相等
10             j = next[j];
11         }
12         if(j == p.length())                        //匹配
13             return i - p.length();
14     }
15     return -1;
16 }
```

设主串的长度为 n、模式串的长度为 m,求 next[]的时间复杂度为 $O(m)$。在 KMP 中,因主串的下标不需要回退,比较次数最多为 $n-m+1$,所以 KMP 算法的时间复杂度为 $O(m+n)$。

【例 4.2】 求字符串 str="abcababc"的 next[j]的值。

解:

```
public static void main(String []args) throws Exception{
        String str = "abcababc";
        SqString q = new SqString(str);
        int []next = q.next(q);
        for(int i = 0;i < next.length;i++){
            System.out.println(next[i]);
        }
    }
```

当 j=0 时,next[0]=-1;

当 j=1 时,next[1]=0;

当 j=2 时,next[2]=0;

当 j=3 时,next[3]=0;

当 j=4 时,next[4]=1;

当 j=5 时,next[5]=2;

当 j=6 时,next[6]=1;

当 j=7 时,next[7]=2。

【例 4.3】 设计程序,分别统计模式匹配的 BF 算法和 KMP 算法的比较次数。主串为 s="abcabcccabc",模式串为 t="bcc"。

解: 分别对 Brute Force 算法和 KMP 算法进行修改,返回比较的次数,即在循环中增加计数变量 count++。

```java
package ch04;

public class li4_3 {
    public static int[] getNext(IString t) throws Exception{
        int []next = new int[t.length()];
        next[0] =- 1;
        next[1] = 0;
        int k = 0;
        int j = 1;
        while(j < t.length() - 1){
            if(t.charAt(j) == t.charAt(k)){
                next[j + 1] = k + 1;
                k++;
                j++;
            }
            else if(k == 0){
                next[j + 1] = 0;
                j++;
            }
            else{
                k = next[k];
            }
        }
        return next;
    }
    public static int Brute_Force(IString s,IString t) throws Exception{
        int i = 0,j = 0;
        int count = 0;
        while(i < s.length()){
            while(j < t.length()){
                count++;
                if(s.charAt(i) == t.charAt(j)){
                    i++;
                    j++;
                    if(j == t.length()){
                        return count;
                    }
                }
                else{
                    i = i - j + 1;
                    j = 0;
                    break;
                }
            }
        }
        return count;
    }
    private static int KMP(IString s,IString t) throws Exception{
        int []next = getNext(t);                        //计算 next[]的值
        int count = 0;
        int i = 0,j = 0;
```

```
            while(i<s.length()&&j<t.length()){
                count++;
                if(j==-1||s.charAt(i)==t.charAt(j)){
                    i++;
                    j++;
                }
                else if(j==0){
                    i++;
                }
                else{
                    j=next[j];
                }
            }
            return count;
        }
        public static void main(String[] args) throws Exception {
            SqString s=new SqString("abcabccabc");
            SqString t=new SqString("bcc");
            System.out.println("Brute-Force的比较次数为"+Brute_Force(s,t));
            System.out.println("KMP的比较次数为"+KMP(s,t));
        }

    }
```

4.3 数 组

4.3.1 数组的基本概念

数组是 n 个具有相同数据类型的数据元素构成的集合,数组元素按某种次序存储在地址连续的存储单元中,是顺序存储的随机存储结构。

数组元素在数组中的位置称为数组元素的下标,用户通过下标可以访问相应的数组元素。数组下标的个数是数组的维数,具有一个下标的数组叫一维数组,具有两个下标的数组叫二维数组。一维数组的逻辑结构是线性表,多维数组是线性表的扩展。二维数组可以看成数组元素是一维数组的数组。图4.3所示为二维数组的矩阵表示。

$$\boldsymbol{A}_{m\times n}=\begin{bmatrix} a_{0,0} & a_{0,1} & \cdots & a_{0,n-1} \\ a_{1,0} & a_{1,1} & \cdots & a_{1,n-1} \\ \vdots & \vdots & \ddots & \vdots \\ a_{m-1,0} & a_{m-1,1} & \cdots & a_{m-1,n-1} \end{bmatrix}$$

图4.3 二维数组的矩阵表示

二维数组中的每个数据元素 $a_{i,j}$ 都受到两个关系的约束,即行关系和列关系。$a_{i,j+1}$ 是 $a_{i,j}$ 在行关系中的后继元素;$a_{i+1,j}$ 是 $a_{i,j}$ 在列关系中的后继元素。

因为二维数组可以看成数组元素是一维数组的数组,所以二维数组也可看成线性表,即 $\boldsymbol{A}=(\boldsymbol{a}_0,\boldsymbol{a}_1,\cdots,\boldsymbol{a}_{n-1})$,其中每个数据元素 $\boldsymbol{a}_i$ 是一个列向量的线性表,即 $\boldsymbol{a}_i=(a_{0i},a_{1i},\cdots,$

a_{m-1i})；或者表述为 $\boldsymbol{A}=(\boldsymbol{a}_0,\boldsymbol{a}_1,\cdots,\boldsymbol{a}_{m-1})$，其中每个数据元素 $\boldsymbol{a}_i$ 是一个行向量的线性表，即 $\boldsymbol{a}_i=(a_{0i},a_{1i},\cdots,a_{n-1i})$。其中，每个元素同时属于两个线性表，第 i 行的线性表和第 j 列的线性表，具体可以分析如下：

(1) $a_{0,0}$ 是起点，没有前驱元素；$a_{m-1,n-1}$ 是终点，没有后继元素。

(2) 边界元素 $a_{i,0}$ 和 $a_{0,j}$ $(1\leqslant j<n,1\leqslant i<m)$ 只有一个前驱元素；$a_{i,n-1}$ 和 $a_{m-1,j}$ $(0\leqslant j<n-1,1\leqslant i<m-1)$ 只有一个后继元素。

(3) $a_{i,j}$ $(1\leqslant j<n-1,1\leqslant i<m-1)$ 有两个前驱元素和两个后继元素。

4.3.2 数组的特性

数组元素被存放在一组地址连续的存储单元里，并且每个数据元素的大小相同，故只要已知首地址和每个数据元素占用的内存单元大小即可求出数组中任意数据元素的存储地址。

对于一维数组 $A[n]$，数据元素的存储地址为 $\mathrm{Loc}(i)=\mathrm{Loc}(0)+i\times L\ (0\leqslant i<n)$，其中 $\mathrm{Loc}(i)$ 是第 i 个元素的存储地址，$\mathrm{Loc}(0)$ 是数组的首地址，L 是每个数据元素占用的字节数。

对于二维数组，采用行优先顺序进行存储，即先存储数组的第一行，再依次存储其他各行。对于一个 $n\times m$ 的数组 $\boldsymbol{A}[n][m]$，数组元素的存储地址为 $\mathrm{Loc}(i,j)=\mathrm{Loc}(0,0)+(i\times m+j)\times L$，其中 $\mathrm{Loc}(i,j)$ 是第 i 行第 j 列的数组元素的存储地址，$\mathrm{Loc}(0,0)$ 是数组的首地址，L 是每个数据元素占用的字节数。

将计算数组元素的存储位置的公式推广到一般情况，可得 n 维数组 $\boldsymbol{A}[m_1][m_2]\cdots[m_n]$ 的数据元素的存储位置：

$$
\begin{aligned}
&\mathrm{Loc}(i_1,i_2,\cdots,i_n)\\
&=\mathrm{Loc}(0,0,\cdots,0)+(i_1\times m_2\times\cdots m_n+i_2\times m_3\times\cdots m_n+\cdots+i_{n-1}\times m_n+i_n)\times L\\
&=\mathrm{Loc}(0,0,\cdots,0)+\left(\sum_{j=1}^{n-1}i_j\prod_{k=j+1}^{n}m_k+i_n\right)\times L
\end{aligned}
$$

在 n 维数组中，计算数组中数据元素的存储地址的时间复杂度为 $O(1)$，n 维数组是一种随机存储结构。

4.3.3 数组的遍历

对二维数组进行遍历操作有两种次序，即行主序和列主序。

(1) 行主序：以行序为主要次序，按行序递增访问数组的每行，同一行按列序递增访问数组元素。

(2) 列主序：以列序为主要次序，按列序递增访问数组的每列，同一列按行序递增访问数组元素。

【例 4.4】 设计算法，求二维数组 $\boldsymbol{A}[n,n]$ 的两条对角线元素之和。

解：

```
public static int sumOfDiagonal(int[][] a) {
        int i, n = a[0].length, sum1 = 0, sum2 = 0, sum;
        for (i = 0; i < a.length; i++) {
```

```
            sum1 += a[i][i];                    //主对角线之和
            sum2 += a[i][n - i - 1];            //副对角线之和
        }
        sum = sum1 + sum2;
        if (n % 2 == 1) {                       //若矩阵行数为奇数,则减去两条对角线相交的元素
            sum -= a[n / 2][n / 2];
        }
        return sum;
    }
```

4.4 特殊矩阵的压缩存储

在科学技术和工程计算的许多领域,矩阵是数值分析问题研究的对象。特殊矩阵是具有许多相同数据元素或者零元素且数据元素的分布具有一定规律的矩阵,例如对称矩阵、三角矩阵和对角矩阵。

数据压缩技术是计算机软件领域研究的一个重要问题,图像、音频、视频等多媒体信息都需要进行数据压缩存储。本节将以特殊矩阵为例介绍矩阵的压缩存储。

矩阵采用二维数组进行存储,至少占用 $m \times n$ 个存储单元。当矩阵的阶数很大时,矩阵所占用的存储空间巨大,因此需要研究矩阵的压缩存储问题,根据不同矩阵的特点设计不同的压缩存储方法,节省存储空间,同时保证采用压缩存储的矩阵仍然能够正确地进行各种矩阵运算。

常用的矩阵压缩存储方法主要有以下两种:

(1) 对于零元素分布有规律的特殊矩阵,采用线性压缩或三角形的二维数组,只存储有规律的部分元素。

(2) 对于零元素分布没有规律的特殊矩阵,只存储非零元素。

4.4.1 三角矩阵的压缩存储

三角矩阵包括上三角矩阵和下三角矩阵。假如是一个 n 阶矩阵,由 $n(n+1)/2$ 个元素组成。当 $i<j$ 时,矩阵中的数据元素满足 $=0$,矩阵为下三角矩阵;当 $i \geqslant j$ 时,矩阵中的数据元素满足 $=0$,矩阵为上三角矩阵。

三角矩阵中具有近一半的分布有规律的零元素,所以三角矩阵采取只存储主对角线以及上/下三角部分的矩阵元素的压缩方法,主要分为以下两种。

1. 线性压缩存储

将下三角矩阵的主对角线及其以下元素按行主序顺序压缩成线性存储结构,存储元素的个数为 $n(n+1)/2$,其中元素的存储地址如下:

$$k=\begin{cases}\left(\dfrac{i(i+1)}{2}+j\right)L & (i \geqslant j) \\ \text{空} & (i<j)\end{cases}$$

L 为数据元素所占据存储空间的字节数。

计算各数据元素的存储地址的时间复杂度为 $O(1)$,三角矩阵的线性压缩存储结构是随机存储结构。

2. 使用三角形的二维数组压缩存储

三角形的二维数组实际上是一种动态数组结构，第 i 行一维数组的长度为 $i+1$，存储在 mat[i][j]中，如图 4.4 所示。计算各数据元素的存储地址的时间复杂度为 $O(1)$，此压缩存储结构是随机存储结构。

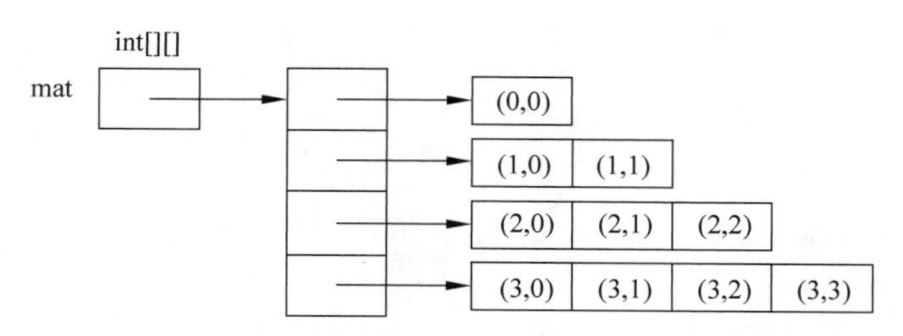

图 4.4　下三角矩阵的三角形二维数组的压缩存储结构

4.4.2　对称矩阵的压缩存储

n 阶对称矩阵是指一个 n 阶矩阵中的数据元素满足 $a_{i,j}=a_{j,i}$。对称矩阵在进行压缩存储时只存储主对角线和上/下部分数据元素，即将对称矩阵的主对角线及其上/下部分数据元素按行主序顺序压缩成线性存储，占用 $n(n+1)/2$ 个存储单元，矩阵元素的线性压缩存储地址为：

$$k=\begin{cases}\dfrac{i(i+1)}{2}+j & (i\geqslant j)\\[2ex] \dfrac{j(j+1)}{2}+i & (i<j)\end{cases}$$

4.4.3　对角矩阵的压缩存储

如果一个矩阵的所有非零元素都集中在以主对角线为中心的带状区域，则称该矩阵为对角矩阵。它是一个 n 阶矩阵，若除了主对角线上的元素外，其余元素均为 0，则为主对角矩阵；若除了主对角线上及主对角线上下各一个元素外，其余元素均为 0，则为三对角矩阵。

在压缩存储对角矩阵时，只存储主对角线及其两侧部分的元素。例如，压缩存储主对角矩阵，将主对角元素顺序压缩成线性存储，存储元素个数为 n，矩阵数据元素的线性压缩存储地址为：

$$k=i \quad \text{或} \quad k=j$$

4.4.4　稀疏矩阵的压缩存储

稀疏矩阵是指矩阵中的非零元素个数远远小于矩阵元素个数并且非零元素的分布没有规律的矩阵。设矩阵中有 t 个非零元素，非零元素占元素总数的比例称为矩阵的稀疏因子，通常稀疏因子小于 0.05 的矩阵称为稀疏矩阵。一般使用以下几种方法进行稀疏矩阵的压缩存储。

1. 稀疏矩阵的非零元素三元组

稀疏矩阵的压缩存储原则是只存储矩阵中的非零元素，而仅存储非零元素是不够的，必须存储该元素在矩阵中的位置。矩阵元素的行号、列号和元素值称为该元素的三元组。

在Java语言中稀疏矩阵的三元组表示的结点结构定义如下：

```
1  package ch04;

2  public class TripleNode {
3  public int row;                                          //行号
4  public int column;                                       //列号
5  public int value;                                        //元素值
6
7  public TripleNode(int row,int column,int value){ //含参构造方法
8      this.row = row;
9      this.column = column;
10     this.value = value;
11 }
12 public TripleNode(){                                     //无参构造方法
13     this(0,0,0);
14 }
15 }
```

稀疏矩阵的三元组顺序表类的定义如下：

```
1  package ch04;
2  public class SparseMatrix {
3  public TripleNode[] data;                                //三元组表
4  public int rows;                                         //行数
5  public int cols;                                         //列数
6  public int nums;                                         //非零元素的个数
7  public SparseMatrix(int maxSize){
8      data = new TripleNode[maxSize];
9      for(int i = 0;i < data.length;i++){
10         data[i] = new TripleNode();
11     }
12     rows = cols = nums = 0;
13 }

14 }
```

初始化三元组顺序表是按先行序后列序的原则扫描稀疏矩阵,并把非零元素插入到顺序表中,其算法如下。

【算法4.8】 初始化三元组顺序表。

```
1  public SparseMatrix(int mat[][]){
2      int count = 0;
3      rows = mat.length;
4      cols = mat[0].length;
5      for(int i = 0;i < rows;i++){                         //统计非零元素的个数
6          for(int j = 0;j < cols;j++){
7              if(mat[i][j]!= 0){
8                  count++;
9              }
```

```
10            }
11        }
12        nums = count;
13        data = new TripleNode[nums];
14        int k = 0;
15        for(int i = 0;i < rows;i++){                           //建立三元组
16            for(int j = 0;j < cols;j++){
17                if(mat[i][j]!= 0){
18                    data[k] = new TripleNode(i,j,mat[i][j]);
19                    k++;
20                }
21            }
22        }
23 }
```

2. 稀疏矩阵的十字链表存储

当稀疏矩阵中非零元素的位置或个数经常发生变化时不宜采用三元组顺序表存储结构,而应该采用链式存储结构表示。十字链表是稀疏矩阵的另一种存储结构,在十字链表中稀疏矩阵的非零元素用一个结点来表示,每个结点由 5 个域组成。row 域存放该元素的行号,column 域存放该元素的列号,value 域存放该元素的值,right 域存放与该元素同行的下一个非零元素结点的指针,down 域存放与该元素同列的下一个非零元素结点的指针。每个非零数据元素结点既是某个行链表中的一个结点,也是某个列链表中的结点,整个稀疏矩阵构成了一个十字交叉的链表,这样的链表就称为十字链表。

在 Java 语言中可以将稀疏矩阵的十字链表表示的结点结构定义如下:

```
package ch04;

public class OLNode {
    public int row;                                        //行号
    public int col;                                        //列号
    public int value;                                      //数据元素值
    public OLNode right;                                   //行链表指针
    public OLNode down;                                    //列链表指针
    public OLNode(){
        this(0,0,0);
    }
    public OLNode(int row,int col,int value){
        this.row = row;
        this.col = col;
        this.value = value;
        right = null;
        down = null;
    }
    }
```

稀疏矩阵的十字链表类的定义如下:

```
package ch04;
public class CrossList {
```

```
    public int rows,cols,nums;                //十字链表的行数、列数和非零元素的个数
    public OLNode[] rhead,chead;              //行列的指针数组
    public CrossList(int rows,int cols){      //初始化
        this.rows = rows;
        this.cols = cols;
        rhead = new OLNode[rows];
        chead = new OLNode[cols];
        nums = 0;
        for(int i = 0;i < rows;i++){
            rhead[i] = new OLNode();
        }
        for(int j = 0;j > cols;j++){
            chead[j] = new OLNode();
        }
    }

}
```

【例4.5】 已知 **A** 为稀疏矩阵,试从空间和时间角度比较采用二维数组和三元组顺序表两种不同的存储结构完成求运算的优缺点。

解:设稀疏矩阵为 m 行 n 列,如果采用二维数组存储,其空间复杂度为 $O(m\times n)$;因为要将所有的矩阵元素累加起来,所以需要用一个两层的嵌套循环,其时间复杂度也为 $O(m\times n)$。

如果采用三元组顺序表进行压缩存储,假设矩阵中有 t 个非零元素,其空间复杂度为 $O(t)$,将所有的矩阵元素累加起来只需将三元组顺序表扫描一遍,其时间复杂度也为 $O(t)$。当 $t\ll m\times n$ 时采用三元组顺序表存储可获得较好的时空性能。

4.5 实　　验

4.5.1 最大连续子数组

给定一个整数数组 nums ,找到一个具有最大和的连续子数组(子数组最少包含一个元素),返回其最大和。

示例:

输入:[−2,1,−3,4,−1,2,1,−5,4]

输出:6

提示:连续子数组 [4,−1,2,1] 的和最大,为 6。

```
import java.util.Arrays;
import java.util.Scanner;

public class U4H1 {
    public static void main(String[] args) {
        int[] a = new int[1001];
        int n;
        Scanner scanner = new Scanner(System.in);
```

```
        n = scanner.nextInt();
        int i;
        for (i = 1; i <= n; i++) {
            a[i] = scanner.nextInt();           //把这个序列输入到数组 a 中
        }
        int max_subarray = findGreatestSumOfSubArray(a);
        System.out.println(max_subarray);
    }

    public static int findGreatestSumOfSubArray(int[] array) {
        int max = array[0];
        int len = array.length;
        int temp = 0;
        for (int i = 0; i < len; i++) {
            if (temp < 0) {
                temp = array[i];
            } else {
                temp += array[i];
            }
            if (temp > max) {
                max = temp;
            }
        }
        return max;
    }
}
```

4.5.2 最大上升子序列

子序列是在原来序列中找出一部分组成的序列(不要求连续,但不能改变顺序)。

给定一个序列,包含 n 个整数,求这个序列的最长上升子序列。

示例:

输入:2 5 3 4 1 7 6

输出:4

提示:2 3 4 7 或 2 3 4 6 为最长上升子序列。

```
import java.util.Scanner;

public class U4H2 {
    public static void main(String[] args)
    {
        int [] a = new int [1001];
        int n;                                  //序列的长度定义为 n
        Scanner scanner = new Scanner(System.in);
        n = scanner.nextInt();
        int i;
        for(i = 1;i <= n;i++)
        {
            a[i] = scanner.nextInt();           //把这个序列输入到数组 a 中
```

```
        }
        int j;
        int [] maxlen = new int[1001];     //这个数组是以第 i 个数字为终点的最长上升子序列
        maxlen[1] = 1;               //初始化第一个数字的最长上升子序列即为其本身,长度为 1
        int t = 0;
        for(i = 2;i <= n;i++)                    //外层循环求出其他的 maxlen[i]的值
        {
            for(j = 1;j < i;j++)                 //内层循环检索 a[i]前小于 a[i]的数字,
                                                 //并且 maxlen[j]的值最大
            {
                if(a[j]< a[i])
                {
                    if(maxlen[j]> t)
                    {
                        t = maxlen[j];           //最大的 maxlen 值存到 t 中
                    }
                }
            }
            maxlen[i] = t + 1;
                         //找到第 i 个数字的 maxlen 的值 = t + 1,1 是加上了它自己的长度
            t = 0;                               //t 初始化便于下一次外层循环使用
        }
        int k = - 1;
        for(i = 1;i <= n;i++)
        {
            if(maxlen[i]> k)
            {
                k = maxlen[i];          //找到最大的 maxlen,就是最长的上升子序列的长度
            }
        }
        System.out.println(k);
    }
}
```

4.5.3 走迷宫

假设有一个迷宫,墙壁部分不可走,道路部分可以走。从入口出发,规定只能通过向上、向下、向左和向右方向进行走动,问如何才能找到一条到达出口的通路。

用一个二维矩阵来模拟迷宫地图,1 代表墙壁部分,0 代表道路部分。

输入一个二维矩阵,如果有出口,输出走出迷宫的一条路径,否则程序退出。

示例:

输入:

```
{{1, 1, 1, 1, 1, 1, 1, 1, 1, 1},
 {1, 0, 0, 1, 0, 0, 0, 1, 0, 1},
 {1, 0, 0, 1, 0, 0, 0, 1, 0, 1},
 {1, 0, 0, 0, 0, 1, 1, 0, 0, 1},
 {1, 0, 1, 1, 1, 0, 0, 0, 0, 1},
```

{1, 0, 0, 0, 1, 0, 0, 0, 0, 1},
{1, 0, 1, 0, 0, 0, 1, 0, 0, 1},
{1, 0, 1, 1, 1, 0, 1, 1, 0, 1},
{1, 1, 0, 0, 0, 0, 0, 0, 0, 1},
{1, 1, 1, 1, 1, 1, 1, 1, 1, 1}}

输出：

(1,1)→(2,1)→(2,2)→(2,3)→(1,3)→(1,4)→(1,5)→(2,5)→(3,5)→(3,6)→(4,6)→(5,6)→(5,7)→(5,8)→(6,8)→(7,8)→(8,8)

```
import java.util.ArrayList;

public class U4H3 {
    static ArrayList<Point> route = new ArrayList<>();
    public static void main(String[] args) {
        //走迷宫
        boolean flag = maze(walkMaze.maze, new Point(1, 1));
        if (flag) {
            System.out.println("成功找到迷宫的出口!\n路线如下:");
            for (int i = 0; i < route.size(); i++) {
                System.out.print("(" + route.get(i).x + "," + route.get(i).y + ")");
                if (i != route.size() - 1) {
                    System.out.print("->");
                }
            }
        }
    }

    private static boolean maze(int[][] maze, Point enter) {
        //标记入口位置,并将入口位置加入列表中
        maze[enter.y][enter.x] = -1;
        route.add(enter);
        //判断列表是否为空
        while (!route.isEmpty()) {
            while (isWalk(maze, enter)) {
                //列表中的最后一个元素
                enter = route.get(route.size() - 1);
                //判断改位置是否为出口位置
                if (enter.x == 8 && enter.y == 8) {
                    return true;
                } else {
                    //标记已走过的位置
                    maze[enter.y][enter.x] = -1;
                }
            }
            //当走到死胡同时,回溯到前面的位置,并判断改位置是否有路可走
            // 如果有路可走,则继续往下走,反之则继续回退到前面一个位置继续查找,直到找到有路可走为止
            //将列表最后一个元素去除,并取出去除后的最后的元素
            route.remove(route.size() - 1);
```

```
                enter = route.get(route.size() - 1);
            }
            return false;
        }

        private static boolean isWalk(int[][] maze, Point currentPoint) {
            int x = currentPoint.x;
            int y = currentPoint.y;
            //往右走
            if (maze[y][x + 1] != 1 && maze[y][x + 1] != -1) {
                route.add(new Point(x + 1, y));
                return true;
            }
            //往下走
            if (maze[y + 1][x] != 1 && maze[y + 1][x] != -1) {
                route.add(new Point(x, y + 1));
                return true;
            }
            //往左走
            if (maze[y][x - 1] != 1 && maze[y][x - 1] != -1) {
                route.add(new Point(x - 1, y));
                return true;
            }
            //往上走
            if (maze[y - 1][x] != 1 && maze[y - 1][x] != -1) {
                route.add(new Point(x, y - 1));
                return true;
            }
            return false;
        }

}

class walkMaze {
    public static final int[][] maze =      //建立迷宫地图,0代表可走的路,1代表墙壁不可走
            {{1, 1, 1, 1, 1, 1, 1, 1, 1, 1},
             {1, 0, 0, 1, 0, 0, 0, 1, 0, 1},
             {1, 0, 0, 1, 0, 0, 0, 1, 0, 1},
             {1, 0, 0, 0, 0, 1, 1, 0, 0, 1},
             {1, 0, 1, 1, 1, 0, 0, 0, 0, 1},
             {1, 0, 0, 0, 1, 0, 0, 0, 0, 1},
             {1, 0, 1, 0, 0, 0, 1, 0, 0, 1},
             {1, 0, 1, 1, 1, 0, 1, 1, 0, 1},
             {1, 1, 0, 0, 0, 0, 0, 0, 0, 1},
             {1, 1, 1, 1, 1, 1, 1, 1, 1, 1}};
}

class Point {
    int x;
    int y;
```

```
    public Point(int x, int y) {
        this.x = x;
        this.y = y;
    }
}
```

小　结

(1) 字符串是数据元素类型为字符的线性表,串具有插入、删除、链接、查找、比较等基本操作。

(2) 字符串具有顺序存储结构和链式存储结构两种存储结构。字符串的顺序存储结构叫顺序串,与顺序表的逻辑结构相同,存储结构类似,均可用数组来存储数据元素。字符串的链式存储结构叫链串,和线性表的链式存储结构类似,可以采用单链表存储串值。链串由一系列大小相同的结点组成,每个结点用数据域存放字符,指针域存放指向下一个结点的指针。

(3) 串的模式匹配也叫查找定位,指的是在当前串中寻找模式串的过程,主要的模式匹配算法有 Brute-Force 算法和 KMP 算法。

(4) 数组是 n 个具有相同数据类型的数据元素构成的集合,数组元素按某种次序存储在地址连续的存储单元中,是一种随机存储结构。

(5) 特殊矩阵是具有许多相同数据元素或者零元素且数据元素的分布具有一定规律的矩阵,例如对称矩阵、三角矩阵和对角矩阵。为了节省存储空间,对矩阵进行压缩存储。特殊矩阵的压缩存储方法是将呈现规律性分布的、值相同的多个矩阵元素压缩存储到一个存储空间。

(6) 稀疏矩阵是具有较多零元素,并且非零元素的分布无规律的矩阵。稀疏矩阵的压缩存储是只给非零数据元素分配存储空间。

习　题　4

一、选择题

1. 串是一种特殊的线性表,其特殊性体现在(　　)。

A. 可以顺序存储　　B. 数据元素是一个字符

C. 可以链式存储　　D. 数据元素可以是多个字

2. 设有两个串 p 和 q,求 q 在 p 中首次出现的位置的运算称为(　　)。

A. 连接　　B. 模式匹配　　C. 求子串　　D. 求串长

3. 设串 s1="ABCDEFG"、s2="PQRST",函数 con(x,y)返回 x 和 y 串的连接串,subs(s, i, j)返回串 s 的从序号 i 开始的 j 个字符组成的子串,len(s)返回串 s 的长度,则 con(subs(s1, 2, len(s2)), subs(s1, len(s2), 2))的结果串是(　　)。

A. BCDEF　　B. BCDEFG　　C. BCPQRST　　D. BCDEFEF

4. 假设有 60 行 70 列的二维数组 $\boldsymbol{a}$ 以列序为主序顺序存储,其基地址为 10000,每个元素占两个存储单元,那么第 32 行第 58 列的元素 $a[32,58]$的存储地址为(　　),注意无第 0

行第0列元素。

A. 16902　　B. 16904

C. 14454　　D. 答案A、B、C均不对

5. 设矩阵 **A** 是一个对称矩阵，为了节省存储，将其下三角部分(如图4.5所示)按行序存放在一维数组 **B**[1, $n(n-1)/2$]中，对下三角部分中的任一元素 $a_{i,j}$ ($i \leqslant j$)，在一维数组 B 中下标 k 值是(　　)。

A. $i(i-1)/2+j-1$

B. $i(i-1)/2+j$

C. $i(i+1)/2+j-1$

D. $i(i+1)/2+j$

$$\boldsymbol{A}=\begin{bmatrix} a_{1,1} & & & \\ a_{2,1} & a_{2,2} & & \\ \vdots & \vdots & \ddots & \\ a_{n,1} & a_{n,2} & \cdots & a_{n,n} \end{bmatrix}$$

图4.5　矩阵 **A** 的下三角部分

6. 从供选择的答案中选出应填入下面叙述中的最确切的解答，把相应编号写在答卷的对应栏内。

有一个二维数组 **A**，行下标的范围是0～8，列下标的范围是1～5，每个数组元素用相邻的4个字节存储，存储器按字节编址。假设存储数组元素 $A[0,1]$ 的第一个字节的地址是0，存储数组 **A** 的最后一个元素的第一个字节的地址是__①__。若按行存储，则 $A[3,5]$ 和 $A[5,3]$ 的第一个字节的地址分别是__②__和__③__。若按列存储，则 $A[7,1]$ 和 $A[2,4]$ 的第一个字节的地址分别是__④__和__⑤__。

供选择的答案：

①～⑤：A. 28　　B. 44　　C. 76　　D. 92

E. 108　　F. 116　　G. 132　　H. 176

I. 184　　J. 188

7. 有一个二维数组 **A**，行下标的范围是1～6，列下标的范围是0～7，每个数组元素用相邻的6个字节存储，存储器按字节编址。那么，这个数组的体积是__①__个字节。假设存储数组元素 $A[1,0]$ 的第一个字节的地址是0，则存储数组 **A** 的最后一个元素的第一个字节的地址是__②__。若按行存储，则 $A[2,4]$ 的第一个字节的地址是__③__。若按列存储，则 $A[5,7]$ 的第一个字节的地址是__④__。

供选择的答案：

①～④：A. 12　　B. 66　　C. 72　　D. 96

E. 114　　F. 120　　G. 156　　H. 234

I. 276　　J. 282　　K. 283　　L. 288

二、填空题

1. 不包含任何字符(长度为0)的串称为________；由一个或多个空格(仅有空格符)组成的串称为________。

2. 设 s="A;/document/Mary.doc"，则 strlen(s)=________的"/"字符定位的位置为________。

3. 子串的定位运算称为串的模式匹配；被匹配的主串称为________，________称为模式。

4. 三元组表中的每个结点对应于稀疏矩阵的一个非零元素，它包含有3个数据项，分别表示该元素的________、________、________。

5. 设目标 T="abccdcdccbaa",模式 P="cdcc",则第________次匹配成功。

6. 若 n 为主串长、m 为子串长,则串的古典(朴素)匹配算法在最坏情况下需要比较字符的总次数为________。

7. 假设有二维数组 $\boldsymbol{A}_{6\times8}$,每个元素用相邻的 6 个字节存储,存储器按字节编址。已知 $\boldsymbol{A}$ 的起始存储位置(基地址)为 1000,则数组 $\boldsymbol{A}$ 的体积(存储量)为________;末尾元素 A_{57} 的第一个字节的地址为________;若按行存储,元素 A_{14} 的第一个字节的地址为________;若按列存储,元素 A_{47} 的第一个字节的地址为________。

8. 假设有 60 行 70 列的二维数组 a,其基地址为 2048,每个元素占两个存储单元,若以列序为主序顺序存储,则元素 $a[32,58]$的存储地址为________。

三、算法设计题

1. 若在矩阵 $\boldsymbol{A}$ 中存在一个元素 $a_{i,j}$($0\leqslant i\leqslant n-1, 0\leqslant j\leqslant m-1$),该元素是第 i 行元素中的最小值且又是第 j 列元素中的最大值,则称此元素为该矩阵的一个马鞍点。假设以二维数组存储矩阵 $\boldsymbol{A}$,试设计一个求该矩阵的所有马鞍点的算法,并分析最坏情况下的时间复杂度。

2. 编写基于 SeqString 类的成员函数 count(),统计当前字符串中的单词个数。

3. 编写基于 SeqString 类的成员函数 reverse(),要求将当前对象中的字符反序存放。

4. 编写基于 SeqString 类的成员函数 deleteallchar(ch),要求从当前对象串中删除其值等于 ch 的所有字符。

5. 编写基于 SeqString 类的成员函数 stringcount(str),要求统计子串 str 在当前对象串中出现的次数,若不出现则返回 0。

6. 在顺序串类 SeqString 中增加一个主函数,测试各成员函数的正确性。

7. 已知两个稀疏矩阵 $\boldsymbol{A}$ 和 $\boldsymbol{B}$,试基于三元组顺序表或十字链表的存储链表编程实现 $\boldsymbol{A}+\boldsymbol{B}$ 的运算。

第5章 树结构

5.1 树

5.1.1 树的基本概念

树是数据元素之间具有层次关系的非线性结构，是由 n 个结点构成的有限集合，结点数为 0 的树叫空树。树必须满足以下条件。

(1) 有且仅有一个被称为根的结点，该结点没有前驱结点。

(2) 其余结点可分为 m 个互不相交的有限集合，每个集合又构成一棵树，叫根结点的子树。

与线性结构不同，树中的数据元素具有一对多的逻辑关系，除根结点外，每个数据元素可以有多个后继但有且仅有一个前驱，反映了数据元素之间的层次关系。树是递归定义的。结点是树的基本单位，若干结点组成一棵子树，若干互不相交的子树组成一棵树。

人们在生活中所见的家谱、Windows 的文件系统等，虽然表现形式各异，但在本质上是树结构。图 5.1 给出了树的逻辑结构示意图。

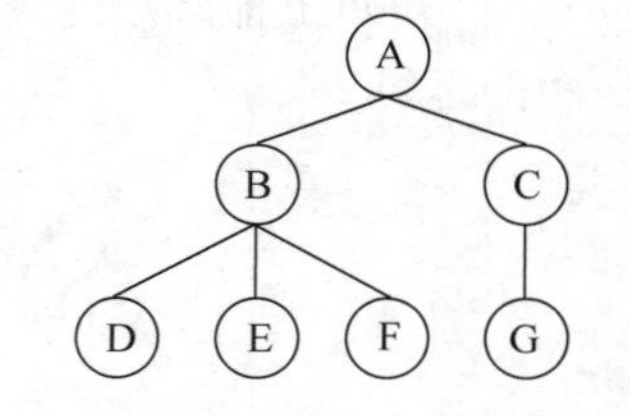

图 5.1 树的逻辑结构示意图

树的表示方法有多种，如树形表示法、文氏图表示法、凹入图表示法和广义表表示法等。图 5.1 所示为树形表示法，图 5.2 给出了用其他 3 种表示法对树的表示。

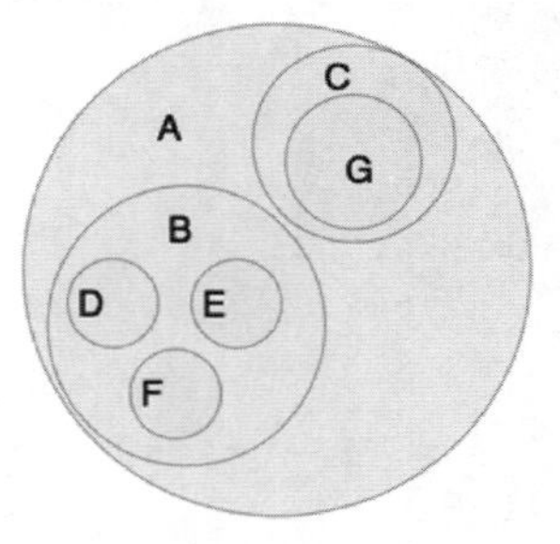

文氏图表示法

凹入图表示法

A(B(D,E,F),C(G))
广义表表示法

图 5.2 树的 3 种表示方法

5.1.2 树的术语

1. 结点

树的结点就是构成树的数据元素，就是其他数据结构中存储的数据项，在树形表示法中用圆圈表示。

2. 结点的路径

结点的路径是指从根结点到该结点所经过结点的顺序排列。

3. 路径的长度

路径的长度指的是路径中包含的分支数。

4. 结点的度

结点的度指的是结点拥有的子树的数目。

5. 树的度

树的度指的是树中所有结点的度的最大值。

6. 叶结点

叶结点是树中度为0的结点，也叫终端结点。

7. 分支结点

分支结点是树中度不为0的结点，也叫非终端结点。

8. 子结点

子结点是指结点的子树的根结点，也叫孩子结点。

9. 父结点

具有子结点的结点叫该子结点的父结点，也叫双亲结点。

10. 子孙结点

子孙结点是指结点的子树中的任意结点。

11. 祖先结点

祖先结点是指结点的路径中除自身之外的所有结点。

12. 兄弟结点

兄弟结点是指和结点具有同一父结点的结点。

13. 结点的层次

树中根结点的层次为0，其他结点的层次是父结点的层次加1。

14. 树的深度

树的深度是指树中所有结点的层次数的最大值加1。

15. 有序树

有序树是指树的各结点的所有子树具有次序关系，不可以改变位置。

16. 无序树

无序树是指树的各结点的所有子树之间无次序关系，可以改变位置。

17. 森林

森林是由多个互不相交的树构成的集合。给森林加上一个根结点就变成一棵树，将树的根结点删除就变成森林。

5.2 二 叉 树

5.2.1 二叉树的基本概念

1. 普通二叉树

二叉树是特殊的有序树,它也是由 n 个结点构成的有限集合。当 $n=0$ 时称为空二叉树。二叉树的每个结点最多只有两棵子树,子树也为二叉树,互不相交且有左右之分,分别称为左二叉树和右二叉树。

二叉树也是递归定义的,在树中定义的度、层次等术语同样也适用于二叉树。

2. 满二叉树

满二叉树是特殊的二叉树,它要求除叶结点外的其他结点都具有两棵子树,并且所有的叶结点都在同一层上,如图5.3所示。

3. 完全二叉树

完全二叉树是特殊的二叉树,若完全二叉树具有 n 个结点,且按照从上到下、从左到右的顺序将二叉树结点编号,则它要求 n 个结点与满二叉树的前 n 个结点具有完全相同的逻辑结构,如图5.4所示。即在完全二叉树中,只有最下层和次下层可以出现叶结点,且最下层的叶结点集中在左侧。

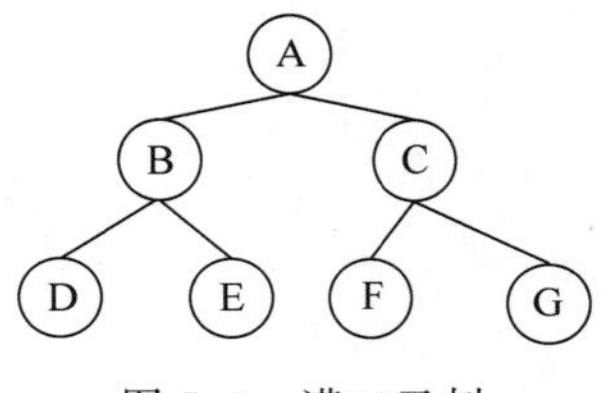

图5.3 满二叉树

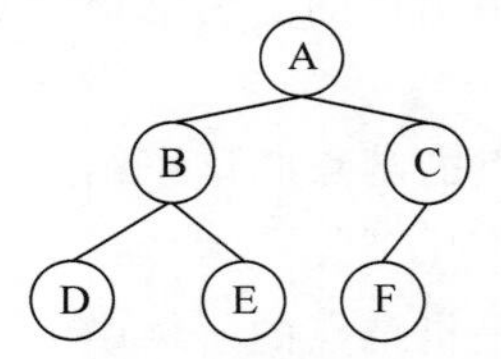

图5.4 完全二叉树

5.2.2 二叉树的性质

性质1:二叉树中第 i 层的结点数最多为 2^i。

证明:当 $i=0$ 时只有一个根结点,成立;假设对所有的 $k(0\leqslant k<i)$ 成立,即第 $i-1$ 层上最多有 2^{i-1} 个结点,那么由于每个结点最多有两棵子树,在第 i 层上结点数最多为 $2^{i-1}\times 2=2^i$ 个,得证。

性质2:深度为 h 的二叉树最多有 2^h-1 个结点。

证明:由性质1得,深度为 h 的二叉树的结点个数最多为 $2^0+2^1+\cdots+2^{h-1}=2^h-1$,得证。

性质3:若二叉树的叶结点的个数为 n,度为2的结点个数为 m,有 $n=m+1$。

证明:设二叉树中度为1的结点个数为 k,二叉树的结点总数为 s,有 $s=k+n+m$。又因为除根结点外每个结点都有一个进入它的分支,所以 $s-1=k+2*m$。整理后得到 $n=m+1$,得证。

性质 4：具有 n 个结点的完全二叉树，其深度为 $\lfloor \log_2 n \rfloor + 1$ 或者 $\lceil \log_2(n+1) \rceil$。

证明：设此二叉树的深度为 h，由性质 2 可得 $2^{h-1} \leqslant n < 2^h$，两边取对数，可得 $h-1 \leqslant \log_2 n < h$，因为 h 为整数，所以 $h = \lfloor \log_2 n \rfloor + 1$，得证。

性质 5：具有 n 个结点的完全二叉树，从根结点开始自上而下、从左向右对结点从 0 开始编号。对于任意一个编号为 i 的结点：

(1) 若 $i=0$，结点为根结点，则没有父结点；若 $i>0$，则父结点的编号为 $\lfloor (i-1)/2 \rfloor$。

(2) 若 $2i+1 \geqslant n$，该结点无左孩子，否则左孩子结点的编号为 $2i+1$。

(3) 若 $2i+2 \geqslant n$，该结点无右孩子，否则右孩子结点的编号为 $2i+2$。

【例 5.1】 证明：对于任意一个满二叉树，其分支数 $B=2(n_0-1)$，其中 n_0 为终端结点数。

解：设 n_2 为度为 2 的结点，因为在满二叉树中没有度为 1 的结点，所以有

$$n = n_0 + n_2$$

设 B 为树中分支数，则

$$n = B + 1$$

所以

$$B = n_0 + n_2 - 1$$

再由二叉树的性质

$$n_0 = n_2 + 1$$

代入上式有

$$B = n_0 + n_0 - 1 - 1 = 2(n_0 - 1)$$

【例 5.2】 已知一棵度为 m 的树中有 n_1 个度为 1 的结点、n_2 个度为 2 的结点、…、n_m 个度为 m 的结点，问该树中共有多少个叶结点？

解：设该树的总结点数为 n，则

$$n = n_0 + n_1 + n_2 + \cdots + n_m$$

又

$$n = \text{分支数} + 1 = 0 \times n_0 + 1 \times n_1 + 2 \times n_2 + \cdots + m \times n_m + 1$$

由上述两式可得

$$n_0 = n_2 + 2n_3 + \cdots + (m-1)n_m + 1$$

5.2.3 二叉树的存储结构

1. 二叉树的顺序存储结构

二叉树的顺序存储结构是指将二叉树的各个结点存放在一组地址连续的存储单元中，所有结点按结点序号进行顺序存储。因为二叉树为非线性结构，所以必须先将二叉树的结点排成线性序列再进行存储，实际上是对二叉树先进行一次层次遍历。二叉树的各结点间的逻辑关系由结点在线性序列中的相对位置确定。

可以利用 5.2.2 节中的性质 5 将二叉树的结点排成线性序列，将结点存放在下标为对

应编号的数组元素中。为了存储非完全二叉树,需要在树中添加虚结点使其成为完全二叉树后再进行存储,这样会造成存储空间的浪费。

图5.5所示为二叉树的顺序存储结构示意图。

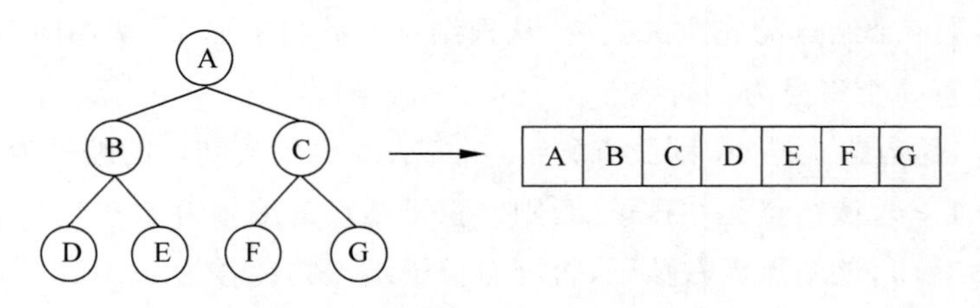

完全二叉树的顺序存储

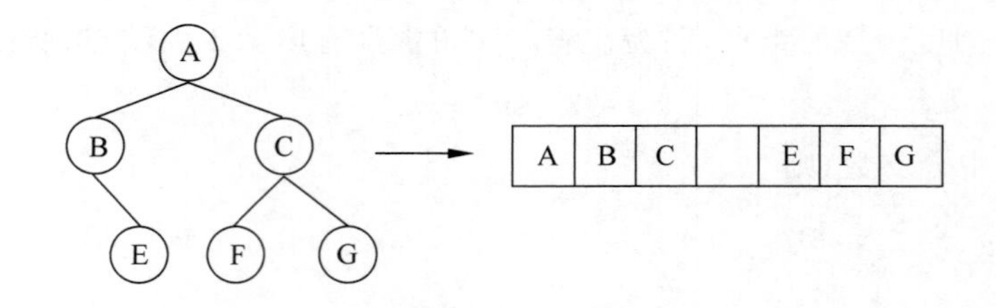

非完全二叉树的顺序存储

图5.5　二叉树的顺序存储结构

2. 二叉树的链式存储结构

二叉树的链式存储结构是指将二叉树的各个结点随机存放在存储空间中,二叉树的各结点间的逻辑关系由指针确定。每个结点至少要有两条链分别连接左、右孩子结点才能表达二叉树的层次关系。

根据指针域个数的不同,二叉树的链式存储结构又分为以下两种:

1) 二叉链式存储结构

二叉树的每个结点设置两个指针域和一个数据域。数据域中存放结点的值,指针域中存放左、右孩子结点的存储地址。

采用二叉链表存储二叉树,每个结点只存储了到其孩子结点的单向关系,没有存储到其父结点的关系,因此要获得父结点将花费较多的时间,需要从根结点开始在二叉树中进行查找,所花费的时间是遍历部分二叉树的时间,且与查找结点所处的位置有关。

2) 三叉链式存储结构

二叉树的每个结点设置3个指针域和一个数据域。数据域中存放结点的值,指针域中存放左、右孩子结点和父结点的存储地址。

图5.6所示为二叉链式存储和三叉链式存储的结点结构。

两种链式存储结构各有优缺点,二叉链式存储结构空间利用率高,而三叉链式存储结构既便于查找孩子结点,又便于查找父结点。在实际应用中,二叉链式存储结构更加常用,因此本书中二叉树的相关算法都是基于二叉链式存储结构设计的。

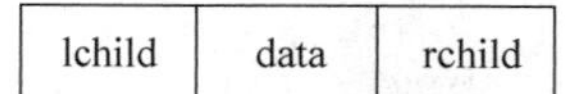

二叉链表结点

parent	lchild	data	rchild

三叉链表结点

图 5.6　二叉和三叉链式存储的结点结构

3. 二叉链式存储结构的结点类的描述

```
1  package ch05;
2  public class BiTreeNode {
3  public Object data;                                    //存放结点的数据值
4  public BiTreeNode lchild,rchild;                       //存放结点的左、右孩子地址
5
6  public BiTreeNode(){
7      this(null,null,null);
8  }
9  public BiTreeNode(Object data){
10     this(data,null,null);
11 }
12 public BiTreeNode(Object data,BiTreeNode lchild,BiTreeNode rchild){
13     this.data = data;
14     this.lchild = lchild;
15     this.rchild = rchild;
16 }
17 }
```

4. 二叉树类的描述

此二叉树类基于二叉链式存储结构实现。

```
1  package ch05;
2  public class BiTree {
3  private BiTreeNode root;                               //二叉树的头结点
4  public BiTree(){
5      root = null;
6  }
7  public BiTree(BiTreeNode root){
8      this.root = root;
9  }
10 }
```

二叉树的创建操作和遍历操作比较重要，将在下面的章节中进行详细介绍。

视频讲解

5.2.4　二叉树的遍历

二叉树的遍历是指沿着某条搜索路径访问二叉树的结点，每个结点被访问的次数有且仅有一次。

1. 二叉树的遍历方法

二叉树通常可划分为 3 个部分，即根结点、左子树和右子树。根据 3 个部分的访问顺序不同,可将二叉树的遍历方法分为以下几种。

1) 层次遍历

自上而下、从左到右依次访问每层的结点。

2) 先序遍历

先访问根结点,再先序遍历左子树,最后先序遍历右子树。又称前序遍历。

3) 中序遍历

先中序遍历左子树,再访问根结点,最后中序遍历右子树。

4) 后序遍历

先后序遍历左子树,再后序遍历右子树,最后访问根结点。

图5.7描述了先序遍历、中序遍历和后序遍历序列的结点排列规律。

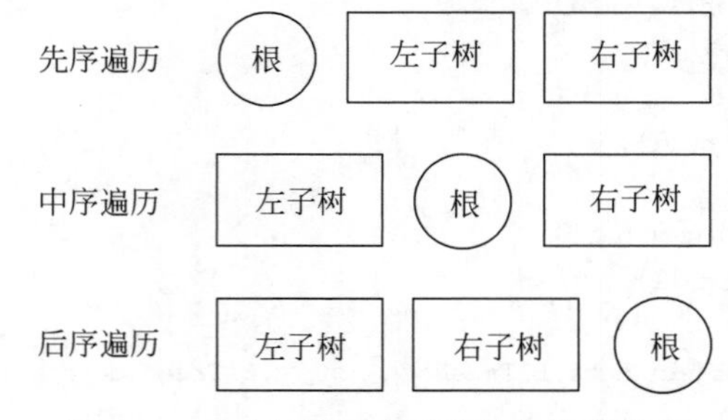

图5.7 二叉树遍历序列的结点排列规律

2. 二叉树遍历操作实现的递归算法

【算法5.1】 先序遍历。

```
1  public void preOrder(BiTreeNode root){
2      System.out.print(root.data + " ");           //访问根结点
3      preOrder(root.lchild);                        //先序遍历左子树
4      preOrder(root.rchild);                        //先序遍历右子树
5  }
```

【算法5.2】 中序遍历。

```
1  public void inOrder(BiTreeNode root){
2      inOrder(root.lchild);                         //先序遍历左子树
3      System.out.print(root.data + " ");           //访问根结点
4      inOrder(root.rchild);                         //先序遍历右子树
5  }
```

【算法5.3】 后序遍历。

```
1  public void postOrder(BiTreeNode root){
2      preOrder(root.lchild);                        //先序遍历左子树
3      preOrder(root.rchild);                        //先序遍历右子树
4      System.out.print(root.data + " ");           //访问根结点
5  }
```

3. 二叉树遍历操作实现的非递归算法

二叉树遍历操作的递归算法结构简洁,易于实现,但是在时间上开销较大,运行效率较低。为了解决这一问题，可以将递归算法转换为非递归算法，转换方式有以下两种：

- 使用临时遍历保存中间结果，用循环结构代替递归过程；
- 利用栈保存中间结果。

二叉树遍历操作实现的非递归算法利用栈结构通过回溯访问二叉树的每个结点。

1）先序遍历

先序遍历从二叉树的根结点出发，沿着该结点的左子树向下搜索，每遇到一个结点先访问该结点，并将该结点的右子树入栈。先序遍历左子树完成后再从栈顶弹出右子树的根结点，然后采用相同的方法先序遍历右子树，直到二叉树的所有结点都被访问。先序遍历的主要步骤如下。

（1）将二叉树的根结点入栈。

（2）若栈非空，将结点从栈中弹出并访问。

（3）依次访问当前访问结点的左孩子结点，并将当前结点的右孩子结点入栈。

（4）重复步骤（2）和（3），直到栈为空。

【算法 5.4】 先序遍历。

```
1  public void preOrder2() throws Exception{
2      BiTreeNode p = root;
3      if(p!= null){
4          LinkStack s = new LinkStack();                //构造存储结点的栈
5          s.push(p);
6          while(!s.isEmpty()){
7              p = (BiTreeNode) s.pop();
8              System.out.print(p.data + " ");           //访问当前结点
9              while(p!= null){
10                 if(p.lchild!= null)                   //访问左孩子结点
11                     System.out.print(p.lchild.data + " ");
12                 if(p.rchild!= null)                   //将右孩子结点入栈
13                     s.push(p.rchild);
14                 p = p.lchild;
15             }
16         }
17     }
18 }
```

2）中序遍历

中序遍历从二叉树的根结点出发，沿着该结点的左子树向下搜索，每遇到一个结点就使其入栈，直到结点的左孩子结点为空。再从栈顶弹出结点并访问，然后采用相同的方法中序遍历结点的右子树，直到二叉树的所有结点都被访问。中序遍历的主要步骤如下。

（1）将二叉树的根结点入栈。

（2）若栈非空，则将栈顶结点的左孩子结点依次入栈，直到栈顶结点的左孩子结点为空。

（3）将栈顶结点弹出并访问，并使栈顶结点的右孩子结点入栈。

（4）重复步骤（2）和（3），直到栈为空。

【算法 5.5】 中序遍历。

```
1  public void inOrder2() throws Exception{
```

```
2       BiTreeNode p = root;
3       if(p!= null){
4           LinkStack s = new LinkStack();
5           s.push(p);                              //根结点入栈
6           while(!s.isEmpty()){
7               while(p.lchild!= null){             //结点的左孩子结点依次入栈
8               p = p.lchild;
9               s.push(p);
10          }
11          p = (BiTreeNode)s.pop();                //访问结点
12          System.out.print(p.data + " ");
13          if(p.rchild!= null)                     //结点的右孩子结点入栈
14              s.push(p.rchild);
15          }
16      }
17  }
```

3）后序遍历

后序遍历从二叉树的根结点出发，沿着该结点的左子树向下搜索，每遇到一个结点需要判断其是否为第一次经过，若是则使结点入栈，后序遍历该结点的左子树，完成后再遍历该结点的右子树，最后从栈顶弹出该结点并访问。后序遍历算法的实现需要引入两个变量，一个为访问标记变量 flag，用于标记栈顶结点是否被访问，若 flag＝true，则证明该结点已被访问，其左子树和右子树已经遍历完毕，可继续弹出栈顶结点，否则需要先遍历栈顶结点的右子树；另一个为结点指针 t，指向最后一个被访问的结点，查看栈顶结点的右孩子结点，证明此结点的右子树已经遍历完毕，栈顶结点可出栈并访问。后序遍历的主要步骤如下。

（1）将二叉树的根结点入栈，t 赋值为空。

（2）若栈非空，则将栈顶结点的左孩子结点依次入栈，直到栈顶结点的左孩子结点为空。

（3）若栈非空，则查看栈顶结点的右孩子结点，若右孩子结点为空或者与 p 相等，则弹出栈顶结点并访问，同时使 t 指向该结点，并置 flag 为 true；否则将栈顶结点的右孩子结点入栈，并置 flag 为 false。

（4）若 flag 为 true，重复步骤(3)；否则重复步骤(2)和(3)，直到栈为空。

【算法 5.6】 后序遍历。

```
1   public void postOrder2() throws Exception{
2       BiTreeNode p = root;
3       boolean flag = false;
4       BiTreeNode t = null;
5       if(p!= null){
6           LinkStack s = new LinkStack();
7           s.push(p);                              //根结点入栈
8           while(!s.isEmpty()){
9               p = (BiTreeNode)s.peek();
10              while(p.lchild!= null){             //将栈顶结点的左孩子结点依次入栈
11              p = p.lchild;
12              s.push(p);
13              }
```

```
14              while(!s.isEmpty()&&flag){
15                  if(p.rchild==t||p.rchild==null){ //左、右子树已经遍历完毕,访问结点
16                      System.out.print(p.data+" ");
17                      flag=true;
18                      t=p;
19                  s.pop();
20                  }
21                  else{                               //右孩子结点入栈
22                      s.push(p.rchild);
23                      flag=false;
24                  }
25              }
26          }
27      }
28  }
```

4）层次遍历

层次遍历操作是从根结点出发,自上而下、从左到右依次遍历每层的结点,可以利用队列先进先出的特性进行实现。先将根结点入队,然后将队首结点出队并访问,都将其孩子结点依次入队。层次遍历的主要步骤如下。

（1）将根结点入队。

（2）若队非空,则取出队首结点并访问,将队首结点的孩子结点入队。

（3）重复执行步骤(2),直到队为空。

【算法 5.7】 层次遍历。

```
1  public void order() throws Exception{
2      BiTreeNode p=root;
3      while(p!=null){
4          LinkQueue q=new LinkQueue();
5          q.offer(p);
6          while(!q.isEmpty()){
7              p=(BiTreeNode) q.poll();
8              System.out.print(p.data+" ");
9              if(p.lchild!=null)
10                 q.offer(p.lchild);
11             if(p.rchild!=null)
12                 q.offer(p.rchild);
13         }
14     }
15 }
```

对于有 n 个结点的二叉树,因为每个结点都只访问一次,所以以上 4 种遍历算法的时间复杂度均为 $O(n)$。

4 种遍历算法的实现均利用了栈或队列,增加了额外的存储空间,存储空间的大小为遍历过程中栈或队列需要的最大容量。对于栈来说,其最大容量即为树的高度,在最坏情况下有 n 个结点的二叉树的高度为 n,所以其空间复杂度为 $O(n)$；对于队列来说,其最大容量为二叉树相邻两层的最大结点总数,与 n 呈线性关系,所以其空间复杂度也为 $O(n)$。

5.2.5 二叉树遍历算法的应用

二叉树的遍历操作是实现对二叉树其他操作的一个重要基础,本节介绍了二叉树遍历算法在许多应用问题中的运用。

1. 二叉树上的查找算法

二叉树上的查找是在二叉树中查找值为 x 的结点,若找到则返回该结点,否则返回空值,可以在二叉树的先序遍历过程中进行查找,主要步骤如下。

(1) 若二叉树为空,则不存在值为 x 的结点,返回空值;否则将根结点的值与 x 进行比较,若相等,则返回该结点。

(2) 若根结点的值与 x 的值不等,则在左子树中进行查找,若找到,则返回该结点。

(3) 若没有找到,则在根结点的右子树中进行查找,若找到,则返回该结点,否则返回空值。

【算法 5.8】 二叉树查找算法。

```
public BiTreeNode searchNode(BiTreeNode t,Object x){
    if(t == null)                                          //树为空
        return null;
    else{
        if(t.data.equals(x))                               //x与根结点进行比较
            return t;
        else{
            BiTreeNode lresult = searchNode(t.lchild,x);   //在左子树中查找
            if(lresult == null)
                return searchNode(t.rchild,x);             //在右子树中查找
            else
                return lresult;
        }

    }
}
```

2. 统计二叉树的结点个数的算法

二叉树的结点个数等于根结点加上左、右子树的结点的个数,可以利用二叉树的先序遍历序列,引入一个计数变量 count,count 的初值为 0,每访问根结点一次就将 count 的值加 1,其主要操作步骤如下。

(1) count 值初始化为 0。

(2) 若二叉树为空,则返回 count 值。

(3) 若二叉树非空,则 count 值加 1,统计根结点的左子树的结点个数,并将其加到 count 中;统计根结点的右子树的结点个数,并将其加到 count 中。

【算法 5.9】 统计二叉树的结点个数。

```
public int nodeCount(BiTreeNode t){
    int count = 0;
    if(t!= null)
    {
        count++;                                    //计数根结点
    count = count + nodeCount(t.lchild);            //左子树的结点个数
```

```
        count = count + nodeCount(t.rchild);                //右子树的结点个数
        }
        return count;
    }
```

3. 求二叉树的深度

二叉树的深度是所有结点的层次数的最大值加1,也就是左子树和右子树的深度的最大值加1,可以采用后序遍历的递归算法解决此问题,其主要步骤如下。

(1) 若二叉树为空,返回0。

(2) 若二叉树非空,求左子树和右子树的深度。

(3) 比较左、右子树的深度,取最大值加1即为二叉树的深度。

【算法5.10】 求二叉树的深度。

```
public int getDepth(BiTreeNode t){
    if(t == null)                                       //二叉树为空
        return 0;
    else                                                //二叉树非空
    {
        int ldepth = getDepth(t.lchild);
        int rdepth = getDepth(t.rchild);
        if(ldepth < rdepth)
            return rdepth + 1;
        else
            return ldepth + 1;
    }
}
```

5.2.6 二叉树的建立

二叉树遍历操作可使非线性结构的树转换成线性序列。先序遍历序列和后序遍历序列反映父结点和孩子结点间的层次关系,中序遍历序列反映兄弟结点间的左右次序关系。因为二叉树是具有层次关系的结点构成的非线性结构,并且每个结点的孩子结点具有左右次序,所以已知一种遍历序列无法唯一确定一棵二叉树,只有同时知道中序和先序遍历序列,或者同时知道中序和后序遍历序列,才能同时确定结点的层次关系和结点的左右次序,才能唯一确定一棵二叉树。

1. 由中序和先序遍历序列建立二叉树

其主要步骤如下。

(1) 取先序遍历序列的第一个结点作为根结点,序列的结点个数为n。

(2) 在中序遍历序列中寻找根结点,其位置为i,可确定在中序遍历序列中根结点之前的i个结点构成的序列为根结点的左子树中序遍历序列,根结点之后的$n-i-1$个结点构成的序列为根结点的右子树中序遍历序列。

(3) 在先序遍历序列中根结点之后的i个结点构成的序列为根结点的左子树先序遍历序列,先序遍历序列之后的$n-i-1$个结点构成的序列为根结点的右子树先序遍历序列。

(4) 对左、右子树重复步骤(1)~(3),确定左、右子树的根结点和子树的左、右子树。

(5) 算法递归进行即可建立一棵二叉树。

假设二叉树的先序遍历序列为ABECFG、中序遍历序列为BEAFCG,由中序和先序遍历序列建立二叉树的过程如图5.8所示。

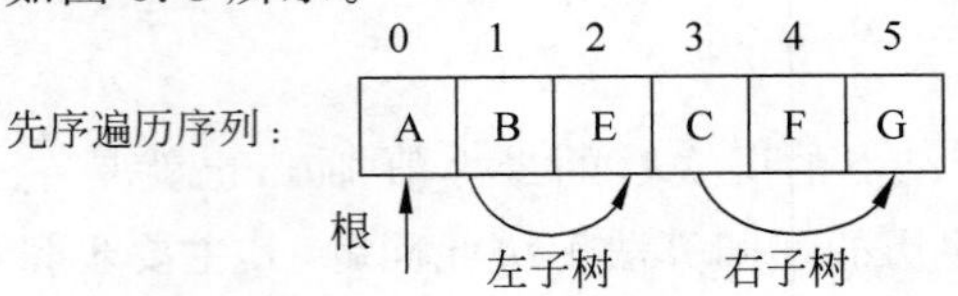

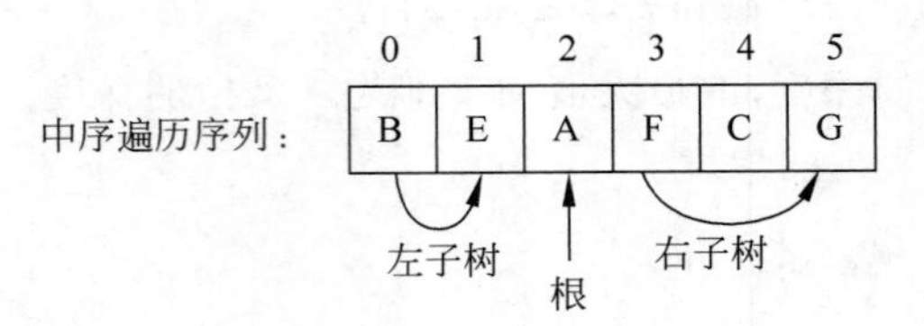

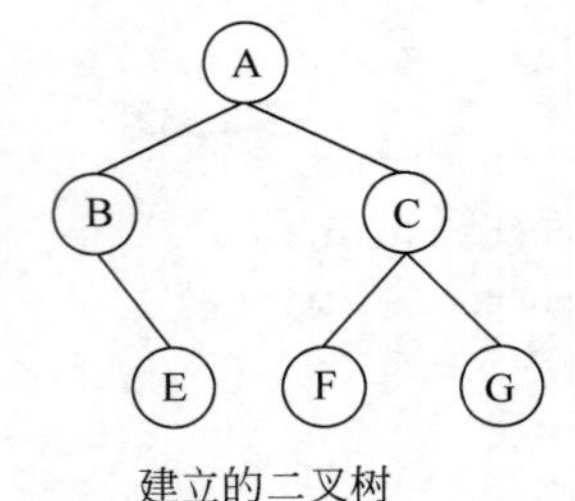

建立的二叉树

图5.8 由中序和先序遍历序列建立二叉树

【算法5.11】 由中序和先序遍历序列建立二叉树。

```
1  public BiTree(String preOrder,String inOrder,int pre,int in,int n){
2      if(n>0){
3          char c = preOrder.charAt(pre);                       //c为先序序列的根结点
4          int i = 0;
5          for(;i<n;i++){                                       //i为根结点在中序遍历序列中的位置
6              if(inOrder.charAt(i + in) == c){
7                  break;
8              }
9          }
10         root = new BiTreeNode(c);
11         root.lchild = new BiTree(preOrder,inOrder,pre + 1,in,i).root;
                                                                //递归寻找左子树的根结点
12         root.rchild = new BiTree(preOrder,inOrder,pre + i + 1,in + i + 1,n - i - 1).root;
                                                                //递归寻找右子树的根结点
13     }
14 }
```

2. 由标明空子树的先序遍历序列创建二叉树

其主要步骤如下。

(1) 从先序遍历序列中依次读取字符。

(2) 若字符为#,则建立空子树。

(3) 建立左子树。

(4) 建立右子树。

【算法 5.12】 由标明空子树的先序遍历序列建立二叉树。

```
1  public BiTree(String preOrder,int i){                      //i 为常数 0
2      char c = preOrder.charAt(i);                           //取字符
3      if(c!= '#'){
4          root = new BiTreeNode(c);                          //建立根结点
5          root.lchild = new BiTree(preOrder,++i).root; //建立左子树
6          root.rchild = new BiTree(preOrder,++i).root; //建立右子树
7      }
8      else {
9          root = null;
10     }
11 }
```

【例 5.3】 已知二叉树的中序和后序序列分别为 CBEDAFIGH 和 CEDBIFHGA,试构造该二叉树。

解:二叉树的构造过程如图 5.9 所示。图(c)即为构造出的二叉树。

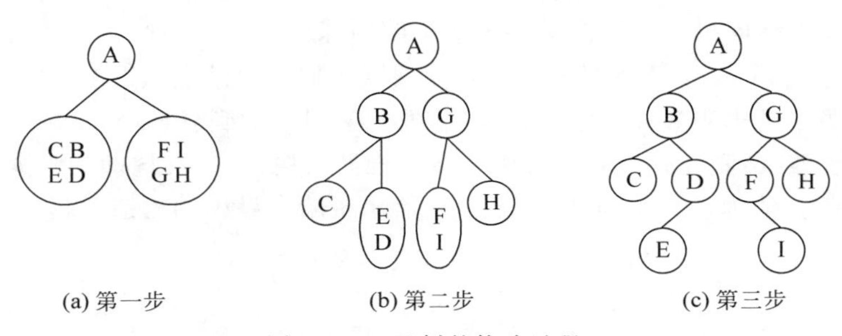

图 5.9 二叉树的构造过程

5.3 哈夫曼树及哈夫曼编码

视频讲解

由于目前常用的图像、音频、视频等多媒体信息数据量大,必须对它们采用数据压缩技术来存储和传输。数据压缩技术通过对数据进行重新编码来压缩存储,以便减少数据占用的存储空间,在使用时再进行解压缩,恢复数据的原有特性。

其压缩方法主要有有损压缩和无损压缩两种。有损压缩是指压缩过程中可能会丢失数据信息,如将 BMP 位图压缩成 JPEG 格式的图像,会有精度损失;无损压缩是指压缩存储数据的全部信息,确保解压后的数据不丢失。哈夫曼编码是数据压缩技术中的无损压缩技术。

5.3.1 哈夫曼树的基本概念

1. 结点间的路径

结点间的路径是指从一个结点到另一个结点所经过的结点序列。从根结点到 X 结点有且仅有一条路径。

2. 结点的路径长度

结点的路径长度是指从根结点到结点的路径上的边数。

3. 结点的权

结点的权是指人给结点赋予的一个具有某种实际意义的数值。

4. 结点的带权路径长度

结点的带权路径长度是指结点的权值和结点的路径长度的乘积。

5. 树的带权路径长度

树的带权路径长度是指树的叶结点的带权路径长度之和。

6. 最优二叉树

最优二叉树是指给定 n 个带有权值的结点作为叶结点构造出的具有最小带权路径长度的二叉树。最优二叉树也叫哈夫曼树。

5.3.2 哈夫曼树的构造

给定 n 个叶结点,它们的权值分别是$\{w_1, w_2, \cdots, w_n\}$,构造相应的哈夫曼树的主要步骤如下。

(1) 构造由 n 棵二叉树组成的森林,每棵二叉树只有一个根结点,根结点的权值分别为$\{w_1, w_2, \cdots, w_n\}$。

(2) 在森林中选取根结点权值最小和次小的两棵二叉树分别作为左子树和右子树去构造一棵新的二叉树,新二叉树的根结点权值为两棵子树的根结点权值之和。

(3) 将两棵二叉树从森林中删除,并将新的二叉树添加到森林中。

(4) 重复步骤(2)和(3),直到森林中只有一棵二叉树,此二叉树即为哈夫曼树。

假设给定的权值为{1,2,3,4,5},图5.10展示了哈夫曼树的构造过程。

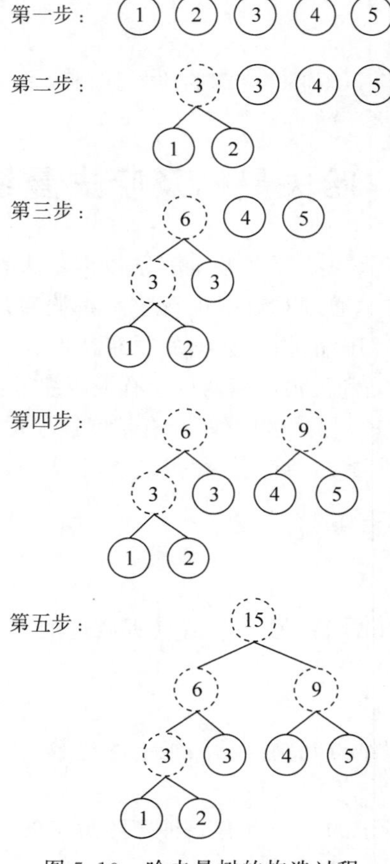

图5.10 哈夫曼树的构造过程

【例 5.4】 对于给定的一组权值 $W=(5,2,9,11,8,3,7)$,试构造相应的哈夫曼树,并计算它的带权路径长度。

解:构造的哈夫曼树如图 5.11 所示。

树的带权路径长度如下:

$$\begin{aligned}WPL &= 2\times4+3\times4+5\times3+7\times3+8\times3+9\times2+11\times2 \\ &=120\end{aligned}$$

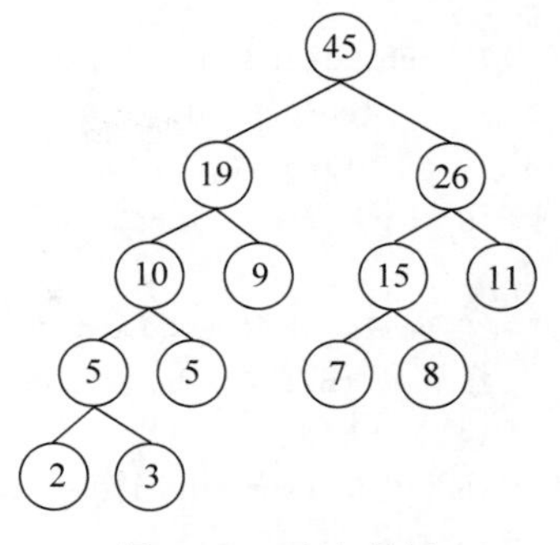

图 5.11 哈夫曼树

5.3.3 哈夫曼编码

在传送信息时需要将信息符号转换成二进制组成的符号串,一般每个字符由一个字节或两个字节表示,即 8 或 16 个位数。为了提高存储和传输效率,需要设计对字符集进行二进制编码的规则,使得利用这种规则对信息进行编码时编码位数最小,即需要传输的信息量最小。

哈夫曼编码是一种变长的编码方案,数据的编码因其使用频率的不同而长短不一,使用频率高的数据其编码较短,使用频率低的数据其编码较长,从而使所有数据的编码总长度最短。各数据的使用频率通过在全部数据中统计重复数据的出现次数获得。

又因为在编码序列中若使用前缀相同的编码来表示不同的字符会造成二义性,额外的分隔符号会造成传输信息量的增加,为了省去不必要的分隔符号,要求每一个字符的编码都不是另一个字符的前缀,即每个字符的编码都是前缀编码。

利用哈夫曼树构造出的哈夫曼编码是一种最优前缀编码,构造的主要步骤如下。

(1) 对于具有 n 个字符的字符集,将字符的频度作为叶结点的权值,产生 n 个带权叶结点。

(2) 根据上面章节中介绍的构造哈夫曼树的方法利用 n 个叶结点构造哈夫曼树。

(3) 根据哈夫曼编码规则将哈夫曼树中的每一条左分支标记为 0、每一条右分支标记为 1,则可得到每个叶结点的哈夫曼编码。

哈夫曼编码的译码过程是构造过程的逆过程,从哈夫曼树的根结点开始对编码的每一位进行判别,如果为 0 则进入左子树,如果为 1 则进入右子树,直到到达叶结点,即译出了一个字符。

5.3.4 构造哈夫曼树和哈夫曼编码的类的描述

构造哈夫曼树需要从子结点到父结点的操作,译码时需要从父结点到子结点的操作,所以为了提高算法的效率将哈夫曼树的结点设计为三叉链式存储结构。一个数据域存储结点的权值,一个标记域 flag 标记结点是否已经加入到哈夫曼树中,3 个指针域分别存储着指向父结点、孩子结点的地址。

结点类的描述如下:

```
1  package ch05;
2  public class HuffmanNode {
3  public int weight;                                  //结点的权值
4  public int flag;                                    //标记是否已加入哈夫曼树
5  public HuffmanNode parent,lchild,rchild;            //父结点和孩子结点
```

```
6
7  public HuffmanNode(){
8       weight = 0;
9       flag = 0;
10      parent = lchild = rchild = null;
11 }
12 public HuffmanNode(int weight){
13      this.weight = weight;
14      flag = 0;
15      parent = lchild = rchild = null;
16 }
17 }
```

【算法 5.13】 构造哈夫曼树。

```
1  public class HuffmanTree {
2  public HuffmanTree(int[] w){
3       int l = w.length;                                          //字符的个数
4       int n = 2 * l - 1;                                         //哈夫曼树的结点数
5       HuffmanNode []node = new HuffmanNode[n];
6       for(int i = 0;i < l;i++){                                  //构造权值为 w[i]的叶结点
7           node[i] = new HuffmanNode(w[i]);
8       }
9       for(int i = n;i > 0;i -- ){                                //构造哈夫曼树
10          HuffmanNode m1 = selectMin(node, i - 1);
11          m1.flag = 1;
12          HuffmanNode m2 = selectMin(node, i - 1);
13          m2.flag = 1;
14          node[i].lchild = m1;
15          node[i].rchild = m2;
16          node[i].weight = m1.weight + m2.weight;
17          m1.parent = node[i];
18          m2.parent = node[i];
19      }
20 }
21 public HuffmanNode selectMin(HuffmanNode[] node, int i){    //寻找不在树中的权值最小的点
22      HuffmanNode min = node[i];
23      for(int j = 0;j <= i;j++){
24          if(node[j].weight < min.weight&&node[j].flag == 0)
25              min = node[j];
26      }
27      return min;
28 }
```

【算法 5.14】 求哈夫曼编码。

```
1  public int[][] HuffmanCode(HuffmanNode[] node, int n){
2       int [][] HuffmanCode = new int[n][n];                      //存储哈夫曼编码
3       for(int i = 0;i < n;i++){                                  //构造 n 个字符的哈夫曼编码
```

```
4           int k = n - 1;
5           HuffmanNode t = node[i], p = t.parent;
6           for(; p != null; p = p.parent){
7               if(p.lchild == t)
8                   HuffmanCode[i][k--] = 0;
9               else
10                  HuffmanCode[i][k--] = 1;
11          }
12      }
13      return HuffmanCode;
```

【例 5.5】 已知某字符串 s 中共有 8 种字符，各种字符分别出现两次、一次、4 次、5 次、7 次、3 次、4 次和 9 次，对该字符串用[0,1]进行前缀编码，问该字符串的编码至少有多少位？

解：以各字符出现的次数作为叶子结点的权值构造的哈夫曼编码树如图 5.12 所示。其带权路径长度 $=2\times5+1\times5+3\times4+5\times3+9\times2+4\times3+4\times3+7\times2=98$，所以该字符串的编码长度至少为 98 位。

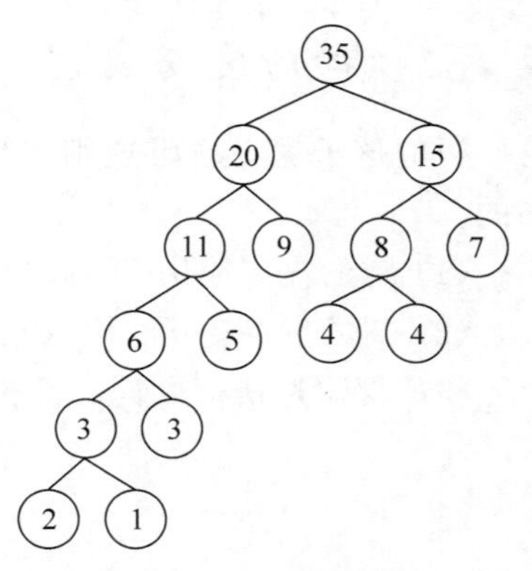

图 5.12 哈夫曼编码树

5.4 树和森林

5.4.1 树的存储结构

一棵树包含各结点间的层次关系和兄弟关系，两种关系的存储结构不同。

- 树的层次关系必须采用链式存储结构存储，通过链连接父结点和孩子结点。
- 一个结点的多个孩子结点（互称兄弟结点）之间是线性关系，可以采用顺序存储结构或者链式存储结构。

1. 树的父母孩子链表

树的父母孩子链表采用顺序存储结构存储多个孩子结点，其中 children 数组存储多个孩子结点，各结点的 children 数组元素长度不同，为孩子个数。树的父母孩子链表的存储结构如图 5.13 所示。

2. 树的父母孩子兄弟链表

树的父母孩子兄弟链表采用链式存储结构存储多个孩子结点，结点结构如图 5.14 所示，其中 child 链指向一个孩子结点，sibling 链指向下一个兄弟结点。

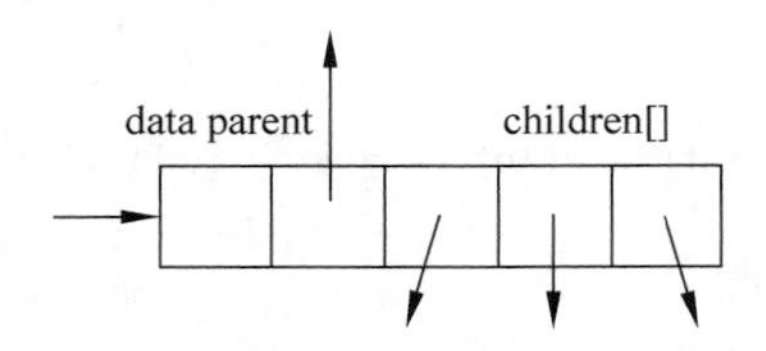

图 5.13 树的父母孩子链表的存储结构

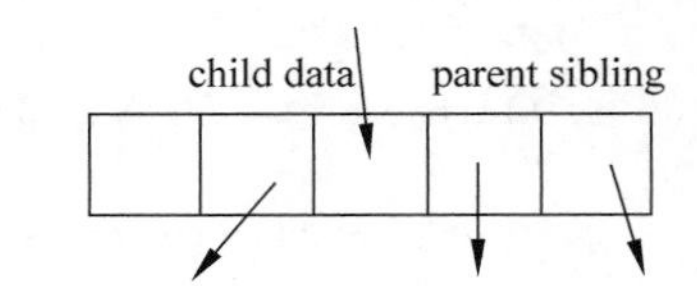

图 5.14 树的父母孩子兄弟链表的存储结构

森林也可以使用父母孩子兄弟链表进行存储,这种存储结构实际上是把一棵树转换成一棵二叉树存储。其存储规则如下。

(1) 每个结点采用child链指向其中一个孩子结点,多个孩子结点之间由sibling链连接起来,组成一条具有兄弟结点关系的单链表。

(2) 将每棵树采用树的父母孩子兄弟链表存储。

(3) 森林中的多棵树之间是兄弟关系,将这些树通过根的sibling链连接起来。

5.4.2 树的遍历规则

树的孩子优先遍历规则主要有两种,即先序遍历和后序遍历。树的遍历规则也是递归的。

(1) 树的先序遍历:访问根结点;按从左到右的次序遍历根的每一棵子树。

(2) 树的后序遍历:按从左到右的次序遍历根的每一棵子树;访问根结点。

树的层次遍历规则同二叉树。

5.5 实　　验

5.5.1 平衡二叉树检验

给定一个树的根结点,判断是否为平衡二叉树。

树的结点类如下:

```
class TreeNode {
    int value;
    TreeNode left;
    TreeNode right;
    public TreeNode(int value){
        this.value = value;
    }
}
public class U5H1 {
    //给定一个二叉树,判断它是否为高度平衡的二叉树 -->/平衡二叉树的子树也是平衡二叉树
    //解析:1.root左树高度 - 右树高度≤1;
    //2.root的左树是平衡点,右树也是平衡点

    public int height(TreeNode root) {
        if (root == null) return 0;
        int leftheight = height(root.left);
        int rightheight = height(root.right);

        if (leftheight >= 0 && rightheight >= 0 &&Math.abs(leftheight - rightheight) <= 1)
{
            return Math.max(leftheight,rightheight) + 1;
        }else {
            return -1;
        }
```

```
    }
    //时间复杂度 O(N)
    public boolean isBalanced(TreeNode root) {
        if (root == null) return true;
        return height(root) >= 0;
    }
}
```

5.5.2 查找最近公共祖先

给定一棵树的根结点和两个子结点，返回该两个子结点最近的公共祖先结点。

提示：用栈存储从根结点到每个结点的路径。

```
import java.util.Stack;

public class U5H2 {
    /* 孩子双亲表示法:通过链表求交点(用栈保存路径)
  1.用两个栈存储 p、q 路径(通过遍历找到根结点到指定结点的路径)
  2.求栈的大小
  3.让栈中多的元素出差值个元素
  4.开始出栈,直到栈顶元素相同,即此时是 LCA 最近公共祖先
  *
  * */
//获取路径 root→node:
    //root 根结点,node 指定结点,stack 存储指定结点路径
    public boolean getPath(TreeNode root, TreeNode node, Stack<TreeNode> stack) {
        if (root == null || node == null) return false;    //若为空结点,则无路径
        stack.push(root);
        if (root == node) return true;                     //若根结点为 node,则找到了指定结点
//如果不是根结点,则需要在左右树寻找
        boolean flg = getPath(root.left, node, stack);     //左树寻找结点
        if (flg == true) {
            return true;
        }
        flg = getPath(root.right, node, stack);            //右树寻找结点
        if (flg == true) {
            return true;
        }
        stack.pop();                          //左右树都没找到指定结点 node,则需要弹出 pop()
        return false;
    }

    public TreeNode lowestCommonAncestor(TreeNode root, TreeNode p, TreeNode q) {
        if (root == null) return null;
        Stack<TreeNode> stack1 = new Stack<>();
        getPath(root, p, stack1);                          //存储 root→p 的路径到 stack1
        Stack<TreeNode> stack2 = new Stack<>();
        getPath(root, q, stack2);                          //存储 root→q 的路径到 stack2

        int size1 = stack1.size();                         //得到两个栈的大小
```

```
            int size2 = stack2.size();
            if (size1 > size2) {                                    //取两个栈差值个元素
                int size = size1 - size2;
                while (size != 0) {
                    stack1.pop();          //size 大的栈 stack1 开始出元素,直至两个栈元素相同
                    size--;
                }

                while (!stack1.isEmpty() && !stack2.isEmpty()) {   //两个栈都不为空
                    if (stack1.peek() == stack2.peek()) { //两个栈顶元素相同,则找到公共祖先
                        return stack1.pop();
                    } else {
                        stack1.pop();
                        stack2.pop();
                    }
                }
            } else {
                int size = size2 - size1;
                while (size != 0) {
                    stack2.pop();          //size 大的栈 stack2 开始出元素,直至两个栈元素相同
                    size--;
                }
                while (!stack1.isEmpty() && !stack2.isEmpty()) {
                    if (stack1.peek() == stack2.peek()) {
                        return stack1.pop();
                    } else {
                        stack1.pop();
                        stack2.pop();
                    }
                }
            }
            return null;
        }
    }
```

视频讲解

5.5.3 由前序遍历和中序遍历构造二叉树

给出一个树的前序遍历和中序遍历,构造树并且输出树的后序遍历结果。

示例:

输入:{3,9,20,15,7}

{9,3,15,20,7}

输出:[9, 15, 7, 20, 3]

```
import java.util.ArrayList;
import java.util.List;

class U5H3 {
    public static TreeNode initTree(int[] preOrder, int pstart, int pend, int[] inOrder, int
instart, int inend) {
```

```
        if (pstart > pend || instart > inend) {
            return null;
        }
        int rootData = preOrder[pstart];
        TreeNode head = new TreeNode(rootData);
        //根据中序找到根结点所在位置(左边为左子树,右边为右子树)
        int rootIndex = findIndexInArray(inOrder, rootData, instart, inend);
        int offSet = rootIndex - instart - 1;
        //构建左子树
         TreeNode left = initTree(preOrder, pstart + 1, pstart + offSet + 1, inOrder,
instart, instart + offSet);
        //构建右子树
        TreeNode right = initTree(preOrder, pstart + offSet + 2, pend, inOrder, rootIndex + 1,
inend);
        head.left = left;
        head.right = right;
        return head;
    }
    private static int findIndexInArray(int[] inOrder, int rootData, int instart, int inend) {
        for (int i = instart; i <= inend; i++) {
            if(inOrder[i] == rootData){
                return i;
            }
        }
        return -1;
    }
    public static void main(String[] args) {
        int[] preOrder = {3,9,20,15,7};
        int[] inOrder = {9,3,15,20,7};
        TreeNode root = initTree(preOrder, 0, preOrder.length-1, inOrder, 0,inOrder.length-1);
        List<Integer> tmp = new ArrayList<>();
        System.out.println(postorderTraversal(root, tmp));
    }
    public static List<Integer> postorderTraversal(TreeNode root, List<Integer> tmp) {
        if(root == null) return tmp;
        postorderTraversal(root.left, tmp);
        postorderTraversal(root.right, tmp);
        tmp.add(root.val);
        return tmp;
    }
}
```

小　　结

(1) 树是数据元素之间具有层次关系的非线性结构,是由 n 个结点构成的有限集合。与线性结构不同,树中的数据元素具有一对多的逻辑关系。

(2) 二叉树是特殊的有序树,它也是由 n 个结点构成的有限集合。当 $n=0$ 时称为空二叉树。二叉树的每个结点最多只有两棵子树,子树也为二叉树,互不相交且有左、右之分,分别称为左二叉树和右二叉树。

(3) 二叉树的存储结构分为两种,即顺序存储结构和链式存储结构。二叉树的顺序存储结构是指将二叉树的各个结点存放在一组地址连续的存储单元中,所有结点按结点序号进行顺序存储;二叉树的链式存储结构是指将二叉树的各个结点随机存放在存储空间中,二叉树的各结点间的逻辑关系由指针确定。

(4) 二叉树具有先序遍历、中序遍历、后序遍历和层次遍历 4 种遍历方式。

(5) 最优二叉树是指给定 n 个带有权值的结点作为叶结点构造出的具有最小带权路径长度的二叉树,也叫哈夫曼树。

(6) 哈夫曼编码是数据压缩技术中的无损压缩技术,是一种变长的编码方案,使所有数据的编码总长度最短。

习　题　5

一、选择题

1. 如果结点 A 有 3 个兄弟,B 是 A 的双亲,则结点 B 的度是(　　)。

A. 1　　B. 2　　C. 3　　D. 4

2. 设二叉树有 n 个结点,则其深度为(　　)。

A. $n-1$　　B. n　　C. $\lfloor \log_2 n \rfloor+1$　　D. 不能确定

3. 二叉树的前序序列和后序序列正好相反,则该二叉树一定是(　　)的二叉树。

A. 空或只有一个结点　　B. 高度等于其结点数

C. 任一结点无左孩子　　D. 任一结点无右孩子

4. 线索二叉树中某结点 R 没有左孩子的充要条件是(　　)。

A. R. lchild=null　　B. R. ltag=0　　C. R. ltag=1　　D. R. rchild=null

5. 深度为 k 的完全二叉树最少有(　　)个结点、最多有(　　)个结点,具有 n 个结点的完全二叉树按层序从 1 开始编号,则编号最小的叶子结点的序号是(　　)。

A. $2^{k-2}+1$　　B. 2^k-1　　C. $2^{k-1}-1$　　D. $2^{k-1}-1$

E. 2^{k+1}　　F. $2^{k+1}-1$　　G. $2^{k-1}+1$　　H. 2^k

6. 一个高度为 h 的满二叉树共有 n 个结点,其中有 m 个叶子结点,则(　　)成立。

A. $n=h+m$　　B. $h+m=2n$　　C. $m=h-1$　　D. $n=2m-1$

7. 任何一棵二叉树的叶结点在前序、中序、后序遍历序列中的相对次序(　　)。

A. 肯定不发生改变　　B. 肯定发生改变

C. 不能确定　　D. 有时发生变化

8. 如果 T′是由有序树 T 转换而来的二叉树,那么 T 中结点的前序序列就是 T′中结点的(　　)序列,T 中结点的后序序列就是 T′中结点的(　　)序列。

A. 前序　　B. 中序　　C. 后序　　D. 层序

9. 设森林中有 4 棵树,树中结点的个数依次为 n_1、n_2、n_3、n_4,则把森林转换成二叉树后其根结点的右子树上有(　　)个结点、根结点的左子树上有(　　)个结点。

A. n_1-1　　B. n_1　　C. $n_1+n_2+n_3$　　D. $n_2+n_3+n_4$

10. 讨论树、森林和二叉树的关系目的是为了(　　)。

A. 借助二叉树上的运算方法去实现对树的一些运算

B. 将树、森林按二叉树的存储方式进行存储并利用二叉树的算法解决树的有关问题

C. 将树、森林转换成二叉树

D. 体现一种技巧，没有什么实际意义

二、填空题

1. 树是$n(n\geqslant 0)$个结点的有限集合，在一棵非空树中有________个根结点，其余结点分成$m(m>0)$个________的集合，每个集合都是根结点的子树。

2. 树中某结点的子树的个数称为该结点的________，子树的根结点称为该结点的________，该结点称为其子树根结点的________。

3. 一棵二叉树的第$i(i\geqslant 1)$层最多有________个结点；一棵有$n(n>0)$个结点的满二叉树共有________个叶结点和________个非终端结点。

4. 设高度为h的二叉树上只有度为0和度为2的结点，该二叉树的结点数可能达到的最大值是________、最小值是________。

5. 在深度为k的二叉树中所含叶结点的个数最多为________。

6. 具有100个结点的完全二叉树的叶结点数为________。

7. 已知一棵度为3的树有两个度为1的结点、3个度为2的结点、4个度为3的结点，则该树中有________个叶结点。

8. 某二叉树的前序遍历序列是ABCDEFG、中序遍历序列是CBDAFGE，则其后序遍历序列是________。

9. 在具有n个结点的二叉链表中共有________个指针域，其中________个指针域用于指向其左、右孩子，剩下的________个指针域则是空的。

10. 在有n个叶子的哈夫曼树中叶结点总数为________、分支结点总数为________。

三、算法设计题

1. 设计算法求二叉树的结点个数；按前序次序打印二叉树中的叶结点；求二叉树的深度。

2. 设计算法判断一棵二叉树是否为完全二叉树。

3. 使用栈将Tree类中的递归遍历算法实现为非递归遍历算法。

4. 编写一个非递归算法求出二叉搜索树中的所有结点的最大值，若树为空则返回空值。

5. 编写一个算法求出一棵二叉树中叶结点的总数，参数初始指向二叉树的根结点。

第 6 章 图

6.1 图概述

在离散数学中，图论研究图的纯数学性质；在数据结构中，图结构研究计算机中如何存储图以及如何实现图的操作和应用。

图是刻画离散结构的一种有力工具。在运筹规划、网络研究和计算机程序流程分析中都存在图的应用问题。在生活中也经常用图来表达文字难以描述的信息，如城市交通图、铁路网等。

6.1.1 图的基本概念

图是一种数据元素间具有“多对多”关系的非线性数据结构，由顶点集 V 和边集 E 组成，记作 $G=(V,E)$。其中 V 是有穷非空集合，$v \in V$ 称为顶点；E 是有穷集合，$e \in E$ 称为边。

与线性结构和树相比，图更为复杂。从数据间的逻辑关系来说，线性结构的数据元素间存在“一对一”的线性关系；树的数据元素间存在层次关系，具有“一对多”的特性；在图中每一个数据元素都可以和其他的任意数据元素相关。图中的每个元素可以有多个前驱元素和多个后继元素，任意两个元素可以相邻。

下面是有关图的一些基本概念。

1. 无向边

$e=(u,v)$表示顶点 u 和顶点 v 间的一条无向边，也可以简称为边。(u,v)间没有方向，即(u,v)和(v,u)是相同的。

2. 有向边

$e=<u,v>$表示顶点 u 到顶点 v 间的一条有向边，也叫弧。u 叫始点或弧尾，v 叫终点或弧头。$<u,v>$是有方向的，因此$<u,v>$和$<v,u>$是不同的。

3. 零图

零图是指 E 为空集的图，也就是图中只有顶点存在，没有边。

4. 无向图

无向图指全部由无向边构成的图，如图 6.1 所示。

5. 有向图

有向图指全部由有向边构成的图，如图 6.2 所示。

6. 完全图

完全图是指边数达到最大值的图，即在顶点数为 n 的无向图中边数为$\frac{n(n-1)}{2}$，在顶点数为 n 的有向图中边数为 $n(n-1)$，如图 6.3 所示。

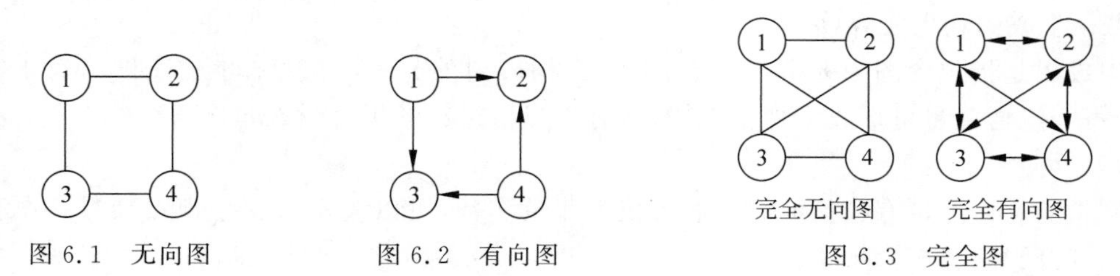

图 6.1　无向图　　图 6.2　有向图　　图 6.3　完全图

7. 稠密图

稠密图是指边数较少的图，如 $e<n\log_2 n$，反之则为稀疏图。

8. 子图

设有两个图 $G=(V,E)$ 和 $G'=(V',E')$，如果有 $V'\subseteq V$ 和 $E'\subseteq E$，则称 G' 是 G 的子图，记作 $G'\subseteq G$。

9. 生成子图

如果 $G'=(V',E')$ 是 $G=(V,E)$ 的子图，并且 $V'=V$，则称 G' 是 G 的生成子图。

10. 邻接点

在一个无向图中若存在边 (u,v)，则称顶点 u 和 v 互为邻接点。边 (u,v) 是顶点 u 和 v 关联的边，顶点 u 和 v 是边 (u,v) 关联的顶点。

在一个有向图中若存在边 $<u,v>$，则称顶点 u 邻接到 v，顶点 v 邻接自 u，弧 $<u,v>$ 与顶点 u 和 v 关联。

11. 顶点的度

顶点的度是指与该顶点关联的边的数目。顶点 u 的度记作 $D(u)$。

在有向图中顶点的度有入度和出度两种。对于顶点 u，入度指的是以 u 为终点的弧的数目，记为 $ID(u)$；出度指的是以 u 为起点的弧的数目，记为 $OD(u)$。

全部顶点的度之和为边数的两倍。

12. 路径

路径是指从顶点 u 到顶点 v 所经过的顶点序列。路径长度是指路径上边的数目。没有顶点重复出现的路径叫初等路径。

13. 回路

第一个和最后一个顶点相同的路径称为回路或环，除了第一个和最后一个顶点以外，其他顶点都不重复出现的回路叫初等回路。

14. 连通图

在无向图中若顶点 u 和顶点 v 间有路径，则称 u 和 v 是连通的。连通图是指任意两个顶点均是连通的图。

15. 连通分量

连通分量是指无向图中的极大连通子图。

16. 强连通图

在有向图中若任意两个顶点均是连通的,则称该图为强连通图。

17. 强连通分量

强连通分量是指有向图中的极大连通子图。

18. 生成树和生成森林

生成树是指包含图中的全部顶点,但只有构成树的 $n-1$ 条边的生成子图。对于非连通图,每个连通分量可形成一棵生成树,所有生成树组成的集合叫该非连通图的生成森林。

19. 网

网指的是边上带有权值的图。通常权为非负实数,可以表示从一个顶点到另一个顶点的距离、时间和代价等。

6.1.2 图的抽象数据类型描述

图的抽象数据类型用Java接口描述如下:

```
1  package ch06;
2  public interface IGraph {
3  public void createGraoh();                    //创建图
4  public int getVNum();                         //返回图中的顶点数
5  public int getENum();                         //返回图中的边数
6  public Object getVex(int i);                  //返回位置为 i 的顶点值
7  public int locateVex(Object x);               //返回值为 x 的顶点位置
8  public int firstAdj(int i);                   //返回结点的第一个邻接点
9  public int nextAdj(int i,int j);              //返回相对于 j 的下一个邻接点
10 }
```

6.2 图的存储结构

图的存储结构需要存储顶点的值以及与顶点相关联的顶点和边的信息。顶点间没有次序关系,各条边之间也没有次序关系,但是表示和存储一个图必须约定好顶点次序。边集合表达每对顶点间的邻接关系,是二维线性关系。矩阵的存储结构常见有邻接矩阵、邻接表、十字链表3种。

(1) 边采用顺序存储结构,用二维数组存储,称为图的邻接矩阵。

(2) 边采用链式存储结构,存储行的后继,即矩阵行的单链表,称为图的邻接表。

(3) 边采用链式存储结构,存储行和列的后继,即矩阵十字链表,称为图的邻接多重表。

6.2.1 邻接矩阵

1. 图的邻接矩阵的存储结构

假设图 $G=(V,E)$ 具有 n 个顶点,即 $\{v_0,v_1,\cdots,v_{n-1}\}$,那么图的邻接矩阵可定义如下:

$$A[i][j]=\begin{cases}1 & <v_i,v_j>\in E \text{ 或 } (v_i,v_j)\in E \\ 0 & <v_i,v_j>\notin E \text{ 且 } (v_i,v_j)\notin E\end{cases}$$

其中 $0 \leqslant i, j < n$。

假设图 $G=(V,E)$ 为网，且 w_{ij} 为边 (v_i,v_j) 或 $<v_i,v_j>$ 上的权值，则网的邻接矩阵可定义如下：

$$A[i][j]=\begin{cases} w_{ij} & <v_i,v_j>\in E \text{ 或}(v_i,v_j)\in E \\ \infty & <v_i,v_j>\notin E \text{ 且}(v_i,v_j)\notin E \end{cases}$$

其中 $0 \leqslant i, j < n$。

分析可得，在无向图的邻接矩阵中第 i 行或者第 i 列的非零元素的个数为第 i 个顶点的度；在有向图的邻接矩阵中第 i 行的非∞元素的个数为第 i 个顶点的出度，第 i 列非∞元素的个数为第 i 个顶点的入度。无向图的邻接矩阵是对称的，有向图的邻接矩阵不一定是对称的。

图的邻接矩阵可以用二维数组进行表示，邻接矩阵类的 Java 语言描述如下：

```
package ch06;
import java.util.Scanner;
public class MGraph implements IGraph{

    public enum graphKind{UDG,DG,UDN,DN};           //类别
    private graphKind kind;                         //图的种类
    private int vNum,eNum;                          //图的顶点数和边数
    private Object[] v;                             //顶点
    private int[][] e;                              //邻接矩阵

    public MGraph(){
    this(null,0,0,null,null);
    }
    public MGraph(graphKind kind){
    this(kind,0,0,null,null);
    }
    public MGraph(graphKind kind,int vNnum,int eNum,Object[] v,int[][]e){
    this.kind = kind;
    this.vNum = vNum;
    this.eNum = eNum;
    this.v = v;
    this.e = e;
    }
}
```

2. 图的邻接矩阵类的基本操作的实现

1）图的创建

【算法 6.1】 创建无向图。

```
1  private void createUDG() {
2      Scanner sc = new Scanner(System.in);
3      vNum = sc.nextInt();
4      eNum = sc.nextInt();
5      v = new Object[vNum];                        //构造顶点集
6      for(int i = 0;i < vNum;i++){
```

```
7          v[i] = sc.next();
8      }
9      e = new int[vNum][vNum];                          //构造边集
10     for(int i = 0;i < eNum;i++){
11         int m = locateVex(sc.next());
12         int n = locateVex(sc.next());
13         e[m][n] = e[n][m] = 1;
14     }
15 }
```

【算法6.2】 创建有向图。

```
1  private void createDG() {
2      Scanner sc = new Scanner(System.in);
3      vNum = sc.nextInt();
4      eNum = sc.nextInt();
5      v = new Object[vNum];                             //构造顶点集
6      for(int i = 0;i < vNum;i++){
7          v[i] = sc.next();
8      }
9      e = new int[vNum][vNum];                          //构造边集
10     for(int i = 0;i < eNum;i++){
11         int m = locateVex(sc.next());
12         int n = locateVex(sc.next());
13         e[m][n] = 1;
14     }
15 }
```

【算法6.3】 创建无向网。

```
1  private void createUDN() {
2      Scanner sc = new Scanner(System.in);
3      vNum = sc.nextInt();
4      eNum = sc.nextInt();
5      v = new Object[vNum];                             //构造顶点集
6      for(int i = 0;i < vNum;i++){
7          v[i] = sc.next();
8      }
9      e = new int[vNum][vNum];                          //初始化边集
10     for(int i = 0;i < vNum;i++){
11         for(int j = 0;j < vNum;j++){
12             e[i][j] = Integer.MAX_VALUE;
13         }
14     }
15     for(int i = 0;i < eNum;i++){                      //构造边集
16         int m = locateVex(sc.next());
17         int n = locateVex(sc.next());
18         e[m][n] = e[n][m] = sc.nextInt();
19     }
20 }
```

【算法 6.4】 创建有向网。

```
1       private void createDN() {
2       Scanner sc = new Scanner(System.in);
3       vNum = sc.nextInt();
4       eNum = sc.nextInt();
5       v = new Object[vNum];                          //构造顶点集
6       for(int i = 0;i < vNum;i++){
7           v[i] = sc.next();
8       }
9       e = new int[vNum][vNum];                       //初始化边集
10      for(int i = 0;i < vNum;i++){
11          for(int j = 0;j < vNum;j++){
12              e[i][j] = Integer.MAX_VALUE;
13          }
14      }
15      for(int i = 0;i < eNum;i++){                   //构造边集
16          int m = locateVex(sc.next());
17          int n = locateVex(sc.next());
18          e[m][n] = sc.nextInt();
19      }
20 }
```

2）顶点的定位

顶点定位算法 locateVex(x)是根据 x 的值取得其在顶点集中的位置，若不存在则返回－1。

【算法 6.5】 顶点的定位。

```
1 public int locateVex(Object x) {
2     for(int i = 0;i < vNum;i++){
3         if(v[i].equals(x)){
4             return i;
5         }
6     }
7     return -1;
8 }
```

3）查找第一个邻接点

查找第一个邻接点算法 firstAdj(i)是指给定一个顶点在顶点集中的位置 i，返回其第一个邻接点，若不存在则返回－1。

【算法 6.6】 查找第一个邻接点。

```
1 public int firstAdj(int i) throws Exception {
2     if(i < 0||i >= vNum)
3         throw new Exception("第" + i + "个顶点不存在");
4     for(int j = 0;j < vNum;j++){
5         if(e[i][j]!= 0&&e[i][j]< Integer.MAX_VALUE)
6             return j;
7     }
8     return -1;
9 }
```

4) 查找下一个邻接点

查找下一个邻接点算法 nextAdj(i,j)是指给定两个顶点在顶点集中的位置 i、j,第 j 个顶点是第 i 个顶点的邻接点,返回第 j 个顶点之后的下一个邻接点,若不存在则返回−1。

【算法 6.7】 查找下一个邻接点。

```
1  public int nextAdj(int i, int j) {
       if(j == vNum - 1){
           return - 1;
2      }
3      for(int k = j + 1;k < vNum;k++){
4          if(e[i][k]!= 0&&e[i][k]< Integer.MAX_VALUE)
5              return k;
6      }
7      return - 1;
8  }
```

3. 邻接矩阵表示图的性能分析

图的邻接矩阵表示存储了任意两个顶点间的邻接关系或边的权值,能够实现对图的各种操作,其中判断两个顶点间是否有边相连、获得和设置边的权值等操作的时间复杂度为 $O(1)$。但是,与顺序表存储线性表的性能相似,由于采用数组存储,每插入或者删除一个元素需要移动大量元素,使得插入和删除操作的效率很低,而且数组容量有限,当扩充容量时需要复制全部元素,效率更低。

在图的邻接矩阵中每个矩阵元素表示两个顶点间的邻接关系,无边或有边。即使两个顶点之间没有邻接关系,也占用一个存储单元存储 0 或者−1。对于一个有 n 个顶点的完全图,其邻接矩阵有 $n(n-1)/2$ 个元素,此时邻接矩阵的存储效率较高;当图中的边数较少时,邻接矩阵变得稀疏,存储效率较低,此时可用图的邻接表进行存储。

【例 6.1】 n 个顶点的无向图采用邻接矩阵存储,回答下列问题:

(1) 图中有多少条边?

(2) 任意两个顶点 i 和 j 之间是否有边相连?

(3) 任意一个顶点的度是多少?

解:

(1) 邻接矩阵中非零元素个数的总和除以 2。

(2) 当邻接矩阵 **A** 中 $A[i][j]=1$(或 $A[j][i]=1$)时表示两顶点之间有边相连。

(3) 计算邻接矩阵上该顶点对应的行上非零元素的个数。

6.2.2 邻接表

1. 图的邻接表存储结构

邻接表采用链式存储结构存储图,是由一个顺序存储的顶点表和多个链式存储的边表组成的。边表的个数和图的顶点数相同。顶点表由顶点结点组成,每个顶点结点又由数据域和指针域组成,其中数据域 data 存放顶点值,指针域 firstArc 指向边表中的第一个边结点。边表由边结点组成,每个边结点又由 adjVex、nextArc、value 几个域组成,其中 value 存放边的信息,例如权值;adjVex 存放与结点邻接的顶点在图中的位置;nextArc 指向下一个边结点。

邻接表的顶点结点类的 Java 描述如下：

```
1  package ch06;
2  //顶点结点类
3  public class VNode {
4  public Object data;                                   //存放顶点值
5  public ArcNode firstArc;                              //第一条边
6  public VNode(){
7       this(null,null);
8  }
9  public VNode(Object data){
10      this(data,null);
11 }
12 public VNode(Object data,ArcNode firstNode){
13      this.data = data;
14      this.firstArc = firstNode;
15 }
16 }
```

邻接表的边结点类的 Java 描述如下：

```
1  package ch06;
2  //边结点类
3  public class ArcNode {
4  public int adjVex;                                    //边指向的顶点的位置
5  public int value;                                     //边的权值
6  public ArcNode nextArc;                               //指向下一条边
7  public ArcNode(){
8       this( - 1,0,null);
9  }
10 public ArcNode(int adjVex){
11      this(adjVex,0,null);
12 }
13 public ArcNode(int adjVex,int value){
14      this(adjVex,value,null);
15 }
16 public ArcNode(int adjVex,int value,ArcNode nextArc){
17      this.adjVex = adjVex;
18      this.value = value;
19      this.nextArc = nextArc;
20 }
21 }
```

图的邻接表类的描述如下：

```
1  package ch06;
2  public class ALGraph implements IGraph{
3  public enum graphKind{UDG,DG,UDN,DN}; //图的 4 种类型,分别为无向图、有向图、无向网、有向网
4  private graphKind kind;                               //图的类型
5  private int vNum,eNum;                                //顶点和边的数量
6  private VNode[] v;                                    //顶点集
```

```
7  public ALGraph(){
8       this(null,0,0,null);
9  }
10 public ALGraph(graphKind kind,int vNum,int eNum,VNode[ ] v){
11      this.kind = kind;
12      this.vNum = vNum;
13      this.eNum = eNum;
14      this.v = v;
15 }
16 //创建图
17 public void createGraph() {
18      switch(kind){
19      case UDG:
20           createUDG();break;
21      case DG:
22           createDG();break;
23      case UDN:
24           createUDN();break;
25      case DN:
26           createDN();break;
27      }
28 }
29 //创建有向网
30      private void createDN() {
31 }
32 //创建无向网
33 private void createUDN() {
34 }
35 //创建有向图
36 private void createDG() {
37 }
38 //创建无向图
39 private void createUDG() {
40 }
41 //返回定点数
42 public int getVNum() {
43      return vNum;
44 }
45 //返回边数
46 public int getENum() {
47      return eNum;
48 }
49 //返回第 i 个顶点的值
50 public Object getVex(int i) throws Exception {
51      if(i < 0||i >= vNum)
52           throw new Exception("第" + i + "个顶点不存在");
53      return v[i].data;
54 }
55 //返回值为 x 的顶点的位置
56 public int locateVex(Object x) {
57      for(int i = 0;i < vNum;i++){
```

```
58         if(v[i].data.equals(x)){
59             return i;
60         }
61     }
62     return -1;
63 }
64 //返回第 i 个顶点的第一个邻接点
65 public int firstAdj(int i) throws Exception {
66 }
67 //返回 i 相对于 j 的下一个邻接点
68 public int nextAdj(int i, int j) {
69 }
70 }
```

2. 图的邻接表的基本操作的实现

1）图的创建

【算法 6.8】 创建无向图。

```
1  private void createUDG() {
2      Scanner sc = new Scanner(System.in);
3      vNum = sc.nextInt();                          //输入顶点个数
4      eNum = sc.nextInt();                          //输入边的个数
5      v = new VNode[vNum];                          //构造顶点集
6      for(int i = 0;i < vNum;i++){
7          v[i] = new VNode(sc.next());
8      }
9      for(int i = 0;i < eNum;i++){                  //构造边链表
10         int u = locateVex(sc.nextInt());
11         int v = locateVex(sc.nextInt());
12         addArc(u,v,1);
13         addArc(v,u,1);
14     }
15 }
```

【算法 6.9】 创建有向图。

```
1  private void createDG() {
2      Scanner sc = new Scanner(System.in);
3      vNum = sc.nextInt();                          //输入顶点个数
4      eNum = sc.nextInt();                          //输入边的个数
5      v = new VNode[vNum];                          //构造顶点集
6      for(int i = 0;i < vNum;i++){
7          v[i] = new VNode(sc.next());
8      }
9      for(int i = 0;i < eNum;i++){                  //构造边链表
10         int u = locateVex(sc.nextInt());
11         int v = locateVex(sc.nextInt());
12         addArc(u,v,1);
13     }
14 }
```

【算法 6.10】 创建无向网。

```
1   private void createUDN() {
2       Scanner sc = new Scanner(System.in);
3       vNum = sc.nextInt();                              //输入顶点个数
4       eNum = sc.nextInt();                              //输入边的个数
5       v = new VNode[vNum];                              //构造顶点集
6       for(int i = 0;i < vNum;i++){
7           v[i] = new VNode(sc.next());
8       }
9       for(int i = 0;i < eNum;i++){                      //构造边链表
10          int u = locateVex(sc.nextInt());
11          int v = locateVex(sc.nextInt());
12          int k = sc.nextInt();
13          addArc(u,v,k);
14          addArc(v,u,k);
15      }
16  }
```

【算法 6.11】 创建有向网。

```
1   private void createDN() {
2       Scanner sc = new Scanner(System.in);
3       vNum = sc.nextInt();                              //输入顶点个数
4       eNum = sc.nextInt();                              //输入边的个数
5       v = new VNode[vNum];                              //构造顶点集
6       for(int i = 0;i < vNum;i++){
7           v[i] = new VNode(sc.next());
8       }
9       for(int i = 0;i < eNum;i++){                      //构造边链表
10          int u = locateVex(sc.nextInt());
11          int v = locateVex(sc.nextInt());
12          int k = sc.nextInt();
13          addArc(u,v,k);
14      }
15  }
```

2) 在图中插入边结点

插入边结点的算法 addArc(i,j,value)是指在边链表中加入一个由第 i 个顶点指向第 j 个顶点的权值为 value 的边结点,采用头插法进行插入。

【算法 6.12】 插入边结点。

```
1   public void addArc(int i,int j,int value){
2       ArcNode arc = new ArcNode(j,value);               //建立新的边结点
3       arc.nextArc = v[i].firstArc;                      //利用头插法进行插入
4       v[i].firstArc = arc;
5   }
```

3）查找第一个邻接点

【算法 6.13】 查找第一个邻接点。

```
1  public int firstAdj(int i) throws Exception {
2      if(i<0||i>=vNum)
3          throw new Exception("第"+i+"个结点不存在");
4      ArcNode p=v[i].firstArc;
5      if(p!=null)
6          return p.adjVex;
7      return -1;
8  }
```

4）查找下一个邻接点

【算法 6.14】 查找下一个邻接点。

```
1  public int nextAdj(int i, int j) {
2      ArcNode p=v[i].firstArc;
3      for(;p!=null;p=p.nextArc){                    //寻找位置为 j 的邻接点
4          if(p.adjVex==j)
5              break;
6      }
7      if(p.nextArc!=null)                           //返回下一个邻接点
8          return p.nextArc.adjVex;
9      return -1;
10 }
```

用邻接矩阵存储图可以很好地确定两个顶点间是否有边，但是查找顶点的邻接点需要访问对应一行或一列的所有数据元素，并且无论两个顶点间是否有边都要保留存储空间。

用邻接表存储图可以方便地找到顶点的邻接点，对于稀疏图来说节省存储空间，但若要确定两个顶点间是否有边相连则需要遍历单链表，比邻接矩阵复杂。

6.3 图的遍历

图的遍历是指从图的任意一个顶点出发对图的每个顶点访问且仅访问一次的过程，因为图中可能存在回路，为了避免对一个顶点的重复访问可以增设一个辅助数组 visited[0..$n-1$]，全部初始化为 0，一旦第 i 个顶点被访问，置 visited[i]=1。图的遍历和树的遍历相比更加复杂，需要考虑以下 3 个问题。

（1）指定遍历的第一个顶点。

（2）由于一个顶点和多个顶点相邻，需要在多个邻接顶点间确定访问次序。

（3）由于图中存在回路，必须对访问过的顶点做标记，防止出现重复访问同一顶点的情况。

图的遍历方式分为深度优先搜索和广度优先搜索两种。

广度优先搜索是一种分层的搜索过程，以一个顶点 u 为起始点访问其邻接点 v_0、v_1、…，然后按顺序访问 v_0、v_1、…的各邻接点，重复此过程，即依次访问和顶点 u 之间存在路径并且路径长度为 1、2、…的顶点。

1. 图的广度优先搜索算法

图的广度优先搜索遵循“先被访问的顶点,其邻接点先被访问”规则,因此可引入队列。先将起始点加入队列中,以后每次从队列中删除一个数据元素,依次访问它的未被访问的邻接点,并将其插入到队列中,直到队列为空。

其主要步骤如下。

(1) 建立访问标识数组 visited[n]并初始化为0,n为图顶点的个数。

(2) 将未访问顶点 v_i 入队。

(3) 将队首元素顶点 v_i 从队列中取出,依次访问它的未被访问的邻接点 v_j、v_k、…,并将其入队。

(4) 重复步骤(3),直到队列为空。

(5) 改变 i 值,$0 \leqslant i < n$,跳到步骤(2)继续进行,直到 $i = n-1$。

【算法 6.15】 图的广度优先搜索。

```
1  int[] visited;
2  public void BFSTraverse(IGraph g) throws Exception{
3      visited = new int[g.getVNum()];                //建立访问标志数组
4      for(int i = 0;i < g.getVNum();i++){            //以每个顶点作为起始顶点进行遍历
5          if(visited[i] == 0){
6              BFS(g,i);
7          }
8      }
9  }
10 public void BFS(IGraph g,int i) throws Exception{
11     visited[i] = 1;                                //标记顶点已访问
12     System.out.print(g.getVex(i).toString() + " ");
13     LinkQueue q = new LinkQueue();                 //建立辅助队列
14     q.offer(i);
15     while(!q.isEmpty()){//
16         int u = (int) q.poll();
17         for(int v = g.firstAdj(u);v >= 0;v = g.nextAdj(u, v)){  //顶点的未访问邻接点入队
18             if(visited[v] == 0){
19                 System.out.print(g.getVex(v).toString() + " ");
20                 visited[v] = 1;
21                 q.offer(v);
22             }
23         }
24     }
25 }
```

假设图有 n 个顶点和 m 条边,当图的存储结构是邻接矩阵时需要扫描邻接矩阵的每一个顶点,其时间复杂度为 $O(n^2)$;当图的存储结构是邻接表时需要扫描每一条单链表,其时间复杂度为 $O(e)$。

2. 图的深度优先搜索算法

深度优先搜索类似于树的先序遍历,以一个顶点 u 为起始点访问其邻接点 v_0,再访问 v_0 的未被访问的邻接点 v_1,然后从 v_1 出发继续进行类似的访问,直到所有的邻接点都被访问。后退到前一个被访问的顶点,看是否有其他未被访问的顶点,若有再进行类似的访问,若无继续回退,直到图中的所有顶点都被访问为止。

其主要步骤如下。

(1) 建立访问标识数组 visited[n]并初始化为 0,n 为图顶点的个数。

(2) 以未访问顶点 v_i 为起始点访问其未访问邻接点 v_j。

(3) 从 v_j 出发递归进行步骤(2),直到所有邻接点均被访问。

(4) 改变 i 值,$0\leqslant i<n$,跳到步骤(2)继续进行,直到 $i=n-1$。

【算法 6.16】 图的深度优先搜索。

```
1  public void DFSTraverser(IGraph g) throws Exception{
2      visited = new int[g.getVNum()];                    //构造访问标志数组
3      for(int i = 0;i < g.getVNum();i++){                //对每个顶点进行深度优先搜索
4          if(visited[i] == 0)
5              DFS(g,i);
6      }
7  }
8  public void DFS(IGraph g,int i) throws Exception{
9      visited[i] = 1;
10     System.out.println(g.getVex(i).toString() + " ");
11     for(int u = g.firstAdj(i);u >= 0;u = g.nextAdj(i, u)){ //对于未访问的顶点递归调用 DFS
12         if(visited[u] == 0){
13             DFS(g,u);
14         }
15     }
16 }
```

假设图有 n 个顶点和 m 条边,当图的存储结构是邻接矩阵时需要扫描邻接矩阵的每一个顶点,其时间复杂度为 $O(n^2)$;当图的存储结构是邻接表时需要扫描每一条单链表,其时间复杂度为 $O(e)$。

【例 6.2】 编程利用广度优先搜索算法确定无向图的连通分量。

解:

```
package ch06;
import ch03.LinkQueue;
import ch06.MGraph.graphKind;

public class test {
    public final static int INFINITY = Integer.MAX_VALUE;
    public static void CC_BFS(IGraph g) throws Exception{
        boolean[] visited = new boolean[g.getVNum()];  //访问标志数组
        for(int v = 0;v < g.getVNum();v++){
            visited[v] = false;
        }

        LinkQueue q = new LinkQueue();                 //辅助队列 q
        LinkQueue p = new LinkQueue();                 //辅助队列 p,用于记录连通分量的顶点
        int i = 0;                                     //用来记录连通分量的个数
        for(int v = 0;v < g.getVNum();v++){
            p.clear();
            if(!visited[v]){
                visited[v] = true;
                p.offer(g.getVex(v));
                q.offer(v);
```

```
                while(!q.isEmpty()){
                    int u = (Integer)(q.poll());
                    for(int w = g.firstAdj(u);w >= 0;w = g.nextAdj(u, w)){
                        if(!visited[w]){
                            visited[w] = true;
                            p.offer(g.getVex(w));
                            q.offer(w);
                        }
                    }
                }
                i++;
                System.out.println("图的第" + i + "个连通分量是：");
                while(!p.isEmpty()){
                    System.out.print(p.poll().toString() + " ");
                }
                System.out.println();
            }
        }

    }
    public static void main(String[] args) throws Exception {
        Object v[] = {"a","b","c","d","e","f","g"};
        int [][]e = {{0,1,INFINITY,1,INFINITY,INFINITY,INFINITY},
                    {1,0,1,INFINITY,INFINITY,INFINITY,INFINITY},
                    {INFINITY,1,0,1,INFINITY,INFINITY,INFINITY},
                    {1,INFINITY,1,0,INFINITY,INFINITY,INFINITY},
                    {INFINITY,INFINITY,INFINITY,INFINITY,0,1,INFINITY},
                    {INFINITY,INFINITY,INFINITY,INFINITY,1,0,1},
                    {INFINITY,INFINITY,INFINITY,INFINITY,INFINITY,1,0}};
        MGraph g = new MGraph(graphKind.UDG,7,6,v,e);
        CC_BFS(g);
    }

}
```

【例 6.3】 已知一个连通图如图 6.4 所示，试给出图的邻接矩阵和邻接表存储示意图，若从顶点 v_1 出发对该图进行遍历，分别给出一个按深度优先遍历和广度优先遍历的顶点序列。

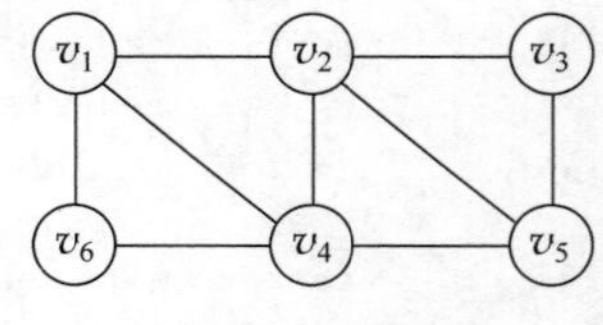

图 6.4　连通图

解：

$$\begin{bmatrix} 0 & 1 & 0 & 1 & 0 & 1 \\ 1 & 0 & 1 & 1 & 1 & 0 \\ 0 & 1 & 0 & 0 & 1 & 0 \\ 1 & 1 & 0 & 0 & 1 & 1 \\ 0 & 1 & 1 & 1 & 0 & 0 \\ 1 & 0 & 0 & 1 & 0 & 0 \end{bmatrix}$$

深度优先遍历序列：v_1 v_2 v_3 v_5 v_4 v_6

广度优先遍历序列：v_1 v_2 v_4 v_6 v_3 v_5

邻接表表示如图 6.5 所示。

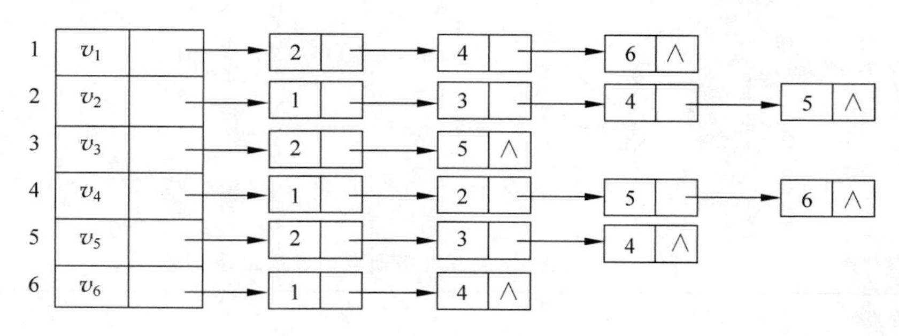

图 6.5　邻接表

【例 6.4】　已知无向图 G 的邻接表如图 6.6 所示，分别写出从顶点 1 出发的深度遍历和广度遍历序列，并画出相应的生成树。

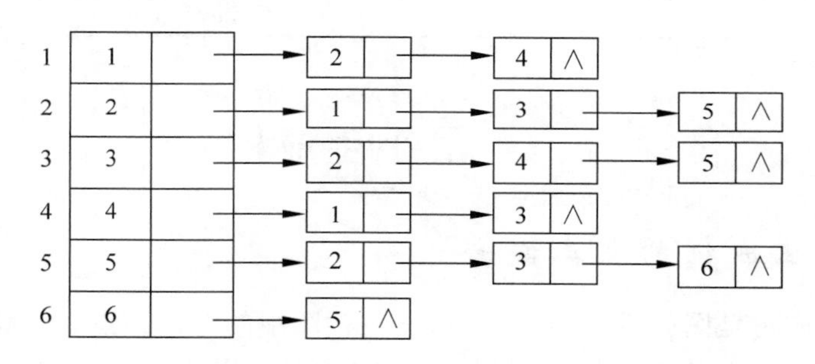

图 6.6　无向图 G 的邻接表

解：由章节给出的算法可知深度优先遍历序列为 1,2,3,4,5,6。

对应的生成树如图 6.7 所示。

广度优先遍历序列为 1,2,4,3,5,6。

对应的生成树如图 6.8 所示。

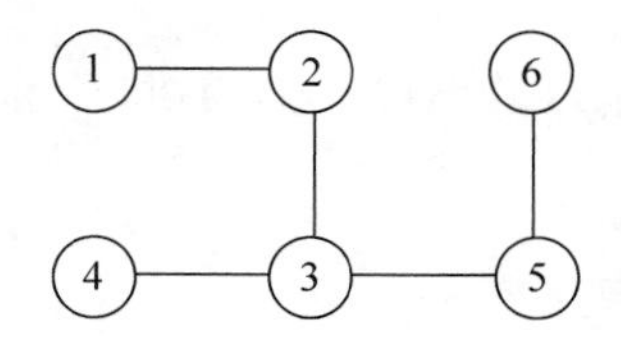

图 6.7　深度优先遍历序列对应的生成树

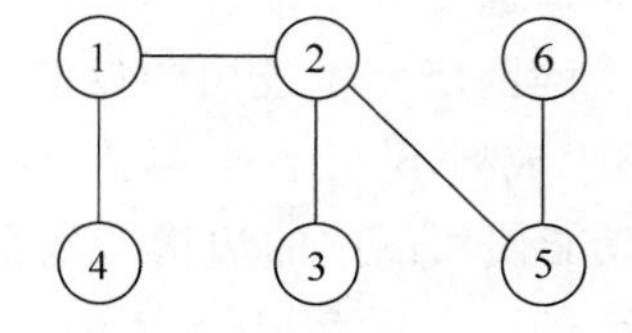

图 6.8　广度优先遍历序列对应的生成树

【例 6.5】　假设有如图 6.9 所示的有向网图，利用 Dijkstra 算法求从顶点 v_1 到其他各顶点的最短路径。

解：从源点 v_1 到其他各顶点的最短路径如表 6.1 所示。

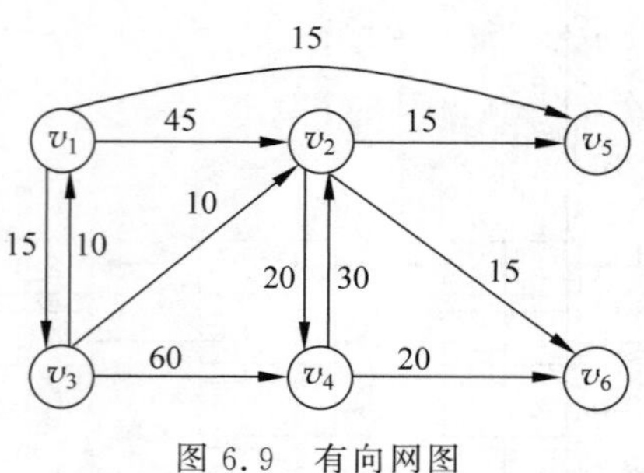

图 6.9　有向网图

表 6.1　源点 v_1 到其他各顶点的最短路径

源点	终点	最短路径	最短路径
v_1	v_3	$v_1\ v_3$	15
v_1	v_5	$v_1\ v_5$	15
v_1	v_2	$v_1\ v_3\ v_2$	25
v_1	v_6	$v_1\ v_3\ v_2\ v_6$	40
v_1	v_4	$v_1\ v_3\ v_2\ v_4$	45

6.4　最小生成树

6.4.1　最小生成树的基本概念

连通图的生成树是图的极小连通子图,它包含图中的全部顶点,但只有构成一棵树的边。一个有 n 个顶点的连通图的生成树只有 $n-1$ 条边。若有 n 个顶点而少于 $n-1$ 条边,则为非连通图,若多于 $n-1$ 条边,则一定形成回路。

由广度优先遍历和深度优先遍历得到的生成树分别称为广度优先生成树和深度优先生成树。根据遍历方法的不同或遍历起点的不同得到的生成树也是不同的,图的生成树不唯一。

对于非连通图,每个连通分量中的顶点集和遍历经过的边一起构成若干棵生成树,共同组成了该非连通图的生成森林。

在一个网的所有生成树中权值总和最小的生成树称为最小代价生成树,简称为最小生成树,最小生成树不一定唯一,需要满足以下 3 条准则。

(1) 只能使用图中的边构造最小生成树。

(2) 具有 n 个顶点和 $n-1$ 条边。

(3) 不能使用产生回路的边。

产生最小生成树的方法主要有 Kruskal 算法和 Prim 算法两种。

6.4.2　Kruskal 算法

Kruskal 算法是依次找出权值最小的边建立最小生成树,每次新增的边不能使生成树产生回路,直到找到 $n-1$ 条边。

设图是由 n 个顶点组成的连通无向网，是图 G 的最小生成树，其中 V 是 T 的顶点集，TE 是 T 的边集。构造最小生成树的步骤如下。

(1) 将 T 的初始状态置为仅含有源点的集合。

(2) 在图 G 的边集中选取权值最小的边，若该边未使生成树 T 形成回路，则加入到 TE 中，否则丢弃，直到生成树中包含了 $n-1$ 条边。

Kruskal 算法的执行时间主要取决于图的边数，时间复杂度为 $O(n^2)$，因此该算法适用于稀疏图的操作。

6.4.3 Prim 算法

在介绍 Prim 算法之前需要先了解距离的概念。

(1) 两个顶点之间的距离：将顶点 u 邻接到顶点 v 的关联边的权值，记为 $|u,v|$。若两个顶点之间不相连，则这两个顶点之间的距离为无穷大。

(2) 顶点到顶点集合的距离：顶点到顶点集合中所有顶点的距离的最小值，记为 $|u,V|=\min|u,v|$。

(3) 两个顶点集合之间的距离：顶点集合 U 的顶点到顶点集合 V 的距离的最小值，记为 $|U,V|=\min|u,V|$。

设图是由 n 个顶点组成的连通无向网，是图 G 的最小生成树，其中 V 是 T 的顶点集，TE 是 T 的边集，构造最小生成树的步骤为从开始必存在一条边，使得 U、V 之间的距离最小，将该边加入到集合 TE 中，同时将顶点加入到顶点集 U 中，直到 $U=V$ 为止。

针对每一个顶点引入分量 closEdge[i]，它包含两个域，lowCost 域存储该边上的权值，即顶点到顶点集 U 的距离；adjvex 域存储该边在顶点集 U 中的顶点。因为集合 U 是随着数据元素的加入而逐渐增大的，所以有新的数据元素加入时将 closEdge[i].lowCost 与到新的数据元素的距离进行比较即可。

Prim 算法构造最小生成树的类描述如下：

```
package ch06;
public class CloseEdge {
    Object adjVex;                                      //在集合 U 中的顶点
    int lowCost;                                        //到集合 U 的最小距离
    public CloseEdge(Object adjVex,int lowCost){
        this.adjVex = adjVex;
        this.lowCost = lowCost;
    }
}
```

```
1  package ch06;
2  public class MiniSpanTree {
3  //从对象 u 出发构造最小生成树,返回由生成树边组成的二维数组
4  public Object[][] PRIM(MGraph g,Object u) throws Exception{
5      Object[][] tree = new Object[g.getVNum() - 1][2];    //存放生成树边上的顶点
6      int count = 0;
7      CloseEdge[] closeEdge = new CloseEdge[g.getVNum()];
8      int k = g.locateVex(u);
9      for(int j = 0;j < g.getVNum();j++){
```

```
10              if(j!= k)
11                  closeEdge[j] = new CloseEdge(u,g.getArcs(k,j));
12          }
13          closeEdge[k] = new CloseEdge(u,0);                    //将 u 添加到 U 中
14          for(int i = 1;i < g.getVNum();i++){
15              k = getMinMum(closeEdge);                    //找出具有到集合 U 最小距离的顶点的序号
16              tree[count][0] = closeEdge[k].adjVex;            //在集合 U 中的顶点
17              tree[count][1] = g.getVex(k);                    //在集合 V - U 中的顶点
18              count++;
19              closeEdge[k].lowCost = 0;
20              for(int j = 0;j < g.getVNum();j++){              //更新 closeEdge
21                  if(g.getArcs(k,j)< closeEdge[j].lowCost)
22                      closeEdge[j] = new CloseEdge(g.getVex(k),g.getArcs(k,j));
23              }
24          }
25          return tree;
26
27 }
28 private int getMinMum(CloseEdge[] closeEdge){                //选出 lowCost 最小的顶点
29          int min = Integer.MAX_VALUE;
30          int v =- 1;
31          for(int i = 0;i < closeEdge.length;i++){
32              if(closeEdge[i].lowCost!= 0&&closeEdge[i].lowCost < min){
33                  min = closeEdge[i].lowCost;
34                  v = i;
35              }
36          }
37          return v;
38 }
39 }
```

【例 6.6】 编写程序实现如图 6.10 所示的连通无向网的最小生成树。

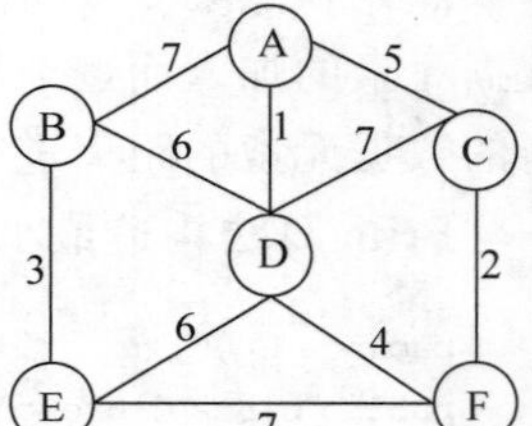

图 6.10 连通无向网

解：

```
public static void main(String []args) throws Exception{
        Object[] v = {"A","B","C","D","E","F"};
        int[][] e = {{Integer.MAX_VALUE,7,5,1,Integer.MAX_VALUE,Integer.MAX_VALUE},
                {7,Integer.MAX_VALUE,Integer.MAX_VALUE,6,3,Integer.MAX_VALUE},
                {5,Integer.MAX_VALUE,Integer.MAX_VALUE,7,Integer.MAX_VALUE,2},
                {1,6,7,Integer.MAX_VALUE,6,4},
                {Integer.MAX_VALUE,3,Integer.MAX_VALUE,6,Integer.MAX_VALUE,7},
                {Integer.MAX_VALUE,Integer.MAX_VALUE,2,4,7,Integer.MAX_VALUE}};
        MGraph g = new MGraph(graphKind.UDG,6,10,v,e);
        Object[][] tree = new MiniSpanTree().PRIM(g,"A");
        for(int i = 0;i < tree.length;i++){
    System.out.println(tree[i][0].toString() + " - " + tree[i][1].toString());
        }
    }
```

6.5 最短路径

最短路径的求解问题主要分为两类，即求某个顶点到其余顶点的最短路径，以及求每一对顶点间的最短路径，本节针对这两类问题提出了两种算法。

6.5.1 求某个顶点到其余顶点的最短路径

针对这一最短路径问题，本节提出了 Dijkstra 算法，其基本思想是“按最短路径长度递增的次序”产生最短路径。

若从源点到某个终点存在路径，则一定存在最短路径。从源点到其余各顶点的最短路径长度不一定相同，且具有以下特点。

(1) 在这些最短路径中长度最短的路径一定有且仅有一条弧，弧的权值是从源点出发的所有弧的权中的最小值。

(2) 长度次短的最短路径有两种情况：其一，只包含一条从源点出发的弧，弧上的权值大于已求得最短路径的弧的权值，小于其他从源点出发的弧的权值；其二，一条只经过已求得最短路径的顶点的路径。

算法的主要步骤为保存当前已经得到的从源点到其余顶点的最短路径，也就是说，若源点到该顶点有弧，存在一条路径，长度为弧上的权值每求得一条到达某个顶点的最短路径就需要检查是否存在经过这个顶点的其他路径，若存在则判断其长度是否比当前求得的路径长度短，若是则修改当前路径。在算法中引入一个辅助向量 $\boldsymbol{D}$，它的每个分量 $D[i]$ 存放当前所找到的从源点到终点的最短路径长度。

Dijkstra 算法构造最短路径的类 Java 语言描述如下：

```
1  package ch06;
2  public class ShortestPath {
3  private boolean[][] p;                                          //标记最短路径经过的顶点
4  private int[] D;                                                //存放最短路径的长度
5
6  public void DIJ(MGraph g, int v0){
7      p = new boolean[g.getVNum()][g.getVNum()];
8      D = new int[g.getVNum()];
9      boolean[] finish = new boolean[g.getVNum()];                //若已求得最短路径,则标记为 true
10     for(int v = 0;v < g.getVNum();v++){
11         finish[v] = false;
12         D[v] = g.getArcs(v0, v);
13         for(int w = 0;w < g.getVNum();w++){
14             p[v][w] = false;
15         }
16         if(D[v]< Integer.MAX_VALUE){
17             p[v][v0] = true;
18             p[v][v] = true;
19         }
20
21     }
```

```
22        D[v0] = 0;
23        finish[v0] = true;
24        int v =- 1;
25        for(int i = 1;i < g.getVNum();i++){
26            int min = Integer.MAX_VALUE;
27            //找出所有最短路径中的最小值
28            for(int w = 0;w < g.getVNum();w++){
29                if(!finish[w]){
30                    if(D[w]< min){
31                        v = w;
32                        min = D[w];
33                    }
34                }
35            }
36            finish[v] = true;
37            //更新当前的最短路径
38            for(int w = 0;w < g.getVNum();w++){
39                if(!finish[w]&&g.getArcs(v,w)< Integer.MAX_VALUE&&(min + g.getArcs(v,w)< D[w])){
40                    D[w] = min + g.getArcs(v, w);
41                    System.arraycopy(p[v], 0, p[w], 0,p[v].length);
42                    p[w][w] = true;
43                }
44            }
45        }
46 }

47 }
```

分析可得,Dijkstra算法的时间复杂度为$O(n^3)$,并且找到一条从源点到某一特定终点之间的最短路径,与求从源点到各个终点的最短路径一样复杂,时间复杂度也为$O(n^3)$。

6.5.2 求任意两个顶点间的最短路径

求任意两个顶点间的最短路径,如果使用Dijkstra算法,可以依次将顶点设为源点,调用算法n次即可求得,时间复杂度为$O(n^3)$。本节讲解了算法形式更为简单的Floyd算法,时间复杂度也为$O(n^3)$。用户可以用n阶方阵序列来描述Floyd算法,其中$D^{-1}[i][j]$表示从顶点出发不经过其他顶点直接到达顶点的路径长度,即$D^{-1}[i][j]=G.\mathrm{arcs}[i][j]$,$D^{(k)}[i][j]$表示从顶点$v_i$到顶点$v_j$的中间可能经过$v_0,v_1,\cdots,v_k$,而不可能经过$v_{k+1}$,$v_{k+2},\cdots,v_{n-1}$等顶点的最短路径长度,所以$D^{(n-1)}[i][j]$是从顶点$v_i$到顶点$v_j$的最短路径长度,与路径长度序列相对应的是路径的$n$阶方阵序列$p^{(-1)},p^{(0)},p^{(1)},\cdots,p^{(n-1)}$。

所以,Floyd算法的基本操作可以概括为:

```
if(D[i][k] + D[k][j]< D[i][j]){
        D[i][j] = D[i][k] + D[k][j];
        P[i][j] = P[i][k] + P[k][j];
    }
```

其中,k表示在路径中新增的顶点,i为路径的源点,j为路径的终点。

Floyd算法构造最短路径的类用Java语言描述如下:

```java
1  package ch06;
2  public class ShortestPath_Floyd {
3  private boolean[][][] p;      //p[v][w][u] = true 表示顶点 v 和 w 之间的最短路径上有顶点 u
4  private int[][] d;            //d[v][w]表示顶点 v 和 w 之间的最短路径长度
5
6  public void floyd(MGraph g){
7       int vNum = g.getVNum();
8       p = new boolean[vNum][vNum][vNum];
9       d = new int[vNum][vNum];
10
11      for(int v = 0;v < vNum;v++){
12           for(int w = 0;w < vNum;w++){
13                d[v][w] = g.getArcs(v, w);
14                for(int u = 0;u < vNum;v++){
15                     p[v][w][u] = false;
16                }
17                if(d[v][w]< Integer.MAX_VALUE){             //顶点 v 和顶点 w 之间有直接路径
18                     p[v][w][v] = true;
19                     p[v][w][w] = true;
20                }
21           }
22      }
23      for(int u = 0;u < vNum;u++){
24           for(int v = 0;v < vNum;v++){
25                for(int w = 0;w < vNum;w++){
26                     if(d[v][u]< Integer.MAX_VALUE&&d[u][w]< Integer.MAX_VALUE&&
27                               d[v][u] + d[u][w]< d[v][w]){   //更新最短路径
28                          d[v][w] = d[v][u] + d[u][w];
29                          for(int i = 0;i < vNum;i++){
30                               p[v][w][i] = p[v][u][i]||p[u][w][i];
31                          }
32                     }
33                }
34           }
35      }
36 }
37 }
```

6.6 拓扑排序和关键路径

在生产实践中，几乎所有的工程都可以分解为若干具有相对独立的子工程，称为“活动”。活动之间又通常受到一定条件的约束，即某些活动必须在另一些活动完成之后才能进行。可以使用有向图表示活动之间相互制约的关系，顶点表示活动，弧表示活动之间的优先关系，这种有向图称为顶点活动网(AOV)。若在 AOV 网中存在一条从顶点 u 到顶点 v 的弧，则活动 u 一定优先于活动 v 发生，否则活动 u、v 的发生顺序可以是任意的。

在 AOV 网中不允许出现环，否则某项活动的进行以其本身的完成作为先决条件，这是不允许发生的。判断有向网中是否存在环的方法是进行拓扑排序。

6.6.1 拓扑排序

对AOV网进行拓扑排序即构造一个包含图中所有顶点的拓扑有序序列,若在AOV网中存在一条从顶点 u 到顶点 v 的弧,则在拓扑有序序列中顶点 u 必须先于顶点 v,否则顶点 u、v 的顺序可以是任意的。AOV网的拓扑有序序列并不唯一。若AOV网中存在环,则不可能将所有的顶点都纳入到拓扑有序序列中,因此可以用拓扑排序判断有向网中是否存在环。拓扑排序的主要步骤如下。

(1) 在AOV网中选择一个没有前驱的顶点并输出。

(2) 从AOV网中删除该顶点以及从它出发的弧。

(3) 重复步骤(1)和(2)直到AOV网为空,或者剩余子图中不存在没有前驱的顶点,此时说明AOV网中存在环。

整个拓扑排序可以分成求各个顶点的入度和一个拓扑序列的过程,具体算法描述如下。

【算法6.17】 求各顶点的入度。

```
1  public static int[] findInDegree(ALGraph g) throws Exception{
2      int[] indegree = new int[g.getVNum()];
3      for(int i = 0;i < g.getVNum();i++){                    //计算每个顶点的入度
4          for(ArcNode arc = g.getVex(i).firstArc;arc!= null;arc = arc.nextArc){
5              indegree[arc.adjVex]++;
6          }
7      }
8      return indegree;
9  }
```

【算法6.18】 输出AOV的一个拓扑序列,若存在则返回true,否则返回false。

```
1  public static boolean topoSort(ALGraph g) throws Exception{
2      int count = 0;
3      int []indegree = findInDegree(g);
4      LinkStack s = new LinkStack();
5      for(int i = 0;i < g.getVNum();i++){                    //入度为0的顶点入栈
6          if(indegree[i] == 0){
7              s.push(i);
8          }
9      }
10     while(!s.isEmpty()){
11         int i = (Integer)s.pop();
12         System.out.print(g.getVex(i) + " ");
13         count++;
14         //对该顶点的每个邻接点的入度减1
15         for(ArcNode arc = g.getVex(i).firstArc;arc!= null;arc = arc.nextArc){
16             int k = arc.adjVex;
17             if(--indegree[k] == 0){
18                 s.push(k);
19             }
20         }
21 }
22     if(count < g.getVNum())
```

```
23            return false;
24        else
25            return true;
26 }
```

6.6.2 关键路径

若以弧表示活动，弧上的权值表示进行该项活动需要的时间，顶点表示事件，这种有向网称为边活动网络，简称为AOE网。弧指向事件表示该弧代表的活动已经完成，弧从事件出发表示该弧代表的活动开始进行，所以AOE网不允许环的存在。

AOE网常用来表示工程的进行，表示工程开始事件的顶点的入度为0，称为源点；表示工程结束事件的顶点的出度为0，称为汇点。一个工程的AOE网应该是只有一个源点和一个汇点的有向无环图。由于AOE网中的某些活动可以并行进行，故完成整个工程的最短时间即从源点到汇点的最长路径的长度，这条路径称为关键路径，构成关键路径的弧即为关键活动。

假设V_0为源点，V_{n-1}为汇点，事件的发生时刻为0时刻。从V_0到V_i的最长路径称为事件的最早发生时间；$e(i)$表示活动的最早开始时间；$l(i)$表示活动的最晚开始时间，指的是在不推迟整个工程的前提下，活动最晚必须开始的时间。当$e(i)=l(i)$时，称为关键活动。提前完成非关键活动并不能加快工程的进度，如果要缩短整个工期，必须首先找到关键路径，才能提高关键活动的工效。

根据事件的最早发生时间和最晚发生时间的定义，可以采用下列步骤求得关键活动。

(1) 从源点出发，令$ve(0)=0$，其余各顶点的$ve(j)=\max(ve(i)+|i,l|)$。若得到的拓扑排序序列中顶点的个数小于网中的顶点个数n，则说明网中有环，不能求出关键路径，算法结束。

(2) 从V_{n-1}汇点出发，令$vl(n-1)=ve(n-1)$，按逆拓扑排序求其余各顶点允许的最晚开始时间为$vl(i)=\min(vl(j)-|i,j|)$。

(3) 每一项活动a_i的最早开始时间为$e(i)=ve(j)$，最晚开始时间为$l(i)=vl(j)-|i,j|$。若a_i满足$e(i)=l(i)$，则它是关键活动。

算法的具体描述如下：

【算法6.19】 求各顶点的最早发生时间ve和判断拓扑序列是否存在。

```
1  public boolean topoOrder(ALGraph g) throws Exception{
2      int count = 0;
3      int [ ]indegree = TopoSort.findInDegree(g);
4      LinkStack s = new LinkStack();
5      for(int i = 0;i < g.getVNum();i++){                    //入度为0者进栈
6          if(indegree[i] == 0){
7              s.push(i);
8          }
9      }
10     ve = new int[g.getVNum()];
11     while(!s.isEmpty()){
12         int j = (Integer)s.pop();
13         t.push(j);
```

```
14          count++;
15          for(ArcNode arc = g.getVex(j).firstArc;arc!= null;arc = arc.nextArc){
16              int k = arc.adjVex;
17              if( -- indegree[k] == 0){
18                  s.push(k);
19              }
20              if(ve[j] + arc.value > ve[k]){                    //更新最早发生时间
21                  ve[k] = ve[j] + arc.value;
22              }
23          }
24
25      }
26      if(count < g.getVNum()) return false;
27      else return true;
28  }
```

【算法 6.20】 求各顶点的最晚发生时间并输出关键活动。

```
1   public boolean criticalPath(ALGraph g) throws Exception{
2       if(!topoOrder(g))
3           return false;
4       vl = new int[g.getVNum()];
5       for(int i = 0;i < g.getVNum();i++){
6           vl[i] = ve[g.getVNum() - 1];
7       }
8       while(!t.isEmpty()){                                   //逆拓扑排序求各顶点的 vl 值
9           int j = (Integer)t.pop();
10          for(ArcNode arc = g.getVex(j).firstArc;arc!= null;arc = arc.nextArc){
11              int k = arc.adjVex;
12              int value = arc.value;
13              if(vl[k] - value < vl[j]){
14                  vl[j] = vl[k] - value;
15              }
16          }
17      }
18      //求最早开始时间和最晚开始时间
19      for(int j = 0;j < g.getVNum();j++){
20          for(ArcNode arc = g.getVex(j).firstArc;arc!= null;arc = arc.nextArc){
21              int k = arc.adjVex;
22              int value = arc.value;
23              int ee = ve[j];
24              int el = vl[k] - value;
25              if(ee == el){                                   //输出关键活动
26                  System.out.println(g.getVex(j) + " - " + g.getVex(k));
27              }
28          }
29      }
30      return true;
31
32  }
```

6.7 实　　验

6.7.1 Prime 算法

输入由空格分开的两个整数 N(结点数,结点编号为 $1\sim N$),C(边数)。对 C 行的每行由空格分开 3 个整数 a、b、c,表示结点 a 和 b 之间有一个权重为 c 的边。请实现 Prime 算法并输出最小生成树的权重。

```java
import java.util.Scanner;

public class U6H1 {
    private final static int maxNodeValue = (1 << 31) - 1;

    public static void main(String[] args) {
        Scanner scanner = new Scanner(System.in);
        int[][] map = new int[101][101];
        init(map);
        int nodeCount = scanner.nextInt();
        int edgeCount = scanner.nextInt();
        for (int i = 0; i < edgeCount; i++) {
            int node1 = scanner.nextInt();
            int node2 = scanner.nextInt();
            int edgeValue = scanner.nextInt();
            map[node1][node2] = edgeValue;
            map[node2][node1] = edgeValue;
        }
        int cost = prime(nodeCount, map);
        System.out.println(cost);
    }

    public static int prime(int nodeCount, int[][] map) {
        int[] lowcost = new int[101];
        int cost = 0;
        lowcost[1] = -1;
        for (int i = 2; i <= nodeCount; i++) {
            lowcost[i] = map[1][i];
        }
        for (int i = 1; i <= nodeCount - 1; i++) {
            int min = maxNodeValue;
            int k = 0;
            for (int j = 1; j <= nodeCount; j++) {
                if (min > lowcost[j] && lowcost[j] != -1) {
                    min = lowcost[j];
                    k = j;
                }
            }
            cost += min;
            lowcost[k] = -1;
```

```
                for (int j = 1; j <= nodeCount; j++) {
                    if (lowcost[j] != -1 && lowcost[j] > map[k][j]) {
                        lowcost[j] = map[k][j];
                    }
                }
            }
            return cost;
        }

        public static void init(int[][] map) {
            for (int i = 0; i < map.length; i++) {
                for (int j = 0; j < map[i].length; j++) {
                    map[i][j] = maxNodeValue;
                }
            }
        }
    }
```

6.7.2 单源最短路

输入由空格分开的两个整数 N(结点数,结点编号为 $0\sim N-1$),t(边数)。对 t 行按照 6.7.1 节算法中的方式输入边权,并输入一个整数 C 表示起始节点。请使用 Dijkstra 算法求出所有点的最短路径并输出 distance 矩阵和到达所有结点的最短权重。

```
import java.util.Arrays;
import java.util.Scanner;

public class U6H2 {

    public static void main(String[] args) {
        final int N = 65535;                                    // 表示不可以连接
        Scanner in = new Scanner(System.in);
        int num = in.nextInt();

        char[] vertex = new char[num];
        for (int i = 0; i < num; i++) {
            vertex[i] = (char)('A' + i);
        }
        //邻接矩阵
        int[][] matrix = new int[num][num];
        int t = in.nextInt();
        for(int i = 0;i < num;i++) {
            for(int j = 0;j < num;j++) {
                matrix[i][j] = N;
            }
        }
        for(int i = 0;i < t;i++) {
            int x = in.nextInt();
            int y = in.nextInt();
            int k = in.nextInt();
```

```
            matrix[x][y] = matrix[y][x] = k;
        }

        //创建 Graph 对象
        Graph graph = new Graph(vertex, matrix);
        //测试，确认图的邻接矩阵是否建立
        graph.showGraph();
        graph.dsj(in.nextInt());
        graph.showDijkstra();
    }
}

class Graph {
    private char[] vertex;                                  //顶点数组
    private int[][] matrix;                                 //邻接矩阵
    private VisitedVertex vv;                               //已经访问的顶点的集合

    public Graph(char[] vertex, int[][] matrix) {
        this.vertex = vertex;
        this.matrix = matrix;
    }

    //显示图
    public void showGraph() {
        for (int i = 0; i < matrix.length; i++) {
            for (int j = 0; j < matrix[0].length; j++) {
                System.out.printf("%8d", matrix[i][j]);
            }
            System.out.println();
        }
    }

    //显示最后的结果
    public void showDijkstra() {
        vv.show();
    }

    /**
     * Dijkstra 算法
     *
     * @param index
     */
    public void dsj(int index) {
        vv = new VisitedVertex(vertex.length, index);
        update(index);                      //更新 index 顶点到周围顶点的距离和前驱顶点
        for (int j = 1; j < vertex.length; j++) {
            index = vv.updateArr();         // 选择并返回新的访问顶点
            update(index);                  // 更新 index 顶点到周围顶点的距离和前驱顶点
        }
    }
```

```
    /**
     * 更新 index 下标顶点到周围顶点的距离和周围顶点的前驱顶点
     *
     * @param index
     */
    public void update(int index) {
        int len = 0;
        //遍历邻接矩阵的 martix[index]行
        for (int j = 0; j < matrix[index].length; j++) {
            //len 表示出发顶点到 index 顶点的距离 + 从 index 顶点到 j 顶点的距离的和
            len = vv.getDis(index) + matrix[index][j];
            //如果 j 顶点没有被访问过,并且 len 小于出发顶点到 j 顶点的距离,就需要更新
            if (!vv.in(j) && len < vv.getDis(j)) {
                vv.updatePre(j, index); //更新 j 顶点的前驱结点为 index 顶点
                vv.updateDis(j, len);  //更新出发顶点到 j 顶点的距离
            }
        }
    }

}

//已访问的顶点的集合
class VisitedVertex {
    //记录各个顶点是否访问过,1 表示访问过,0 表示未访问,会动态更新
    public int[] already_arr;

    //每个下标对应的值为前一个顶点的下标,会动态更新
    public int[] pre_visited;

    //记录出发顶点到其他所有顶点的距离,如 D 点出发,则记录 D 点到其他顶点的距离,将最短距
离存放到 dis 数组中
    public int[] dis;

    /**
     * 构造方法
     *
     * @param length 顶点的个数
     * @param index 出发顶点对应的下标,如从 D 顶点出发,则 index = 3
     */
    public VisitedVertex(int length, int index) {
        this.already_arr = new int[length];
        this.pre_visited = new int[length];
        this.dis = new int[length];
        //初始化 dis 数组
        //开始时出发点到其他所有的顶点的距离都是 65535(表示不可达)
        Arrays.fill(dis, 65535);
        //设置出发顶点被访问过
        this.already_arr[index] = 1;
        //出发顶点到自身的距离为 0
        this.dis[index] = 0;
```

```
    }

    /**
     * 判断 index 指向的结点是否被访问过(1 表示访问过)
     * 如果访问过则返回 true,否则返回 false
     *
     * @param index
     * @return
     */
    public boolean in(int index) {
        return already_arr[index] == 1;
    }

    /**
     * 更新出发顶点到 index 顶点的距离
     *
     * @param index
     * @param len
     */
    public void updateDis(int index, int len) {
        dis[index] = len;
    }

    /**
     * 更新 pre 这个顶点的前驱顶点为 index 顶点
     *
     * @param pre
     * @param index
     */
    public void updatePre(int pre, int index) {
        pre_visited[pre] = index;
    }

    /**
     * 返回出发顶点到 index 顶点的距离
     *
     * @param index
     * @return
     */
    public int getDis(int index) {
        return dis[index];
    }

    /**
     * 继续选择并返回新的访问结点,如这里的 D 顶点之后,将 C 顶点作为新的访问顶点(不是出
发顶点)
     *
     * @return
     */
    public int updateArr() {
        int min = 65535;
```

```
            int index = 0;
            for (int i = 0; i < already_arr.length; i++) {
                if (already_arr[i] == 0 && dis[i] < min) {
                    min = dis[i];
                    index = i;
                }
            }
            //更新 index 被访问过
            already_arr[index] = 1;
            return index;
        }

        //显示最后的结果,即输出 3 个数组
        public void show() {
            System.out.println("Dijkstra 算法结果为:");
            for (int i : already_arr) {
                System.out.print(i + " ");
            }
            System.out.println();

            for (int i : pre_visited) {
                System.out.print(i + " ");
            }
            System.out.println();

            for (int di : dis) {
                System.out.print(di + " ");
            }
            System.out.println();

            char[] vertex = {'A', 'B', 'C', 'D', 'E', 'F', 'G'};
            int count = 0;
            for (int di : dis) {
                if (di != 65535) {
                    System.out.print(vertex[count] + "(" + di + ")");
                } else {
                    System.out.print("N");
                }
                count++;
            }

        }

    }
```

小　　结

(1) 图是一种数据元素间具有"多对多"关系的非线性数据结构,由顶点集 V 和边集 E 组成,记作 $G=(V,E)$。

(2) 图的常见存储结构有邻接矩阵、邻接表、十字链表 3 种。邻接矩阵是图,用二维数组存储;邻接表和十字链表是图的链式存储结构。

(3) 图的遍历是指从图的任意一个顶点出发对图的每个顶点访问且仅访问一次的过程。图的遍历方式分为两种,即广度优先搜索遍历和深度优先搜索遍历。

(4) 由广度优先遍历和深度优先遍历得到的生成树分别称为广度优先生成树和深度优先生成树。在一个网的所有生成树中权值总和最小的生成树称为最小代价生成树,简称为最小生成树,最小生成树不一定唯一。建立最小生成树的方法有 Kruskal 算法和 Prim 算法。

(5) 最短路径的求解问题主要分为两类,即求某个顶点到其余顶点的最短路径、求每一对顶点间的最短路径,可以分别使用 Dijkstra 算法和 Floyd 算法解决这两类问题。

(6) 可以使用有向图表示活动之间相互制约的关系,顶点表示活动,弧表示活动之间的优先关系,这种有向图称为顶点活动网(AOV)。若在 AOV 网中存在一条从顶点 u 到顶点 v 的弧,则活动 u 一定优先于活动 v 发生。

(7) 若以弧表示活动,弧上的权值表示进行该项活动需要的时间,顶点表示事件,这种有向网称为边活动网络,简称为 AOE 网。AOE 网络常用来表示工程的进行,一个工程的 AOE 网应该是只有一个源点和一个汇点的有向无环图。由于 AOE 网中的某些活动可以并行进行,故完成整个工程的最短时间即从源点到汇点的最长路径的长度,这条路径称为关键路径,构成关键路径的弧即为关键活动。

习 题 6

一、选择题

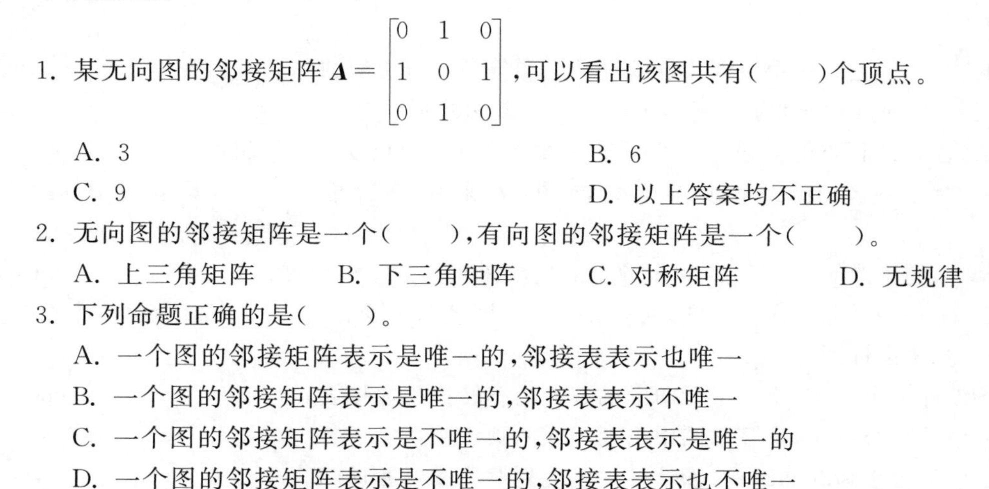

1. 某无向图的邻接矩阵 $\boldsymbol{A}=\begin{bmatrix}0&1&0\\1&0&1\\0&1&0\end{bmatrix}$,可以看出该图共有(　　)个顶点。

   A. 3　　B. 6　　C. 9　　D. 以上答案均不正确

2. 无向图的邻接矩阵是一个(　　),有向图的邻接矩阵是一个(　　)。

   A. 上三角矩阵　　B. 下三角矩阵　　C. 对称矩阵　　D. 无规律

3. 下列命题正确的是(　　)。

   A. 一个图的邻接矩阵表示是唯一的,邻接表表示也唯一
   B. 一个图的邻接矩阵表示是唯一的,邻接表表示不唯一
   C. 一个图的邻接矩阵表示是不唯一的,邻接表表示是唯一的
   D. 一个图的邻接矩阵表示是不唯一的,邻接表表示也不唯一

4. 在一个具有 n 个顶点的有向完全图中包含有(　　)条边。

   A. $n(n-1)/2$　　B. $n(n-1)$　　C. $n(n+1)/2$　　D. n^2

5. 一个具有 n 个顶点、k 条边的无向图是一个森林($n>k$),则该森林中必有(　　)棵树。

   A. k　　B. n　　C. $n-k$　　D. 1

6. 用深度优先遍历方法遍历一个有向无环图,并在深度优先遍历算法中按退栈次序打印出相应的顶点,则输出的顶点序列是(　　)。

A. 逆拓扑有序　　B. 拓扑有序

C. 无序　　D. 深度优先遍历序列

7. 关键路径是AOE网中(　　)。

A. 从源点到终点的最长路径　　B. 从源点到终点的最长路径

C. 最长的回路　　D. 最短的回路

二、填空题

1. 设无向图 G 中顶点数为 n,则图 G 最少有________条边、最多有________条边;若 G 为有向图,则最少有________条边、最多有________条边。

2. 任何连通图的连通分量只有一个,即________。

3. 图的存储结构主要有两种,分别是________和________。

4. 已知无向图 G 的顶点数为 n、边数为 e,其邻接表表示的空间复杂度为________。

5. 已知一个有向图的邻接矩阵表示,计算第 j 个顶点的入度的方法是________。

6. 有向图 G 用邻接矩阵 $\mathbf{A}[n][n]$ 存储,其第 i 行的所有元素之和等于顶点 i 的________。

7. 图的深度优先遍历类似于树的________遍历,它所用到的数据结构是________;图的广度优先遍历类似于树的________遍历,它所用到的数据结构是________。

8. 对于含有 n 个顶点、e 条边的连通图,利用Prime算法求最小生成树的时间复杂度为________,利用Kruskal算法求最小生成树的时间复杂度为________。

9. 如果一个有向图不存在________,则该图的全部顶点可以排列成一个拓扑序列。

10. 在一个有向图中若存在弧,则在其拓扑序列中顶点 v_i、v_j、v_k 的相对次序为________。

11. 在一个无向图中所有顶点的度数之和等于所有边数的________倍。

12. n 个顶点的强连通图至少有________条边的形状是________。

13. 含 n 个顶点的连通图中的任意一条简单路径的长度不可能超过________。

14. 对于一个有 n 个顶点的无向图,若采用邻接矩阵存储,则该矩阵的大小是________。

15. 图的生成树________,n 个顶点的生成树有________条边。

16. G 是一个非连通无向图,共有28条边,则该图至少有________个顶点。

三、算法设计题

1. 设计一个算法,将一个无向图的邻接矩阵转换为邻接表。

2. 设计一个算法,计算出图中出度为零的顶点个数。

3. 以邻接表为存储结构,设计按深度优先遍历图的非递归算法。

4. 已知一个有向图的邻接表,编写算法建立其逆邻接表。

5. 设计一个算法,分别基于深度优先搜索和广度优先搜索编写算法,判断以邻接表存储的有向图中是否存在由顶点 v_i 到顶点 v_j 的路径。

6. 图6.11所示为一个无向带权图,请分别按Prime算法和Kruskal算法求最小生成树。

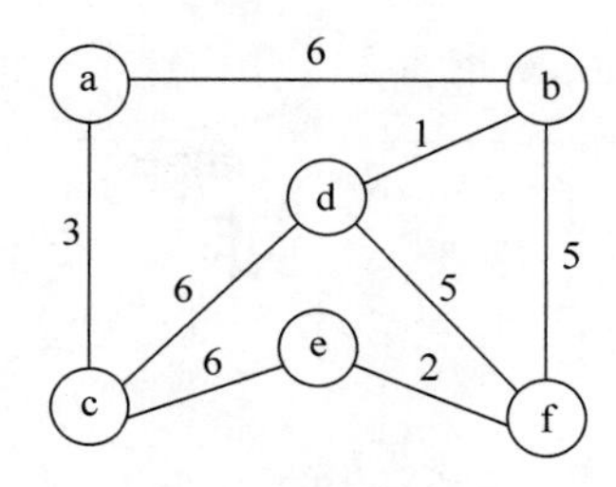

图 6.11 无向带权图

7. 求图 6.12 中源点 v_1 到其他各顶点的最短路径。

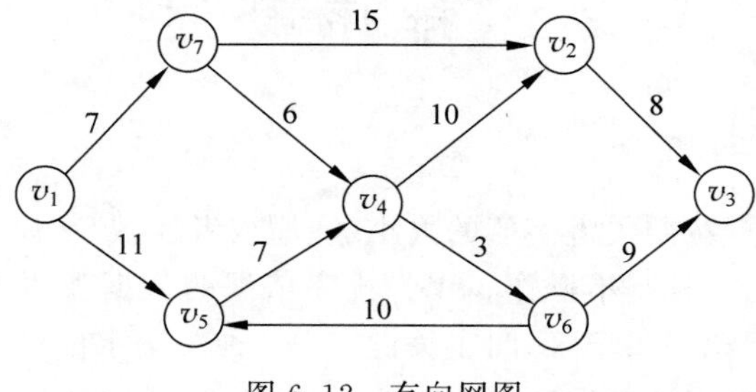

图 6.12 有向网图

第7章 排　序

7.1 排序概述

7.1.1 排序的基本概念

排序是指将一组数据按照关键字值的大小(递增或者递减)次序进行排列。排序是线性表、二叉树等数据结构的一种基本操作。作为排序依据的数据项叫关键字。关键字分为两种,一种关键字能唯一标识一条记录,叫主关键字;一种关键字标识多条记录,叫次关键字。可以指定一个数据元素的多个数据项分别作为关键字进行排序,显然排序结果不同。例如学号、班级、成绩等数据项均可以作为学生信息数据元素的关键字,按主关键字进行排序,结果唯一;按非主关键字进行排序,结果不唯一,班级学生的次序不能确定,哪个在前后都有可能。

按照排序过程中所涉及的存储器的不同可将排序分为内部排序和外部排序两种类型。内部排序是指排序序列完全存放在内存中的排序过程;外部排序是指需要将数据元素存储在外部存储器上的排序过程。

排序又可分为稳定排序和不稳定排序。稳定排序是指在用某种排序算法依据关键字进行排序后具有相同关键字的数据元素的位置关系与排序前相同的排序过程,反之则为不稳定排序。

7.1.2 排序算法的性能评价

通常从时间复杂度和空间复杂度两个方面评价排序算法的性能。排序的时间复杂度主要用算法执行过程中的比较和移动次数来计算;排序的空间复杂度主要用外部存储空间的大小来计算。

排序往往处于软件的核心部分,经常被使用,所以其性能的优劣对软件质量的好坏起着重要的作用。

7.1.3 待排序的记录和顺序表的类描述

因为待排序的数据元素通常存储在顺序表中,所以本章中的排序算法都是以顺序表为基础进行设计的。

待排序的记录的类 Java 语言描述如下:

```
1  package ch07;
```

```
2  public class RecordNode {
3  public int key;                                //关键字
4  public Object data;                            //数据元素的值
5
6  public RecordNode(int key,Object data){
7       this.key = key;
8       this.data = data;
9  }
10 }
```

待排序的顺序表的类 Java 语言描述如下：

```
1  package ch07;
2  public class SqList {
3  public RecordNode[] list;                      //待排序顺序表的记录集合
4  public int len;                                //顺序表的长度
5  public int maxSize;                            //顺序表的最大存储空间
6  public SqList(int maxSize){
7       list = new RecordNode[maxSize];
8       len = 0;
9       this.maxSize = maxSize;
10 }
11 //在第 i 个位置之前插入记录 x
12  public void insert(int i,RecordNode x) throws Exception{
13       if(len == maxSize)
14           throw new Exception("顺序表已满");
15       if(i < 0||i > len)
16           throw new Exception("插入位置不合理");
17       for(int j = len;j > i;j--){
18           list[j] = list[j - 1];
19       }
20       list[i] = x;
21       len++;
22  }
23 }
```

7.2 插入排序

7.2.1 直接插入排序

1. 直接插入算法的实现

直接插入排序是指将一条待排序的记录按照其关键字值的大小插入到已排序的记录序列中的正确位置，依次重复，直到全部记录都插入完成。其主要步骤如下。

(1) 将 list[i]存放在临时变量 p 中。

(2) 将 p 与 list[$i-1$]、list[$i-2$]、…、list[0]依次比较，若有 $p<$list[j].key($j=i-1$、$i-2$、…、0)，则将 list[j]后移一个位置，直到 $p\geq$list[j].key 为止。当 $p\geq$list[j].key 时，将 p 插入到 list[$j+1$]的位置。

(3) 令 $i=1,2,3,\cdots,n-1$,重复步骤(1)~(3)。

假设一组待排序的记录的关键字序列为{2,45,36,72,34},直接插入排序的过程如图7.1所示。

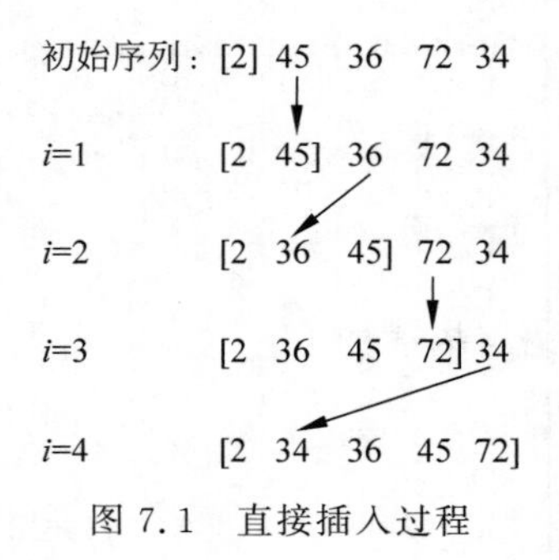

图7.1 直接插入过程

【算法7.1】 直接插入排序。

```
1  public void insertSort(){
2      RecordNode p = new RecordNode();
3      for(int i = 1;i < len;i++){                    //进行 len - 1 次扫描
4          p = list[i];
5          int j;
6          for(j = i - 1;j >= 0;j -- ){               //比 list[i]大的元素后移
7              if(list[j].key > p.key){
8                  list[j + 1] = list[j];
9              }
10             else
11                 break;
12         }
13         list[j + 1] = p;                           //插入
14     }
15 }
```

2. 算法性能分析

1) 时间复杂度

有序表中逐个插入的操作进行了 $n-1$ 趟,每趟的插入操作的时间主要耗费在关键字的比较和数据元素的移动上。

最好情况下待排列的顺序表已按关键字值有序,每趟排序比较一次,移动两次,总的比较和移动次数为 $3(n-1)$；最坏情况下待排序的顺序表已按关键字值逆序排列,每趟比较 i 次,移动 $i+2$ 次,总的比较和移动次数为 $\sum_{i=1}^{n-1}(2i+2)=n^2+n$；一般情况下,排序记录是随机序列,第 i 趟排序所需的比较和移动次数取平均值,约为 i 次,总的比较和移动次数为 $\sum_{i=1}^{n-1}i=\frac{n(n-1)}{2}\approx\frac{n^2}{2}$,因此直接插入排序的时间复杂度为 $O(n^2)$。

2) 空间复杂度

由于其仅使用了一个辅助存储单元p,所以空间复杂度为 $O(1)$。

3）算法稳定性

使用直接插入排序后具有相同关键字的数据元素的位置关系与排序前相同，因此直接插入排序是一种稳定的排序算法。

7.2.2 希尔排序

1. 希尔排序算法的实现

希尔排序是 D. L. Shell 在 1959 年提出的，又称缩小增量排序，是对直接插入排序的改进算法，其基本思想是分组的直接插入排序。

由直接插入排序算法分析可知，数据序列越接近有序时间效率越高，当 n 较小时时间效率也较高。希尔排序正是针对这两点对直接插入排序算法进行改进。希尔排序算法的描述如下。

（1）将一个数据元素序列分组，每组由若干个相隔一段距离的元素组成，在一个组内采用直接插入算法进行排序。

（2）增量的初值通常为数据元素序列的一半，以后每趟增量减半，最后值为 1。随着增量逐渐减小，组数也减少，组内元素的个数增加，数据元素序列接近有序。

其主要步骤如下。

（1）设定一个增量序列$\{d_0, d_1, \cdots, 1\}$。

（2）根据当前增量 d_i 将间隔为 d_i 的数据元素组成一个子表，共 d_i 个子表。

（3）对各子表中的数据元素进行直接插入排序。

（4）重复步骤（2）、（3），直到进行完 $d_i=1$，此时序列已按关键字值排序。

假设一组待排序的记录的关键字序列为{2,18,23,56,78,70,45,36,72,34}，增量分别取 5、3、1，则希尔排序的过程如图 7.2 所示。

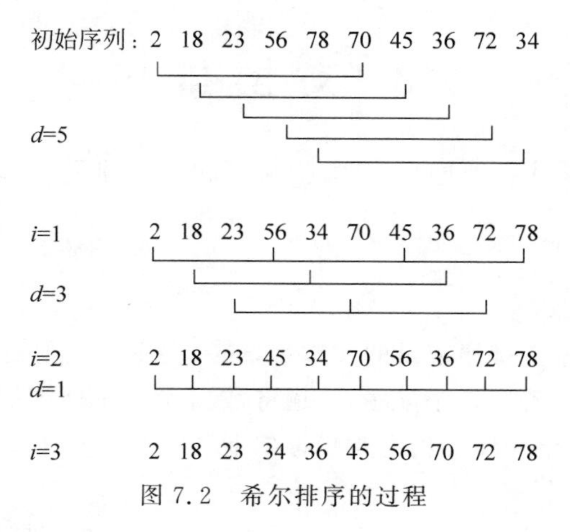

图 7.2 希尔排序的过程

【算法 7.2】 希尔排序。

```
1  public void shellSort(int [ ]d){
2      RecordNode p = new RecordNode();
3      for(int i = 0;i < d.length;i++){                    //选取不同的增量
4          int k = d[i];
```

```
5          for(int j = k;j < len&&j < 2 * k;j++){       //在增量内进行直接插入排序
6              p = list[j];
7              int m;
8              for(m = j - k;m > = 0;m = m - k){
9                  if(list[m].key > p.key)
10                     list[m + k] = list[m];
11                 else
12                     break;
13             }
14             list[m + k] = p;
15         }
16     }
17 }
```

2. 算法性能分析

1) 时间复杂度

希尔排序的关键字比较次数和数据元素的移动次数取决于增量的选择,目前还没有更好的选取增量序列的方法。Hibbard 提出了一种增量序列$\{2^k-1,2^{k-1}-1,\cdots,7,3,1\}$,可以使时间复杂度达到$O(n^{3/2})$。需要注意的是,增量序列中应没有除 1 以外的公因子,并且最后一个增量值必须为 1。

2) 空间复杂度

希尔排序仍只使用了一个额外的存储空间 p,其空间复杂度为 $O(1)$。

3) 算法稳定性

希尔排序算法在比较过程中会错过关键字相等的数据元素的比较,算法不能控制稳定,因此希尔排序是一种不稳定的排序算法。

7.3 交换排序

基于交换的排序算法主要有两种,即冒泡排序和快速排序。

7.3.1 冒泡排序

1. 冒泡排序算法的实现

冒泡排序是两两比较待排序记录的关键字,如果次序相反则交换两个记录的位置,直到序列中的所有记录有序。若按升序排序,每趟将数据元素序列中的最大元素交换到最后的位置,就像气泡从水里冒出一样。其主要步骤如下。

(1) 设交换次数 $k=1$。

(2) 在常数为 n 的序列$\{a[0],a[1],\cdots,a[n-1]\}$中从头到尾比较 $a[i]$和 $a[i+1]$,若 $a[i].\text{key}>a[i+1].\text{key}$,则交换两个元素的位置,其中,$0\leqslant i<n-i$。

(3) k 增加 1。

(4) 重复步骤(2)、(3),直到 $k=n-1$ 或者步骤(2)中未发生交换为止。

假设一组待排序的记录的关键字序列为{2,23,18,56,78,70,45,36,72,34},冒泡排序的过程如图 7.3 所示。

初始序列：2 23 18 56 78 70 45 36 72 34

第一趟： 2 18 23 56 70 45 36 72 34 78

第二趟： 2 18 23 56 45 36 70 34 72 78

第三趟： 2 18 23 45 36 56 34 70 72 78

第四趟： 2 18 23 36 45 34 56 70 72 78

第五趟： 2 18 23 36 34 45 56 70 72 78

第六趟： 2 18 23 34 36 45 56 70 72 78

图 7.3 冒泡排序过程

【算法 7.3】 冒泡排序。

```
1  public void bubbleSort(){
2      RecordNode p = new RecordNode();
3      boolean flag = true;                        //一趟排序过程中是否进行了交换
4      for(int i = 1;i < len&&flag;i++){           //最多进行 len - 1 次
5          flag = false;
6          for(int j = 0;j <= len - i - 1;j++){    //冒泡过程
7              if(list[j + 1].key < list[j].key){
8                  p = list[j];
9                  list[j] = list[j + 1];
10                 list[j + 1] = p;
11                 flag = true;
12             }
13         }
14     }
15 }
```

2. 算法性能分析

1）时间复杂度

最好情况下排序表已经有序，只进行一趟冒泡排序，这次操作中发生了 $n-2$ 次的比较；最坏情况下排序表逆序，需要进行 $n-1$ 趟冒泡排序，在第 i 趟排序中比较次数为 $n-i$、移动次数为 $3(n-i)$，总的比较和移动次数为 $\sum_{i=1}^{n-1}4(n-i)=2(n^2-n)$；一般情况下排序记录是随机序列，冒泡排序的时间复杂度为 $O(n^2)$。

2）空间复杂度

冒泡排序仅用了一个辅助存储单元 p，所以其空间复杂度为 $O(1)$。

3）算法稳定性

冒泡排序是一种稳定的排序算法。

视频讲解

7.3.2 快速排序

1. 快速排序算法的实现

快速排序是一种分区交换排序算法，是冒泡排序的改进，其采用了分治策略，将问题划分成若干规模更小但和原问题相似的子问题，然后用递归方法解决这些子问题，最终将它们组合成原问题的解。

快速排序将要排序的序列分成独立的两个部分，其中一部分的关键字值都比另一部分的关键字值大，然后分别对这两个部分进行快速排序，排序过程递归进行，整个序列最终达到有序。

独立的两个部分的划分方法为在序列中任意选取一条记录，然后将所有关键字值比它大的记录放到它的后面，将所有关键字值比它小的记录放到它的前面。这条记录叫支点。

其主要步骤如下。

(1) 设置两个变量 low、high，分别表示待排序序列的起始下标和终止下标。

(2) 设置变量 p=list[low]。

(3) 从下标为 high 的位置从后向前依次搜索，当找到第 1 个比 p 的关键字值小的记录时将该数据移动到下标为 low 的位置上，low 加 1。

(4) 从下标为 low 的位置从前向后依次搜索，当找到第 1 个比 p 的关键字值大的记录时将该数据移动到下标为 high 的位置上，high 减 1。

(5) 重复步骤(3)和(4)，直到 high=low 为止。

(6) list[low]=p。

假设一组待排序的记录的关键字序列为{45,53,18,36,72,30,48,93,15,36}，以排序码 45 进行第一次划分的过程如图 7.4 所示。

```
[45  53  18  36  72  30  48  93  15  36]   移动比较
     ↑i                              ↑j
[45  36  18  36  72  30  48  93  15  53]   交换位置
     ↑i                              ↑j
[45  36  18  36  72  30  48  93  15  53]   移动比较
                 ↑i              ↑j
[45  36  18  36  15  30  48  93  72  53]   交换位置
                 ↑i              ↑j
[45  36  18  36  156 30  48  93  72  53]   移动比较
                     ↑j  ↑i
[45  36  18  36  15  45  48  93  72  53]   交换位置
                     ↑j  ↑i
[30  36  18  36  15] 45  [48 93  72  53]   完成一次划分
```

图 7.4 进行第一次划分的过程

快速排序的过程如图 7.5 所示。

```
[45  53   18  36  72  30  48  93  15  36]

[30  36   18  36  15] 45  [48 93  72  53]

[18  15]  30  [36 36] 45  [48 93  72  53]

15   18   30  [36 36] 45  [48 93  72  53]

15   18   30  36  36  45  [48 93  72  53]

15   18   30  36  36  45  48  [53 72] 93

15   18   30  36  36  45  48  53  72  93
```

图 7.5 快速排序的过程

【算法 7.4】 快速排序。

```
1  public void qSort(int low,int high){
2      if(low < high){
3          int p = Partition(low,high);          //将排序表分为两个部分,返回支点位置
4          qSort(low,p-1);                       //递归对两个部分进行快速排序
5          qSort(p+1,high);
6      }
7  }
8  public int Partition(int low,int high){
9      RecordNode p = list[low];                 //第一个元素作为支点
10     while(low < high){                        //从顺序表的两端交替扫描
11         while(low < high&&list[high].key > p.key){
12             high--;
13         }
14         if(low < high){
15             list[low] = list[high];
16             low++;
17         }
18         while(low < high&&list[low].key < p.key){
19             low++;
20         }
21         if(low < high){
22             list[high] = list[low];
23             high--;
24         }
25     }
26     list[low] = p;
27     return low;
28 }
```

2. 算法性能分析

1）时间复杂度

快速排序的执行时间与数据元素序列的初始排列以及基准值的选取有关。最坏情况下待排序序列基本有序，每次划分只能得到一个子序列，等同于冒泡排序，时间复杂度为 $O(n^2)$；一般情况下，对于具有 n 条记录的序列来说，一次划分需要进行 n 次关键字的比较，其时间复杂度为 $O(n)$，设 $T(n)$ 为对其进行快速排序所需要的时间，可得：

$$
\begin{aligned}
T(n) &\leqslant cn + 2T(n/2) \\
&\leqslant cn + 2(cn/2 + 2T(n/4)) = 2cn + 4T(n/4) \\
&\leqslant 2cn + 4(cn/4 + 2T(n/8)) = 3cn + 8T(n/8) \\
&\quad \vdots \\
&\leqslant cn\log_2 n + nT(1) = O(n\log_2 n)
\end{aligned}
$$

所以快速排序是内部排序中速度最快的，其时间复杂度为 $O(n\log_2 n)$。

快速排序的基准值的选择有许多方法，可以选取序列的中间值等，但由于数据元素序列的初始排列是随机的，不管如何选择基准值总会存在最坏情况。总之，当 n 较大并且数据元素序列随机排列时，快速排序是快速的；当 n 很小或者基准值选取不合适时，快速排序较慢。

2) 空间复杂度

快速排序需要额外存储空间栈来实现递归，递归调用的指针的参数都要存放到栈中。快速排序的递归过程可用递归树来表示。最坏情况下树为单枝树，高度为 $O(n)$，其空间复杂度为 $O(n)$。若划分较为均匀，二叉树的高度为 $O(\log_2 n)$，其空间复杂度也为 $O(\log_2 n)$。

3) 算法稳定性

快速排序是一种不稳定的排序算法。

【例 7.1】 对 n 个元素组成的顺序表进行快速排序时所需进行的比较次数与这 n 个元素的初始排序有关。问：

(1) 当 $n=7$ 时，在最好情况下需进行多少次比较？请说明理由。

(2) 当 $n=7$ 时，给出一个最好情况下的初始排序的实例。

(3) 当 $n=7$ 时，在最坏情况下需进行多少次比较？请说明理由。

(4) 当 $n=7$ 时，给出一个最坏情况下的初始排序的实例。

解：

(1) 在最好情况下每次划分能得到两个长度相等的子文件。假设文件的长度 $n=2k-1$，那么第一遍划分得到两个长度均为 $n/2$ 的子文件，第二遍划分得到 4 个长度均为 $n/4$ 的子文件，依此类推，总共进行 $k=\log_2(n+1)$ 遍划分，各子文件的长度均为 1，排序完毕。当 $n=7$ 时，$k=3$，在最好情况下第一遍需比较 6 次，第二遍分别对两个子文件(长度均为 3，$k=2$)进行排序，各需两次，共 10 次即可。

(2) 在最好情况下快速排序的原始序列实例为{4,1,3,2,6,5,7}。

(3) 在最坏情况下若每次用来划分的记录的关键字具有最大(或最小)值，那么只能得到左(或右)子文件，其长度比原长度少 1。因此，若原文件中的记录按关键字递减次序排列，而要求排序后按递增次序排列快速排序的效率与冒泡排序相同，所以当 $n=7$ 时最坏情况下的比较次数为 21 次。

(4) 在最坏情况下快速排序的初始序列实例{7,6,5,4,3,2,1}要求按递增排序。

7.4 选择排序

7.4.1 直接选择排序

1. 直接选择排序算法的实现

直接选择排序是从序列中选择关键字值最小的记录进行放置，直到整个序列中的所有记录都选完为止。直接选择排序在第一次选择中从 n 个记录中选出关键字值最小的记录与第一个记录交换，在第二次选择中从 $n-1$ 个元素中选取关键字值最小的记录与第二个记录交换，依此类推，在第 i 次选择中从 $n-i+1$ 个元素中选取关键字值最小的记录和第 i 个记录交换，直到整个序列按关键字值有序时停止。

其主要步骤如下。

(1) 令 $i=0$。

(2) 在无序序列 $\{a_i, a_{i+1}, \cdots, a_{n-1}\}$ 中选出关键字值最小的记录 $a_{\min}$。

(3) $a_{\min}$ 与 a_i 交换位置，i 加 1。

(4) 重复步骤(2)和(3),直到 $i=n-2$ 时停止。

假设一组待排序的记录的关键字序列为{36,23,18,56,78,70,45,2},直接选择排序的过程如图 7.6 所示。

```
初始数据:  36  23  18  56  78  70  45  2
第一趟:   [2]  23  18  56  78  70  45  36
第二趟:   [2  18]  23  56  78  70  45  36
第三趟:   [2  18  23]  56  78  70  45  36
第四趟:   [2  18  23  36]  78  70  45  56
第五趟:   [2  18  23  36  45]  70  78  56
第六趟:   [2  18  23  36  45  56]  78  70
第七趟:   [2  18  23  36  45  56  70  78]
```

图 7.6 直接选择排序过程

【算法 7.5】 直接选择排序。

```
1  public void selectSort(){
2      RecordNode p = new RecordNode();
3      for(int i = 0;i < len - 1;i++){                    //进行 n - 1 趟选择
4          int min = i;
5          for(int j = i;j < len;j++){                    //寻找关键字值最小的记录的位置
6              if(list[j].key < list[min].key)
7                  min = j;
8          }
9          if(min!= i){                                   //交换位置
10             p = list[i];
11             list[i] = list[min];
12             list[min] = p;
13         }
14
15     }
16 }
```

2. 算法性能分析

1) 时间复杂度

直接选择排序的比较次数与数据元素序列的初始排列无关,移动次数与初始排列有关。直接选择排序的移动次数较少,最好情况为序列有序,移动 0 次,最坏情况为序列逆序,移动 $3(n-1)$ 次。其比较次数较多,进行了 $n-1$ 趟选择,每趟需要进行 $n-1-i$ 次比较,所以总的比较次数为 $\sum_{i=0}^{n-2}(n-i-1)=\frac{n(n-1)}{2}$,所以直接选择排序的时间复杂度为 $O(n^2)$。

2) 空间复杂度

直接选择排序过程用了一个额外的存储单元 p,所以其空间复杂度为 $O(1)$。

3）算法稳定性

直接选择排序是一种不稳定的排序算法。

7.4.2 堆排序

1. 堆的定义

假设有 n 个记录关键字的序列为 $\{k_0, k_1, \cdots, k_{n-1}\}$，当且仅当满足下面的条件时称为堆。

$$\begin{cases} k_i \leqslant k_{2i+1}, & 2i+1 < n \\ k_i \leqslant k_{2i+2}, & 2i+2 < n \end{cases}$$

或

$$\begin{cases} k_i \geqslant k_{2i+1}, & 2i+1 < n \\ k_i \geqslant k_{2i+2}, & 2i+2 < n \end{cases}$$

前者称为小顶堆，后者称为大顶堆。

直接选择排序算法有以下两个缺点。

(1) 选择最小值效率低，必须遍历子序列，比较了所有元素后才能选出最小值。

(2) 每趟将最小值交换到前面，其余元素原地不动，下一趟没有利用前一趟的比较结果，需要重复进行数据元素关键字值的比较，效率较低。

堆排序是利用完全二叉树特性的一种选择排序。虽然堆中的记录无序，但在小顶堆中堆顶记录的关键字值最小，在大顶堆中堆顶记录的关键字值最大，因此堆排序是首先将 n 条记录按关键字值的大小排成堆，将堆顶元素与第 $n-1$ 个元素交换位置并输出，再将前 $n-1$ 个记录排成堆，将堆顶元素与第 $n-2$ 个元素交换并输出，依此类推，即可得到一个按关键字值进行排序的有序序列。

2. 用筛选法调整堆

在进行堆排序的过程中，当堆顶元素和堆中的最后一个元素交换位置后根结点和其子结点的关键字值不再满足堆的定义，需要进行调整。

用筛选法调整堆是将根结点和其左、右孩子结点的关键字值进行比较，其与具有较小关键字值的孩子结点进行交换。被交换的孩子结点所在的子树可能不再满足堆的定义，重复对不满足堆定义的子树进行交换操作，直到堆被建成。

调整堆的主要步骤如下。

(1) 设置变量 i 为需要调整的序列的最小下标 low，设置变量 $j=2i+1$，设置变量 $p=$ list[i]。

(2) 当 $j \leqslant$ high-1 时，若 list[j].key$>$list[$j+1$].key，j 加 1。

(3) 若 $p>$list[j].key，则 list[i]$=$list[j]，$i=j$，$j=2*i=1$。

(4) 重复步骤(2)、(3)，直到 $j>$high。

(5) list[i]$=p$。

【算法 7.6】 用筛选法调整堆。

```
1  public void sift(int low, int high){
2      int i = low;
```

```
3       int j = 2 * i + 1;
4       RecordNode p = list[i];
5       while(j < high){
6           if(j < high - 1&&list[j].key > list[j + 1].key) //比较左、右孩子结点的关键字值的大小
7               j++;
8           if(p.key > list[j].key){                    //交换父结点和子结点,并向下进行筛选
9               list[i] = list[j];
10              i = j;
11              j = 2 * i + 1;
12          }
13          else{                                       //退出循环
14              j = high + 1;
15          }
16      }
17      list[i] = p;
18 }
```

3. 堆排序

堆排序的主要步骤如下。

(1) 将待排序序列建成一棵完全二叉树。

(2) 将完全二叉树建堆。

(3) 输出堆顶元素并用筛选法调整堆,直到二叉树只剩下一个结点。

为一个序列建堆的过程就是对完全二叉树进行从下往上反复筛选的过程。筛选从最后一个非叶结点开始向上进行,直到对根结点进行筛选,堆被建成。

【算法 7.7】 堆排序。

```
1  public void heapSort(){
2      RecordNode p = new RecordNode();
3      for(int i = len/2 - 1;i >= 0;i -- ){             //创建堆
4          sift(i,len - 1);
5      }
6      for(int i = len - 1;i > 0;i -- ){                //用筛选法调整堆
7          p = list[0];
8          list[0] = list[i];
9          list[i] = p;
10         sift(0,i - 1);
11     }
12 }
```

4. 算法性能分析

1) 时间复杂度

假设在堆排序过程中产生的二叉树的树高为 k,则 $k=\lfloor \log_2 n \rfloor+1$,一次筛选过程,关键字的比较最多为 $2(k-1)$ 次,交换最多为 k 次,所以堆排序总的比较次数不超过 $2(\lfloor \log_2(n-1) \rfloor+\lfloor \log_2(n-2) \rfloor+\cdots+\lfloor \log_2(2) \rfloor)<2n\log_2 n$。建初始堆的比较次数不超过 $4n$ 次,所以在最坏情况下堆排序算法的时间复杂度为 $O(n\log_2 n)$。

2) 空间复杂度

堆排序需要一个额外的存储空间 p,其空间复杂度为 $O(1)$。

3）算法稳定性

堆排序算法是不稳定的排序算法。

【例 7.2】 判断下面的每个结点序列是否表示一个堆，如果不是堆，请把它调整成堆。

(1) 100,90,80,60,85,75,20,25,10,70,65,50

(2) 100,70,50,20,90,75,60,25,10,85,65,80

解：

(1) 是堆。

(2) 不是堆。调成大堆：100,90,80,25,85,75,60,20,10,70,65,50

视频讲解

7.5 归并排序

归并排序是指将两个或者两个以上的有序表合并成一个新的有序表，其中有序表个数为 2 的归并排序叫二路归并排序，其他的叫多路归并排序。

1. 两个相邻有序序列归并

两个有序序列分别存放在一维数组的 $a[i..k]$ 和 $a[k+1..j]$ 中，设置数组 order[]存放合并后的有序序列。归并排序的主要步骤如下。

(1) 比较两个有序序列的第 1 个记录的关键字值的大小，将关键字值较小的记录放入数组 order[]中。

(2) 对剩余的序列重复步骤(1)的过程，直到所有的记录都放入了有序数组 order[]。

假设一组待排序的记录的关键字序列为{45,53,18,36,72,30,48,93,15,36}，归并排序的过程如图 7.7 所示。

[45] [53] [18] [36] [72] [30] [48] [93] [15] [36]

[45 53] [18 36] [30 72] [48 93] [15 36]

[18 36 45 53] [30 48 72 93] [15 36]

[18 30 36 45 48 53 72 93] [15 36]

[15 18 30 36 36 45 48 53 72 93]

图 7.7 归并排序过程

【算法 7.8】 两个相邻有序序列归并。

```
1  public void merge(RecordNode[ ] order,RecordNode[ ] a,int i,int k,int j){
2      int t = i;int m = i,n  = k + 1;
3      for(;m <= k;){
4          for(;n <= j;){                          //将具有较小关键字值的元素放入 order[]
5              if(a[m].key <= a[n].key){
6                  order[t++] = a[m++];
7              }
8              else{
9                  order[t++] = a[n++];
10             }
```

```
11             }
12         }
13         while(m <= k){                                    //将剩余元素放入 order[]
14             order[t++] = a[m++];
15         }
16         while(n <= j){
17             order[t++] = a[n++];
18         }
19 }
```

2. 一趟归并排序

一趟归并排序过程是指将待排序中的有序序列两两合并的过程,合并结果仍放在数组 order[]中。

【算法 7.9】 一趟归并排序算法。

```
1  public void mergepass(RecordNode[] order,RecordNode[] a,int s,int n){
2      int p = 0;
3      while(p + 2 * s - 1 <= n - 1){                        //两两归并长度均为 s 的有序表
4          merge(order,a,p,p + s - 1,p + 2 * s - 1);
5          p = p + 2 * s;
6      }
7      if(p + s - 1 < n - 1){                                //归并长度不等的有序表
8          merge(order,a,p,p + s - 1,n - 1);
9      }
10     else{                                                 //将一个有序表中的元素放入 order[]中
11         for(int i = p;i <= n - 1;i++){
12             order[i] = a[i];
13         }
14     }
15 }
```

3. 二路归并排序

【算法 7.10】 二路归并排序。

```
1  public void mergeSort(){
2      int s = 1;                                            //已排序的子序列的长度,初始值为 1
3      RecordNode order[] = new RecordNode[len];
4      while(s < len){                                       //归并过程
5          mergepass(order,list,s,len);
6          s = s * 2;
7          mergepass(list,order,s,len);
8          s = s * 2;
9      }
10 }
```

算法性能分析:

1) 时间复杂度

二路归并排序算法的时间复杂度等于归并的趟数与每一趟时间复杂度的乘积。归并的趟数为$\lceil \log_2 n \rceil$,每一趟归并的移动次数为数组中记录的个数 n,比较次数一定不大于移动次数,所以每一趟归并的时间复杂度为 $O(n)$,故二路归并排序算法的时间复杂度为 $O(n\log_2 n)$。

2) 空间复杂度

二路归并排序算法需要使用一个与待排序序列等长的数组作为额外存储空间存放中间结果,所以其空间复杂度为 $O(n)$。

3) 算法稳定性

二路归并排序算法是一种稳定的排序算法。

【例7.3】 设待排序的关键字序列为{15,21,6,30,23,6',20,17},试分别写出使用以下排序方法每趟排序后的结果,并说明做了多少次比较。

(1) 直接插入排序。

(2) 希尔排序(增量为5、2、1)。

(3) 冒泡排序。

(4) 快速排序。

(5) 直接选择排序。

(6) 堆排序。

(7) 二路归并排序。

解:

(1) 直接插入排序。

初始关键字序列:15,21,6,30,23,6',20,17
第一趟直接插入排序:【15,21】
第二趟直接插入排序:【6,15,21】
第三趟直接插入排序:【6,15,21,30】
第四趟直接插入排序:【6,15,21,23,30】
第五趟直接插入排序:【6,6',15,21,23,30】
第六趟直接插入排序:【6,6',15,20,21,23,30】
第七趟直接插入排序:【6,6',15,17,20,21,23,30】

(2) 希尔排序(增量为5、2、1)。

初始关键字序列:15,21,6,30,23,6',20,17
第一趟希尔排序:6',20,6,30,23,15,21,17
第二趟希尔排序:6',15,6,17,21,20,23,30
第三趟希尔排序:6',6,15,17,20,21,23,30

(3) 冒泡排序。

初始关键字序列:15,21,6,30,23,6',20,17
第一趟冒泡排序:15,6,21,23,6',20,17,30
第二趟冒泡排序:6,15,21,6',20,17,23,30
第三趟冒泡排序:6,15,6',20,17,21,23,30
第四趟冒泡排序:6,6',15,17,20,21,30,23
第五趟冒泡排序:6,6',15,17,20,21,30,23

(4) 快速排序。

初始关键字序列:15,21,6,30,23,6',20,17
第一趟快速排序:【6',6】15【30,23,21,20,17】

第二趟快速排序：6',6，15【17,23,21,20】30

第三趟快速排序：6',6，15,17【23,21,20】30

第四趟快速排序：6',6，15,17,【20,21】23,30

第五趟快速排序：6,6',15,17,20,21,30,23

(5) 直接选择排序。

初始关键字序列：15,21,6,30,23,6',20,17

第一趟直接选择排序：6,21,15,30,23,6',20,17

第二趟直接选择排序：6,6',15,30,23,21,20,17

第三趟直接选择排序：6,6',15,30,23,21,20,17

第四趟直接选择排序：6,6',15,17,23,21,20,30

第五趟直接选择排序：6,6',15,17,20,21,23,30

第六趟直接选择排序：6,6',15,17,20,21,23,30

第七趟直接选择排序：6,6',15,17,20,21,23,30

(6) 堆排序。

初始关键字序列：15,21,6,30,23,6',20,17

初始堆：6,17,6',21,23,15,20,30

第一次调堆：6',17,15，21,23,30,20,【6】

第二次调堆：15,17,20,21,23,30,【6',6】

第三次调堆：17,21,20,30,23,【15,6',6】

第四次调堆：20,21,23,30,【17,15,6',6】

第五次调堆：21,30,23,【20,17,15,6',6】

第六次调堆：23,30,【21,20,17,15,6',6】

第七次调堆：30,【23,21,20,17,15,6',6】

堆排序结果调堆：【30,23,21,20,17,15,6',6】

(7) 二路归并排序。

初始关键字序列：15,21,6,30,23,6',20,17

二路归并排序结果：15,17,20,21,23,30,6',6

各类排序方法的平均时间复杂度、最坏情况时间复杂度和空间复杂度以及稳定性情况如表 7.1 所示。

表 7.1 排序方法比较

排序方法	平均时间	最坏情况	辅助空间	稳定性
直接插入排序	$O(n^2)$	$O(n^2)$	$O(1)$	稳定
折半插入排序	$O(n^2)$	$O(n^2)$	$O(1)$	稳定
冒泡排序	$O(n^2)$	$O(n^2)$	$O(1)$	稳定
直接选择排序	$O(n^2)$	$O(n^2)$	$O(1)$	不稳定
希尔排序	$O(n^{1.3})$	$O(n^{1.3})$	$O(1)$	不稳定
快速排序	$O(n\log_2 n)$	$O(n^2)$	$O(\log_2 n)$	不稳定
堆排序	$O(n\log_2 n)$	$O(n\log_2 n)$	$O(1)$	不稳定
二路归并排序	$O(n\log_2 n)$	$O(n\log_2 n)$	$O(n)$	稳定

7.6 实　　验

7.6.1 插入排序

首先传入一个整数 N 表示元素数目,再传入 N 个整数表示数组的初始序列。请实现插入排序,输出每一次交换后的数组和最终的有序数组。

示例:

输入:

5

4 5 3 1 2

输出:

初始关键字:4　5　3　1　2

第 1 趟排序:4　5　3　1　2

第 2 趟排序:3　4　5　1　2

第 3 趟排序:1　3　4　5　2

第 4 趟排序:1　2　3　4　5

```
import java.util.Scanner;

public class U7H1 {
    public static void InsertSort(int[] source) {
        int i, j;
        int insertNode;                                        // 要插入的数据
        // 从数组的第 2 个元素开始循环将数组中的元素插入
        for (i = 1; i < source.length; i++) {
            // 设置数组中的第 2 个元素为第一次循环要插入的数据
            insertNode = source[i];
            j = i - 1;
            // 如果要插入的元素小于第 j 个元素,将第 j 个元素向后移
            while ((j >= 0) && insertNode < source[j]) {
                source[j + 1] = source[j];
                j--;
            }
            // 直到要插入的元素不小于第 j 个元素,将 insertNote 插入到数组中
            source[j + 1] = insertNode;
            System.out.print("第" + i + "趟排序:");
            printArray(source);
        }
    }

    private static void printArray(int[] source) {
        for (int i = 0; i < source.length; i++) {
            System.out.print("\t" + source[i]);
        }
        System.out.println();
```

```
    }

    public static void main(String[] args) {
        Scanner in = new Scanner(System.in);
        int N = in.nextInt();
        int[] source = new int[N];
        for(int i = 0;i < N;i++) {
            source[i] = in.nextInt();
        }
        System.out.print("初始关键字:");
        printArray(source);
        System.out.println("");
        InsertSort(source);

        System.out.print("\n\n 排序后结果:");
        printArray(source);
    }

}
```

7.6.2 链表排序

请设计一个方法,传入一个链表的头指针,对链表进行升序排序。链表元素如下:

```
class ListNode {
    ListNode next;
    int val;
    public ListNode(int n, ListNode x) {
        next = x;
        val = n;
    }
}
```

该算法为插入排序:

```
class U7H2 {
    public ListNode insertionSortList(ListNode head) {
        if (head.next == null) return head;          //一个节点情况
        ListNode virHead = new ListNode(head.val, head);
        ListNode cur = virHead;
        while (cur.next != null) {                   //循环的找待插入节点
            if (cur.val <= cur.next.val) cur = cur.next;   //大小有序就后移
            else {
                ListNode temp = cur.next;
                cur.next = cur.next.next;
                ListNode pre = virHead;              //新的遍历指针
                while (temp.val > pre.next.val){     //没找到位置就后移
                    pre = pre.next;
                }
                temp.next = pre.next;                //找到指定位置并插入
                pre.next = temp;
```

```
            }
        }
        return virHead.next;
    }
}
```

视频讲解

7.6.3 链表排序(进阶)

试在 $O(n\log n)$的时间复杂度下完成排序(提示:归并)。

```
import java.util.List;

class U7H3 {
    public ListNode sortList(ListNode head) {
        if (head == null || head.next == null) return head;
        ListNode slow = head, fast = head.next;
        while (fast != null && fast.next != null) {
            slow = slow.next;
            fast = fast.next.next;
        }
        ListNode tmp = slow.next;
        slow.next = null;
        ListNode left = sortList(head);
        ListNode right = sortList(tmp);
        ListNode dum = new ListNode(0, head);
        ListNode res = dum;
        while (left != null && right != null) {
            if (left.val > right.val) {
                dum.next = right;
                right = right.next;
            } else {
                dum.next = left;
                left = left.next;
            }
            dum = dum.next;
        }
        dum.next = left != null ? left : right;
        return res.next;
    }
}
```

小　　结

(1) 排序是指将一组数据按照关键字值的大小(递增或者递减)次序进行排列。按照排序过程中所涉及的存储器的不同可将排序分为内部排序和外部排序两种类型。排序又可分为稳定排序和不稳定排序。

(2) 常用的内部排序算法有插入排序、交换排序、选择排序、归并排序。

(3) 插入排序算法有两种,直接插入排序算法是将一条待排序的记录按照其关键字值的大小插入到已排序的记录序列中的正确位置，依此重复，直到全部记录都插入完成；希尔排序是分组的直接插入排序。

(4) 在交换排序中，冒泡排序是两两比较待排序记录的关键字，如次序相反则交换两个记录的位置，直到序列中的所有记录有序；快速排序是将要排序的序列分成独立的两个部分，其中一部分的关键字值都比另一部分的关键字值大，然后分别对这两个部分进行快速排序。

(5) 在选择排序中，直接选择排序是从序列中选择关键字值最小的记录进行放置，直到整个序列中的所有记录都选完为止；堆排序是将 n 条记录按关键字值的大小排成堆，将堆顶元素与第 $n-1$ 个元素交换位置并输出，依此类推，即可得到有序序列。

(6) 归并排序是指将两个或者两个以上的有序表合并成一个新的有序表，其中有序表个数为 2 的归并排序叫二路归并排序，其他的叫多路归并排序。

习　题　7

一、选择题

1. 在下列内部排序算法中：

A. 快速排序　　B. 直接插入排序
C. 二路归并排序　　D. 简单选择排序
E. 冒泡排序　　F. 堆排序

(1) 其比较次数与序列的初始状态无关的算法是(　　)。

(2) 不稳定的排序算法是(　　)。

(3) 在初始序列已基本有序(除去 n 个元素中的某 k 个元素后即呈有序，$k \ll n$)的情况下排序效率最高的算法是(　　)。

(4) 排序的平均时间复杂度为 $O(n\log_2 n)$ 的算法是(　　)，为 $O(n^2 n)$ 的算法是(　　)。

2. 比较次数与排序的初始状态无关的排序方法是(　　)。

A. 直接插入排序　　B. 冒泡排序　　C. 快速排序　　D. 简单选择排序

3. 对一组数据(84,47,25,15,21)排序，数据的排列次序在排序过程中的变化为

(1) 84 47 25 15 21　　(2) 15 47 25 84 21
(3) 15 21 25 84 47　　(4) 15 21 25 47 84

则采用的排序是(　　)。

A. 选择　　B. 冒泡　　C. 快速　　D. 插入

4. 下列排序算法中(　　)排序在一趟结束后不一定能选出一个元素放在其最终位置上。

A. 选择　　B. 冒泡　　C. 归并　　D. 堆

5. 一组记录的关键码为(46,79,56,38,40,84)，则利用快速排序的方法以第一个记录为基准得到的一次划分结果为(　　)。

A. (38,40,46,56,79,84)　　B. (40,38,46,79,56,84)
C. (40,38,46,56,79,84)　　D. (40,38,46,84,56,79)

6. 下列排序算法中，在待排序数据已有序时花费的时间反而最多的是(　　)排序。

A. 冒泡　　B. 希尔　　C. 快速　　D. 堆

7. 就平均性能而言,目前最好的内排序方法是(　　)排序法。

A. 冒泡　　B. 希尔插入　　C. 交换　　D. 快速

8. 下列排序算法中,占用辅助空间最多的是(　　)。

A. 归并排序　　B. 快速排序　　C. 希尔排序　　D. 堆排序

9. 若用冒泡排序法对序列{10,14,26,29,41,52}从大到小排序,需要进行(　　)次比较。

A. 3　　B. 10　　C. 15　　D. 25

10. 快速排序法在(　　)情况下最不利于发挥其长处。

A. 要排序的数据量太大　　B. 要排序的数据中含有多个相同值

C. 要排序的数据个数为奇数　　D. 要排序的数据已基本有序

11. 下列4个序列中(　　)是堆。

A. 75,65,30,15,25,45,20,10　　B. 75,65,45,10,30,25,20,15

C. 75,45,65,30,15,25,20,10　　D. 75,45,65,10,25,30,20,15

12. 有一组数据(15,9,7,8,20,−1,7,4),用堆排序的筛选方法建立的初始堆为(　　)。

A. −1,4,8,9,20,7,15,7　　B. −1,7,15,7,4,8,20,9

C. −1,4,7,8,20,15,7,9　　D. A、B、C均不对

二、填空题

1. 在索引顺序表中首先查找________,然后查找相应的________,其平均查找长度等于________。

2. 若待排序的序列中存在多个记录具有相同的键值,经过排序这些记录的相对次序仍然保持不变,则称这种排序方法是________的,否则称为________的。

3. 按照排序过程涉及的存储设备的不同排序可分为________排序和________排序。

4. 直接插入排序用监视哨的作用是________。

5. 对 n 个记录的表 $r[1..n]$ 进行简单选择排序所需进行的关键字间的比较次数为________。

三、算法设计题

1. 一个线性表中的元素为正整数或负整数,设计算法将正整数和负整数分开,使线性表的前一半为负整数、后一半为正整数,不要求对这些元素排序,但要求尽量减少比较次数。

2. 已知$(k_1,k_2,\cdots,k_n)$是堆,试写一算法将$(k_1,k_2,\cdots,k_n,k_{n+1})$调整为堆。

3. 给定 n 个记录的有序序列 $A[n]$ 和 m 个记录的有序序列 $B[m]$,将它们归并为一个有序序列,存放在 $C[m+n]$ 中,试写出这一算法。

4. 编写一个算法,在基于单链表表示的关键字序列上进行简单选择排序。

5. 设单链表的头结点指针为L、结点数据为整型,试写出对链表L按“直接插入方法”排序的算法。

6. 试设计一个双向冒泡排序算法,即在排序过程中交替改变扫描方向。

7. 写出快速排序的非递归算法。

第8章 查 找

8.1 查找的基本概念

8.1.1 什么是查找

查找是数据结构的一种基本操作,查找的效率决定了计算机某些应用系统的效率。查找算法依赖于数据机构,不同的数据结构需要采用不同的查找算法,因此如何有效地组织数据以及如何根据数据结构的特点快速、高效地获得查找结果是数据处理的核心问题。

查找就是在由一组记录组成的集合中寻找属性值符合特定条件的数据元素。若集合中存在符合条件的记录,则查找成功,否则查找失败。查找条件由包含指定关键字的数据元素给出。

根据不同的应用需求,查找结果有以下表示形式。

(1) 如果判断数据结构是否包含某个特定元素,则查找结果为是、否两个状态。

(2) 如果根据关键字查找以获得特定元素的其他属性,则查找结果为特定数据元素。

(3) 如果数据结构中含有多个关键字值相同的数据元素,需要确定返回首次出现的元素或者是返回数据元素集合。

(4) 如果查找不成功,返回相应的信息。

8.1.2 查找表

查找表是一种以同一类型的记录构成的集合为逻辑结构、以查找为核心运算的灵活的数据结构。在实现查找表时要根据实际情况按照查找的具体要求组织查找表,从而实现高效率的查找。

在查找表中常做的操作有建表、查找、读表、插入和删除。查找表分为静态查找表和动态查找表两种。静态查找表是指对表的操作不包括对表的修改的表;动态查找表是指对表的操作包括对表中的记录进行插入和删除的表。

8.1.3 平均查找长度

查找的主要操作是关键字的比较,所以衡量一个查找算法效率优劣的标准是比较次数的期望值。给定值与关键字值的比较次数的期望值也称为平均查找长度(Average Search Length),记为 ASL。

对于一个含有 n 个记录的查找表,查找成功时的平均查找长度如下:

$$\mathrm{ASL}=\sum_{i=0}^{n-1} p_i c_i$$

其中,p_i 是查找第 i 条记录的概率,c_i 是查找第 i 条记录时关键字值和给定值比较的次数。

8.2 静态表查找

静态查找表是指对表的操作不包括对表的修改的表,可以用顺序表或线性链表表示。本节中只讨论顺序表上查找的实现方法,分为顺序查找、二分查找和分块查找 3 种。此外,假设关键字值为 int 类型,采用第 7 章实现的顺序表类 SeqList 和记录结点类 RecordNode。

8.2.1 顺序查找

1. 顺序查找算法的实现

顺序查找是指从顺序表的一端开始依次将每一个数据元素的关键字值与给定值进行比较,若某个数据元素的关键字值和给定值相等,则查找成功,否则查找失败。顺序查找又叫线性查找。

【算法 8.1】 顺序查找。

```
1  public int seqSearch(int key){
2      for(int i = 0;i < len;i++){
3          if(list[i].key == key){
4              return i;           //返回关键字值与给定值相等的数据元素的下标
5          }
6      }
7      return -1;
8  }
```

2. 算法性能分析

假设查找每个数据元素的概率相等,对于一个长度为 n 的顺序表,其平均查找长度如下:

$$\mathrm{ASL}=\sum_{i=0}^{n-1} p_i c_i=\frac{1}{n}\sum_{i=0}^{n-1}(i+1)=\frac{n+1}{2}$$

若查找失败,关键字比较次数为 n,因此顺序查找的时间复杂度为 $O(n)$。

8.2.2 二分查找

1. 二分查找算法的实现

二分查找是对有序表进行的查找。通常假定有序表按关键字值从小到大有序排列,二分查找首先取整个表的中间数据元素的关键字值和给定值进行比较,若相等,则查找成功;若给定值小于该元素的关键字值,则在左子表中重复上述步骤;若给定值大于该元素的关键字值,则在右子表中重复上述步骤,直到找到关键字值为 key 的记录或子表长度为 0。二分查找又叫折半查找。

假设有序表的数据元素的关键字序列为{2,7,13,23,45,67,89,90,92},当给定的 key 值为 23 时,进行二分查找的过程如图 8.1 所示。

```
[2  7  13  23  45   67  89  90  92]
                ↑mid
[2  7  13  23  45]  67  89  90  92
        ↑mid
 2  7 [13  23  45]  67  89  90  92
            ↑mid
```

图 8.1　二分查找的过程

【算法 8.2】　二分查找。

```
1  public int binarySearch(int key){
2      if(len > 0){
3          int low = 0,high = len - 1;
4          while(low <= high){                        //查找表的上界和下界
5              int mid = (low + high)/2;              //取中间位置元素
6              if(list[mid].key == key)
7                  return mid;
8              else if(list[mid].key < key)           //查找范围为后半部分
9                  low = mid + 1;
10             else                                   //查找范围为前半部分
11                 high = mid - 1;
12         }
13     }
14     return -1;
15 }
```

2. 算法性能分析

假设查找每个数据元素的概率相等,对于一个长度为 $n=2^k-1$ 的有序表,线性表最多被平分 $k=\log_2(n+1)$次即可完成查找。又因为在 i 次查找中可以找到的元素个数为 2^{i-1} 个,所以其平均查找长度如下:

$$\mathrm{ASL}=\sum_{i=0}^{k}p_i c_i=\frac{1}{n}\sum_{i=0}^{k}(i\times 2^{i-1})=\log_2(n+1)-1+\frac{1}{n}\log_2(n+1)$$
$$\approx \log_2(n+1)-1$$

因此,查找的时间复杂度为 $O(\log_2 n)$。

8.2.3　分块查找

分块查找是将线性表分为若干块,块之间是有序的,块中的元素不一定有序,将每块中最大的关键字值按块的顺序建立索引顺序表,在查找时首先通过索引顺序表确定待查找元素可能所在的块,然后在块中寻找该元素。

索引顺序表是有序表,可以采用顺序查找或者二分查找;块中元素无序,必须采用顺序查找。

假设线性表中数据元素的关键字为{23,12,3,4,5,56,75,24,44,33,77,76,78,90,98},有 15 个结点,被分为 3 块,则要求每一块中的最大关键字值小于后一块中的最小关键字值,分块有序表的索引存储表如图 8.2 所示。

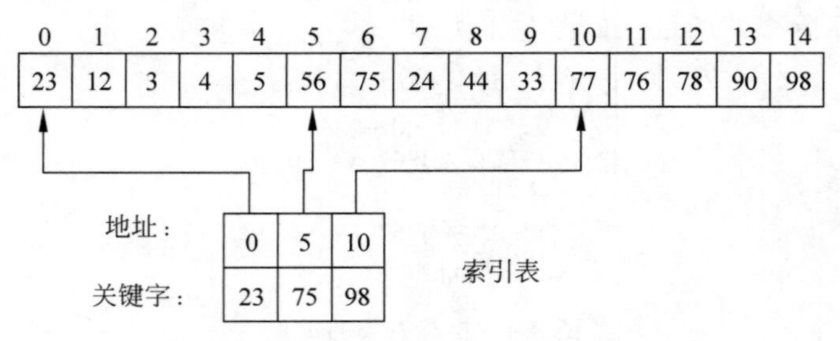

图 8.2　分块有序表的索引存储表

由于分块查找是顺序查找和二分查找的结合,因此分块查找的平均查找长度为查找索引表确定元素所在块的平均查找长度 L_b 加上在块中查找元素的平均查找长度 L_c,可表示如下:

$$ASL = L_b + L_c$$

一般将长度为 n 的线性表均匀分成 b 块,每块中含有 s 个元素,即 $b = \lceil n/s \rceil$。假定查找每个元素的概率相同,若使用顺序查找确定元素所在的块,则分块查找的平均查找长度如下:

$$ASL = L_b + L_c = \frac{1}{b}\sum_{i=0}^{b-1}(i+1) + \frac{1}{s}\sum_{i=0}^{s-1}(i+1) = \frac{1}{2}\left(\frac{n}{s} + s\right) + 1$$

若使用二分查找确定元素所在的块,则分块查找的平均查找长度如下:

$$ASL \approx \log_2\left(\frac{n}{s} + 1\right) + \frac{s}{2}$$

8.3　动态表查找

动态查找表是指对表的操作包括对表的修改的表,即表结构本身实际是在查找过程中动态生成的。动态查找表有多种不同的实现方法,本节中只讨论在各种树形结构上查找的实现方法。

8.3.1　二叉排序树查找

1. 二叉排序树的概念

二叉排序树是具有下列性质的二叉树。

(1) 若右子树非空,则右子树上所有结点的值均大于根结点的值。

(2) 若左子树非空,则左子树上所有结点的值均小于根结点的值。

(3) 左、右子树也为二叉排序树。

二叉排序树可以为空树,其结构如图 8.3 所示。

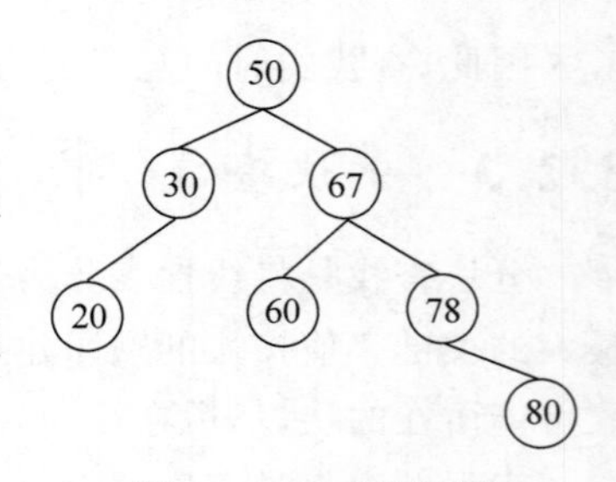

图 8.3　二叉排序树

【例 8.1】　一棵二叉排序树的结构如图 8.4(a)所示,结点的值为 1～8,请标出各结点的值。

解：由二叉排序树的概念可得二叉排序树中各结点的值如图 8.4(b)所示。

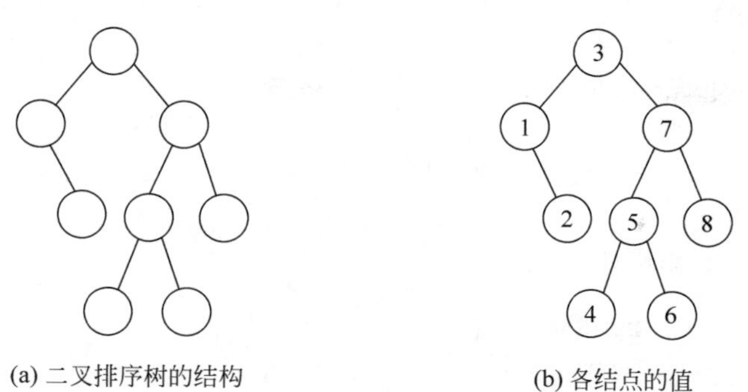

(a) 二叉排序树的结构

(b) 各结点的值

图 8.4 二叉排序树的结构以及各结点的值

2. 二叉排序树查找算法的实现

二叉排序树查找过程的主要步骤如下。

(1) 若查找树为空，则查找失败。

(2) 若查找树非空，且给定值 key 等于根结点的关键字值，则查找成功。

(3) 若查找树非空，且给定值 key 小于根结点的关键字值，则在根结点的左子树上进行查找过程。

(4) 若查找树非空，且给定值 key 大于根结点的关键字值，则在根结点的右子树上进行查找过程。

以二叉链表作为二叉排序树的存储结构。二叉排序树的结点类定义如下：

```
1  package ch08;
2  public class BiTreeNode {
3  public Object data;                                    //存放结点的数据值
4  public BiTreeNode lchild,rchild;                       //存放结点的左、右孩子地址
5  public int key;                                        //存放结点的关键字值
6
7  public BiTreeNode(){
8      this(null,null,null,0);
9  }
10 public BiTreeNode(Object data,int key){
11     this(data,null,null,key);
12 }
13 public BiTreeNode(Object data,BiTreeNode lchild,BiTreeNode rchild,int key){
14     this.data = data;
15     this.lchild = lchild;
16     this.rchild = rchild;
17     this.key = key;
18 }
19 }
```

二叉排序树的类结构定义如下：

```
1  package ch08;
2  public class BSTree {
3  private BiTreeNode root;                               //二叉排序树的根结点
```

```
4  public BSTree(){
5      root = null;
6  }
7  public BSTree(BiTreeNode root){
8      this.root = root;
9  }
10 }
```

【算法8.3】 二叉排序树查找。

```
1  public Object searchBST(int key){
2      return searchBST(root,key);
3  }
4  public Object searchBST(BiTreeNode p,int key){
5      if(p == null)                                  //查找树为空,查找失败
6          return null;
7      else{
8          if(key == p.key)                           //查找成功
9              return p.data;
10         else if(key < p.key)                       //在左子树中查找
11             return searchBST(p.lchild,key);
12         else                                       //在右子树中查找
13             return searchBST(p.rchild,key);
14     }
15 }
```

3. 二叉排序树插入算法的实现

在向二叉排序树中插入一个结点时首先对二叉排序树进行查找,若查找成功,则结点已存在,不需要插入;若查找失败,再将新结点作为叶结点插入到二叉排序树中。

构造二叉排序树是从空树开始逐个插入结点的过程。假设关键字序列为{23,56,73,34,12,67},则构造二叉排序树的过程如图8.5所示。

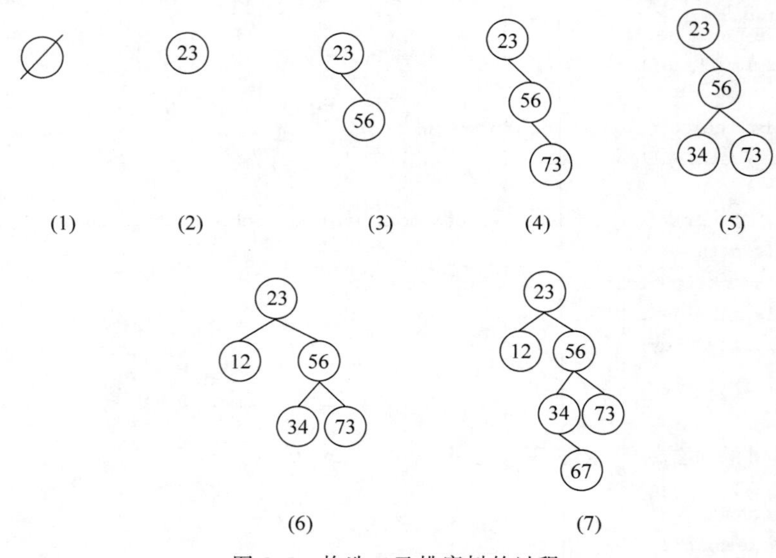

图8.5 构造二叉排序树的过程

【算法 8.4】 二叉排序树插入算法。

```
1  public boolean insertBST(int key,Object data){
2      BiTreeNode p = new BiTreeNode(data,key);         //为元素建立结点
3      return insertBST(root,p);
4  }
5  public boolean insertBST(BiTreeNode r,BiTreeNode p){
6      if(r == null){                                   //若树为空,建立新的结点
7          r = p;
8          return true;
9      }
10     else if(r.key < p.key){                          //查找右子树
11         return insertBST(r.rchild,p);
12     }
13     else//查找左子树
14         return insertBST(r.lchild,p);
15 }
```

4. 二叉排序树删除算法的实现

在二叉排序树中删除一个元素要保证删除后的树仍然是二叉排序树,分为 3 种情况进行讨论。

(1) 若待删除的结点是叶结点,可直接删除。

(2) 若待删除的结点只有左子树或右子树,则将左子树或右子树的根结点代替被删除结点的位置。

(3) 若待删除的结点有左、右两棵子树,在中序遍历下则将待删除结点的前驱结点或后继结点代替被删除结点的位置,并将该结点删除。

【算法 8.5】 二叉排序树删除算法。

```
1  public Object removeBST(int key){
2      return removeBST(root,key,null);                 //删除关键字值为 key 的结点
3  }
4  public Object removeBST(BiTreeNode p,int key,BiTreeNode parent){
5      if(p == null)                                    //树空,返回 null
6          return null;
7      else {
8          if(p.key > key){                             //在左子树中进行删除
9              return removeBST(p.lchild,key,p);
10         }
11         else if(p.key < key){                        //在右子树中进行删除
12             return removeBST(p.rchild,key,p);
13         }
14         else if(p.lchild!= null&&p.rchild!= null){  //删除此结点,左、右子树非空
15             BiTreeNode inNext = p.rchild;
16             while(inNext.lchild!= null){             //寻找后继结点
17                 inNext = inNext.lchild;
18             }
19             p.data = inNext.data;
20             p.key = inNext.key;
21             return removeBST(p.rchild,p.key,p);      //删除后继结点
22         }
23         else {                                       //只有一棵子树或者没有子树
24             if(parent == null){
```

```
25                  if(p.lchild!= null){
26                      root = p.lchild;
27                  }
28                  else {
29                      root = p.rchild;
30                  }
31                  return p.data;
32              }
33              if(p == parent.lchild){
34                  if(p.lchild!= null){
35                      parent.lchild = p.lchild;
36                  }
37                  else{
38                      parent.lchild = p.rchild;
39                  }
40              }
41              else if(p == parent.rchild){
42                  if(p.lchild!= null){
43                      parent.rchild = p.lchild;
44                  }
45                  else{
46                      parent.rchild = p.rchild;
47                  }
48              }
49              p.key =- 1;
50              return p.data;
51          }
52      }
53 }
```

二叉排序树删除操作的时间主要花费在查找待删除结点和查找被删除结点的后继结点上，查找操作与二叉排序树的深度有关，对于按给定序列建立的二叉排序树，若其左、右子树均匀分布，查找过程类似于有序表的二分查找，时间复杂度为$O(\log_2 n)$；但若给定序列原来有序，则建立的二叉排序树为单链表，其查找效率和顺序查找一样，时间复杂度为$O(n)$。

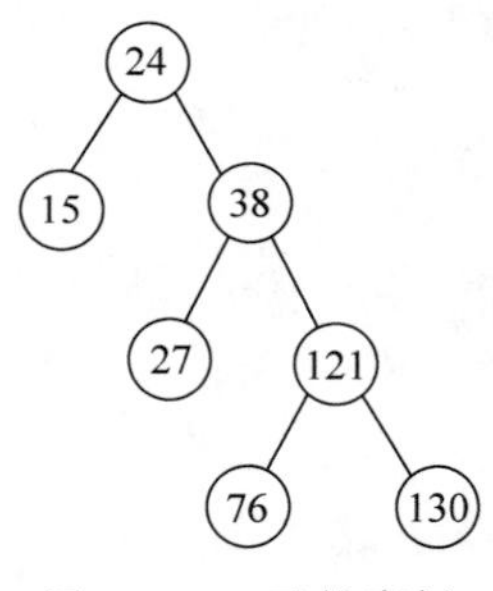

图8.6　二叉排序树

【例8.2】 将数列(24,15,38,27,121,76,130)的各元素依次插入一棵初始为空的二叉排序树中，请画出最后的结果并求等概率情况下查找成功的平均查找长度。

解：二叉排序树如图8.6所示，其平均查找长度＝1＋2×2＋3×2＋4×2＝19/7。

8.3.2　平衡二叉树

1. 平衡二叉树的概念

上一节中讨论了对二叉排序树进行查找操作的时间复杂度，若二叉排序树的左、右子树均匀分布，查找操作的时间复杂度为$O(\log_2 n)$；若给定序列原来有序，二叉排序树为单链表，查找操作的时间复杂度为$O(n)$。所以，为了提高二叉排序树的查找效率，在构造二叉排序树的过程中若出现左、右子树分布不均匀的现象，我们将对其进行调整，使其保持均匀，即此时的二叉排序树为平衡二叉树。

平衡二叉树是左、右子树深度之差的绝对值小于 2 并且左、右子树均为平衡二叉树的树。平衡二叉树又叫 AVL 树,可以为空,其某个结点的左子树深度与右子树深度之差称为该结点的平衡因子或平衡度。

2. 平衡二叉树的实现

在平衡二叉树上删除或插入结点后可能会使二叉树失去平衡。对非平衡二叉树的调整可依据失去平衡的原因分为以下 4 种情况进行(假设在平衡二叉树上因插入新结点而失去平衡的最小子树的根结点为 A)。

1) LL 型平衡旋转(单向右旋)

原因:在 A 的左孩子的左子树上插入新结点,使 A 的平衡度由 1 变为 2,以 A 为根的子树失去平衡。

调整:提升 A 的左孩子 B 为新子树的根结点,A 为 B 的右孩子,同时将 B 的右子树 BR 调整为 A 的左子树,如图 8.7 所示。

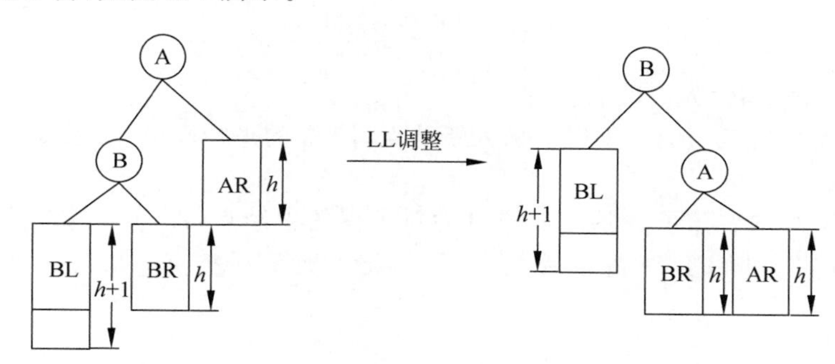

图 8.7 LL 型平衡旋转

2) RR 型平衡旋转(单向左旋)

原因:在 A 的右孩子的右子树上插入新结点,使 A 的平衡度由 −1 变为 −2,以 A 为根的子树失去平衡。

调整:提升 A 的右孩子 B 为新子树的根结点,A 为 B 的左孩子,同时将 B 的左子树 BL 调整为 A 的右子树,如图 8.8 所示。

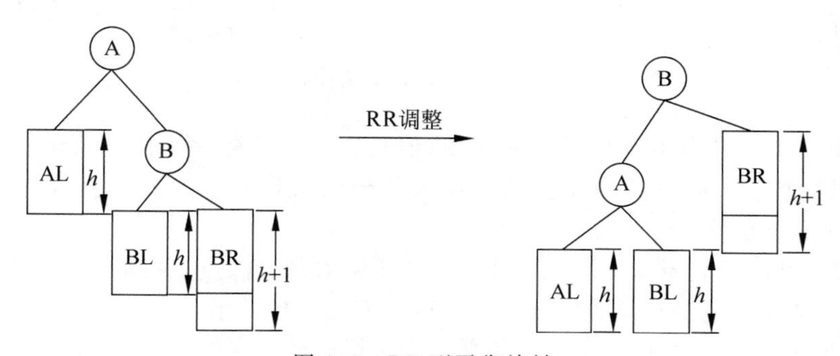

图 8.8 RR 型平衡旋转

3) LR 型平衡旋转(先左旋后右旋)

原因:在 C 的左孩子的右子树上插入新结点,使 C 的平衡度由 1 变为 2,以 C 为根的子树失去平衡。

调整：提升C的左孩子A的右孩子B为新子树的根结点，C为B的右孩子，A为B的左孩子，将B的左子树BL调整为A的右子树，将B的右子树BR调整为C的左子树，如图8.9所示。

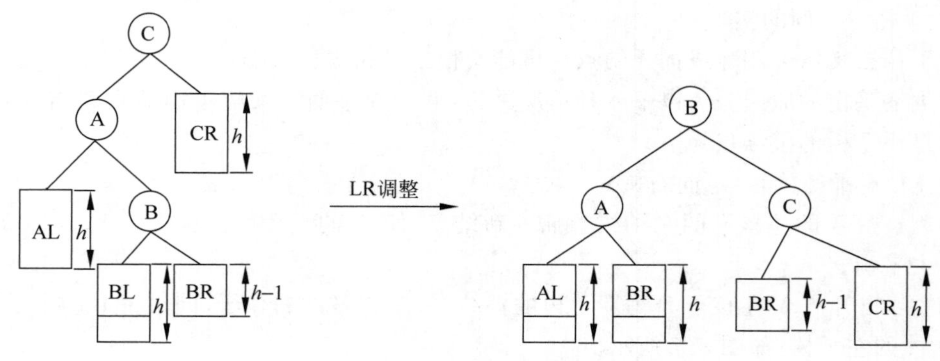

图8.9 LR型平衡旋转

4) RL型平衡旋转(先右旋后左旋)

原因：在A的右孩子的左子树上插入新结点，使A的平衡度由−1变为−2，以A为根的子树失去平衡。

调整：提升A的右孩子C的左孩子B为新子树的根结点，A为B的左孩子，C为B的右孩子，将B的左子树CL调整为A的右子树，将B的右子树BR调整为C的左子树，如图8.10所示。

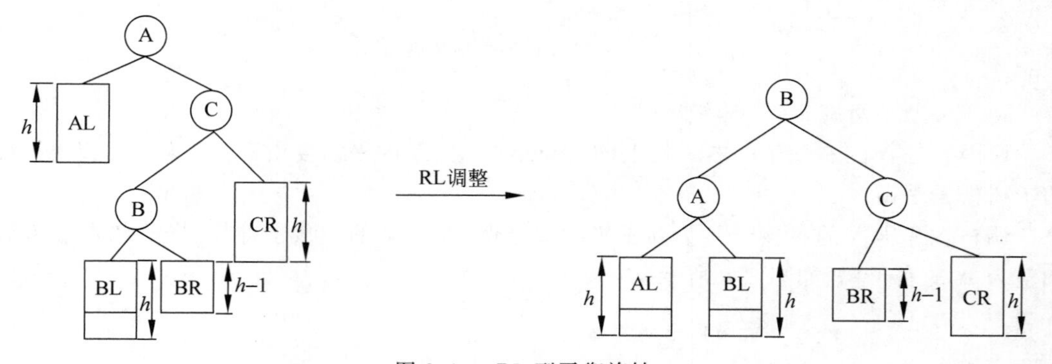

图8.10 RL型平衡旋转

采用平衡二叉树提高了查找操作的速度，但是使插入和删除操作复杂化，因此平衡二叉树适用于二叉排序树一经建立就很少进行插入和删除操作而主要进行查找操作的场合中，其查找的时间复杂度为$O(\log_2 n)$。

【例8.3】 试推导含有12个结点的平衡二叉树的最大深度，并画出一棵这样的树。

解：令F_k表示含有最少结点的深度为k的平衡二叉树的结点树目，则$F_1=1, F_2=2, \cdots, F_n=F_{n-2}+F_{n-1}+1$。含有12个结点的平衡二叉树的最大深度为5，如图8.11所示。

8.3.3 B−树和B+树

在实际大规模数据存储中，树存储的元素数量有限，因此当二叉查找树深度过大时，会

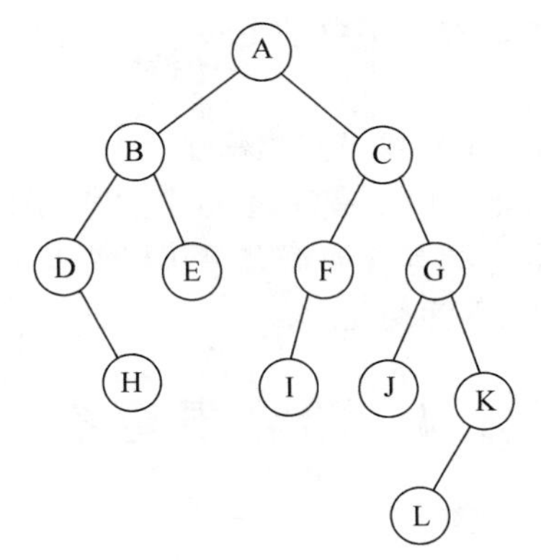

图 8.11　平衡二叉树

造成磁盘 I/O 读写过于频繁，进而导致查询效率变低。为了减少该过程中的磁盘操作频率，可以采用多叉树结构减少树的深度。其中，较为典型的为 B－树和 B＋树。

1. B－树的概念

B－树，又称 B 树，是一种平衡的多路查找树。在文件系统中，B－树已经成为索引文件的一种有效结构。一棵 m 阶的 B－树是满足下列特征的 m 叉树。

(1) 树中的每个结点最多有 m 棵子树。

(2) 若根结点不是叶子结点，则至少有两棵子树。

(3) 所有的非终端结点包含信息($n,P_0,K_1,P_1,K_2,P_2,\cdots,K_n,P_n$)。其中，$K_i$($1\leqslant i\leqslant n$)为关键字，且 $K_i<K_{i+1}$；P_j($0\leqslant j<n$)是指向子树根结点的指针且 P_j 所指子树中所有结点的关键字值都小于 K_{j+1}，P_n 所指子树中所有结点的关键字值均大于 K_n。

尽管当单一结点中元素数量较多时，B－树也需要进行较多次的比较次数。但这些比较发生在内存中，相比于磁盘 I/O 速度，内存耗时几乎可以忽略。因此 B－树通过降低树的高度、减少 I/O 次数提升了查找性能。

2. B＋树的概念

B＋和 B－树的结构大致相同，一棵 m 阶的 B－树和一棵 m 阶的 B＋树的差异在于：

(1) 在 B－树中，每一个结点含有 n 个关键字和 $n+1$ 棵子树；而在 B＋树中，每一个结点含有 n 个关键字和 n 棵子树。

(2) 在 B－树中，每个结点中的关键字个数 n 的取值范围是 $\left\lceil\frac{m}{2}-1\right\rceil\leqslant n\leqslant m-1$；而在 B＋树中，每个结点中的关键字个数 n 的取值范围是 $\left\lceil\frac{m}{2}\right\rceil\leqslant n\leqslant m$，树的根结点的关键字个数的取值范围是 $1\leqslant n\leqslant m$。

(3) B＋树中的所有叶子结点包含了全部关键字及指向对应记录的指针，且所有叶子结点按关键字值从小到大的顺序依次链接。

(4) B＋树中所有非叶子结点仅起到索引的作用，即结点中的每一个索引项只含有对应子树的最大关键字和指向该子树的指针，不含有该关键字对应记录的存储地址。

与 B－树相比，B＋树主要有以下几个优点：

(1) B＋树读写代价更低。这是由于 B＋树的内部结点不存储关键字对应记录的存储地址。因此，存储盘块可以容纳的关键字数量更多。一次性读入内存中的关键字越多，I/O读写次数就越低。

(2) B+树更适合范围查询。B－树虽然提高了I/O性能，但并没有提高元素遍历的效率。而在B+树中，所有叶子结点形成了有序链表，遍历叶子结点即可实现整棵树的遍历。

(3) B+树查询性能更稳定。所有查询都需要从根结点走到叶子结点，查询路径长度相同，因而查询效率相当，查询性能更为稳定。

8.4 哈希表查找

8.4.1 哈希表的概念

哈希存储以关键字值为自变量通过一定的函数关系(称为散列函数或者哈希函数)计算出数据元素的存储地址，并将该数据元素存入到相应地址的存储单元。在查找时只需要根据查找的关键字采用同样的函数计算出存储地址即可到相应的存储单元取得数据元素。

对于含有 n 个数据元素的集合总能找到关键字与哈希地址一一对应的函数。若选取函数 $f(\text{key})=\text{key}$，数据元素中的最大关键字为 m，需要分配 m 个存储单元，由于关键字集合比存储空间大得多，可能造成存储空间的很大浪费。此外，通过哈希函数变换后可能将不同的关键字映射到同一个哈希地址上，这种现象叫冲突。所以使用哈希方法进行查找时需要关注两个问题，一是要构造好的哈希函数，尽量加快地址计算速度，减少存储空间的浪费；二是制定解决冲突的方法。

根据哈希函数和处理冲突的方法，将一组关键字映射到一个有限的、地址连续的地址集合空间上，并且数据元素的存储位置由关键字通过哈希函数计算得来，这样的表称为哈希表。

8.4.2 哈希函数

哈希函数的构造需要遵循以下两个原则：

(1) 尽可能将关键字均匀地映射到地址集合空间，减少存储空间的浪费。

(2) 尽可能降低冲突发生的概率。

下面介绍几种常用的哈希函数。

1. 直接地址法

直接地址法即：

$$H(\text{key})=a\cdot\text{key}+b\text{（}a\text{、}b\text{ 为常数）}$$

它是取关键字的某个线性函数值为哈希地址。

直接地址法简单，不会产生冲突，但是关键字值往往是离散的，且关键字集合比哈希地址大，会造成存储空间的浪费。

2. 除留余数法

除留余数法即：

$$H(\text{key})=\text{key}\%p\ (p\leqslant m)$$

它是以关键字除 p 的余数作为哈希地址，其中 m 为哈希表长度。

使用除留余数法 p 的选择很重要，否则会造成严重冲突。例如，若取 $p=2^k$，则 $H(\text{key})=\text{key}\%p$ 的值仅仅是用二进制表示的key右边的 k 个位，造成了关键字的映射并不均匀，易造成冲突。通常,为了获得比较均匀的地址分布,一般令 p 为小于等于 m 的某个最大素数。

3. 数字分析法

数字分析法是对关键字的各位进行分析,丢掉分布不均匀的位,留下分布均匀的位作为哈希地址。对于不同的关键字集合,所保留的地址可能不相同,因此这种方法主要应用于关键字的位数比存储区域的地址码位数多的情况,并且在使用时需要能预先估计出全体关键字的每一位上各种数字出现的频度的情况。

4. 平方取中法

平方取中法是取关键字平方的中间几位作为哈希地址的方法。一个数的平方值的中间几位和数的每一位都有关系,因此平方取中法得到的哈希地址和关键字的每一位都有关系,使得哈希地址的分布较为均匀。

平方取中法适用于关键字中的每一位取值都不够分散或者较分散的位数小于哈希地址所需要的位数的情况。

5. 折叠法

折叠法是将关键字自左向右或自右向左分成位数相同的几部分,最后一部分位数可以不同,然后将这几部分叠加求和,并按哈希表的表长取最后几位作为哈希地址。常用的折叠法有以下两种。

(1) 移位叠加法:将分割后的各部分的最低位对齐,然后相加。

(2) 间界叠加法:从一端向另一端沿分割界来回折叠后对齐最后一位相加。

折叠法适用于位数较多,并且每一位的取值都分散均匀的情况。

6. 随机数法

随机数法是取关键字的随机数函数值为它的哈希地址,即 $H(\text{key})=\text{random}(\text{key})$。此方法主要适用于关键字长度不相等的情况。

8.4.3 解决冲突的方法

选取好的哈希函数可以减少冲突发生的概率,但是冲突是不可避免的。本节介绍 4 种常用的解决哈希冲突的方法。

1. 开放定址法

开放定址法是当冲突发生时形成一个地址序列,沿着这个地址序列逐个探测,直到找到一个空的开放地址,将发生冲突的数据存放到该地址中。

地址序列的值可表示如下:

$$H_i=(H(\text{key})+d_i)\%m \quad (i=1,2,\cdots,k(k\leqslant m-1))$$

其中 $H(\text{key})$ 是关键字值为 key 的哈希函数,m 为哈希表长,d_i 为每次探测时的地址增量。

根据地址增量取值的不同可以得到不同的开放地址处理冲突探测方法,主要分为以下 3 种。

1) 线性探测法

线性探测法的地址增量如下:

$$d_i=1,2,\cdots,m-1$$

其中 i 为探测次数。这种方法在解决冲突时,依次探测下一个地址,直到找到一个空的地址,若在整个空间中都找不到空地址将产生溢出。

利用线性探测法解决冲突问题容易造成数据元素的“聚集”,即多个哈希地址不同的关键字争夺同一个后继哈希地址。假设表中的第 i、$i+1$、$i+2$ 地址非空,则下一次哈希地址为 i、$i+1$、$i+2$ 的数据都企图填入到 $i+3$ 的位置处。这种现象发生的根本原因是查找序列过分集中在发生冲突的存储单元后面,没有在整个哈希表空间分散开来。

2) 二次探测法

二次探测法的地址增量如下:

$$d_i = 1^2, -1^2, 2^2, -2^2 \cdots, k^2, -k^2 (k \leqslant m/2)$$

其中 m 为哈希表长。这种方法能够避免“聚集”现象的发生,但是不能探测到哈希表上的所有存储单元。

3) 双哈希函数探测法

双哈希函数探测法是使用另外一个哈希函数 RH(key)计算地址增量。哈希地址的计算方法可以表示如下:

$$H_i = (H(\text{key}) + i * \text{RH}(\text{key})) \% m \quad (i = 1, 2, \cdots, m-1)$$

这种方法也可以避免“聚集”现象的发生。

2. 链地址法

链地址法是将所有具有相同哈希地址的不同关键字的数据元素链接到同一个单链表中。若哈希表的长度为 m,则可将哈希表定义为一个由 m 个头指针组成的指针数组 $T[0..m-1]$,凡是哈希地址为 i 的数据元素均以结点的形式插入到 $T[i]$为头指针的链表中。

假设一组数据元素的关键字序列为{2,4,6,7,9},按照哈希函数 $H(\text{key})=\text{key}\%4$ 和链地址法处理冲突得到的哈希表如图 8.12 所示。

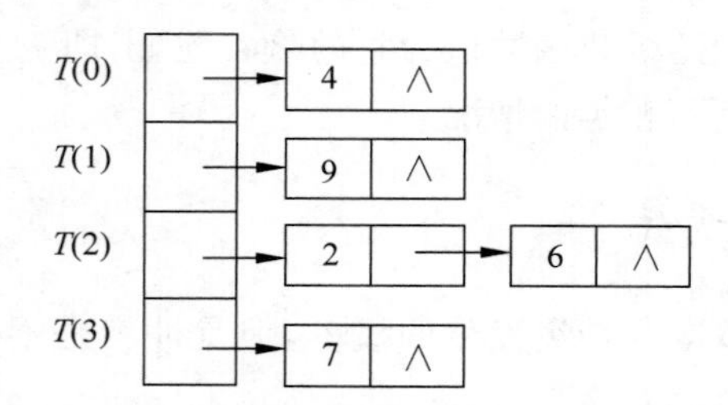

图 8.12　用链地址法处理冲突所得的哈希表

3. 公共溢出区法

公共溢出区法是另建一个溢出表,当不发生冲突时,数据元素存入基本表;当发生冲突时,数据元素存入溢出表。

4. 再哈希法

再哈希法是当发生冲突时再使用另一个哈希函数得到一个新的哈希地址,若再发生冲突,则再使用另一个函数,直到不发生冲突为止。此种方法需要预先设计一个哈希函数序列:

$$H_i = \text{RH}_i(\text{key}) \quad (i = 1, 2, \cdots, k)$$

这种方法不易产生“聚集”现象,但会增加计算的时间。

8.4.4　哈希表查找性能分析

在哈希表上进行查找的过程和建立哈希表的过程一致,并且插入和删除操作的时间也取决于查找进行的时间,因此本节中只分析哈希表查找操作的性能。

使用平均查找长度来衡量哈希表的查找效率,在查找过程中与关键字的比较次数取决于哈希函数的选取和处理冲突的方法。假设哈希函数是均匀的,即对同样一组随机的关键字出现冲突的可能性是相同的。因此,哈希表的查找效率主要取决于处理冲突的方法。发生冲突的次数和哈希表的装填因子有关,哈希表的装填因子如下:

$$\alpha = \frac{\text{哈希表中的数据元素个数}}{\text{哈希表的长度}}$$

填入表中的数据元素越多,α 越大,产生冲突的可能性越大;填入表中的数据元素越少,α 越小,产生冲突的可能性越小。α 通常取 1 和 1/2 之间的较小的数。

表 8.1 中给出了不同处理冲突的方法的平均查找长度。

表 8.1　不同的处理冲突方法的平均查找长度

处理冲突的方法	平均查找长度	
	查找成功时	查找不成功时
线性探测法	$S_{nl} \approx \frac{1}{2}\left(1+\frac{1}{1-\alpha}\right)$	$U_{nl} \approx \frac{1}{2}\left[1+\frac{1}{(1-\alpha)^2}\right]$
二次探测法	$S_{nr} \approx -\frac{1}{\alpha}\ln(1-\alpha)$	$U_{nr} \approx \frac{1}{1-\alpha}$
双哈希法	$S_{nr} \approx -\frac{1}{\alpha}\ln(1-\alpha)$	$U_{nr} \approx \frac{1}{1-\alpha}$
链地址法	$S_{nc} \approx 1+\frac{\alpha}{2}$	$S_{nr} \approx \alpha + e^{-\alpha}$

由表中可见,哈希表的平均查找长度是 α 的函数,因此总可以选择一个合适的装填因子 α,可将平均查找长度限定在一个范围内。

【例 8.4】 已知散列函数 $H(k)=k \bmod 12$,键值序列为(25,37,52,43,84,99,120,15,26,11,70,82),采用链地址法处理冲突,试构造散列表,并计算查找成功的平均查找长度。

解:

$H(25)=1$,　$H(37)=1$,　$H(52)=4$,　$H(43)=7$,　$H(84)=0$,　$H(99)=3$,
$H(120)=0$,　$H(15)=3$,　$H(26)=2$,　$H(11)=11$,　$H(70)=10$,　$H(82)=10$

构造的散列表如图 8.13 所示。

平均查找长度 ASL=(8×1+4×2)/12=16/12。

【例 8.5】 已知关键码序列为(Jan, Feb, Mar, Apr, May, Jun, Jul, Aug, Sep, Oct, Nov, Dec),散列表的地址空间为 0～16,设散列函数为 $H(x)=i/2$(向下取整),其中 i 为关键码中第一个字母在字母表中的序号,采用线性探测法和链地址法处理冲突,试分别构造散列表,并求等概率情况下查找成功的平均查找长度。

解:

$H(\text{Jan})=10/2=5$,　$H(\text{Feb})=6/2=3$,　$H(\text{Mar})=13/2=6$,
$H(\text{Apr})=1/2=0$,　$H(\text{May})=13/2=6$,　$H(\text{Jun})=10/25$,
$H(\text{Jul})=10/25$,　$H(\text{Aug})=1/2=0$,　$H(\text{Sep})=19/2=8$,
$H(\text{Oct})=15/2=7$,　$H(\text{Nov})=14/2=7$,　$H(\text{Dec})=4/2=2$

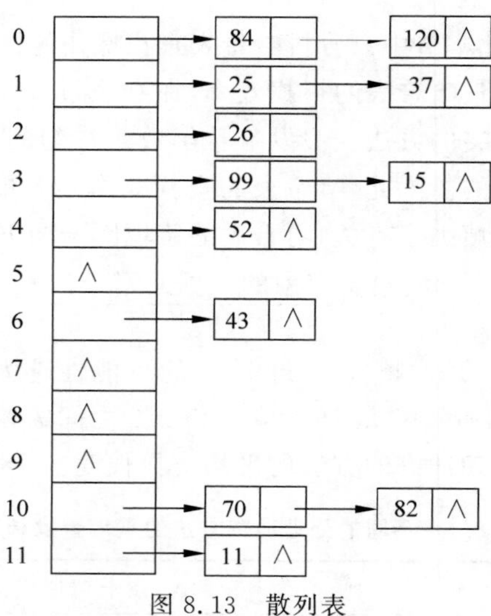

图 8.13　散列表

采用线性探测法处理冲突得到的闭散列表如图 8.14 所示。

0	1	2	3	4	5	6	7	8	9	10	11	12	13	14	15	16
Apr	Aug	Dec	Feb		Jan	Mar	May	Jun	Jul	Sep	Oct	Nov				

图 8.14　采用线性探测法处理冲突得到的闭散列表

平均查找长度＝(1＋1＋1＋1＋2＋4＋5＋2＋3＋5＋6＋1)/12＝32/12。

采用链地址法处理冲突得到的开散列表如图 8.15 所示。

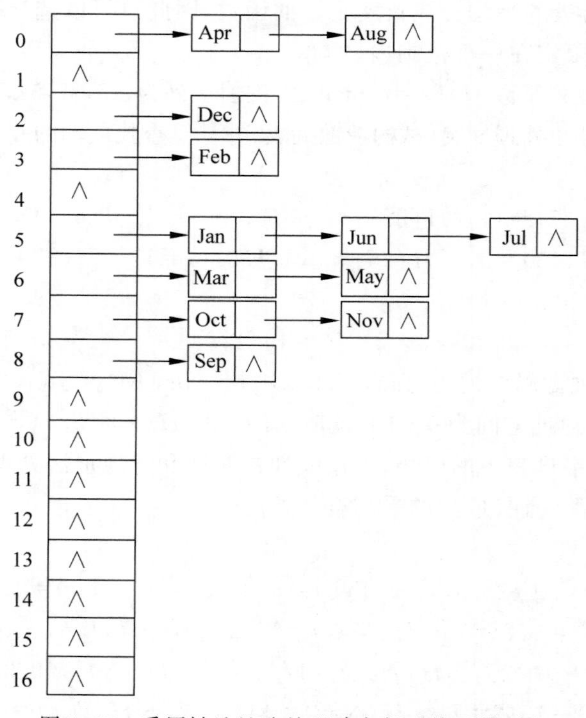

图 8.15　采用链地址法处理冲突得到的开散列表

平均查找长度=(1×7+2×4+3×1)/12=18/12。

8.5 实　　验

8.5.1 寻找山形数组的顶点

给定输入 N(数组大小),N 个整数表示一个数组,保证数组是山形数组(某个元素之前单调递增,之后单调递减)。请使用二分查找算法,查找数组的顶点(分界元素的下标)并输出。

山形数组的属性:

(1) 数组长度 A.length≥3。

(2) 存在 0<i<A.length-1,使得 A[0]<A[1]<…A[i-1]<A[i]>A[i+1]>…>A[A.length-1]。

分析:给出一个山形数组,返回 i,i 满足 A[0]<A[1]<…A[i-1]<A[i]>A[i+1]>…>A[A.length-1]。

示例:

输入:[24,69,100,99,79,78,67,36,26,19]

输出:2

```
import java.util.Scanner;

public class U8H1 {
    public static void main(String[] args) {
        Scanner in = new Scanner(System.in);
        int N = in.nextInt();
        int[] arr = new int[N];
        for(int i = 0;i < N;i++) {
            arr[i] = in.nextInt();
        }
        System.out.println(peakIndexInMountainArray(arr));
    }
    public static int peakIndexInMountainArray(int[] arr) {
        int left = 0, right = arr.length - 1;
        while (left != right) {
            if (right - left == 1) return arr[left] < arr[right] ? right : left;
            int middle = (left + right) / 2; // i - 1 < i < i + 1
            if ((middle > 1 && arr[middle] > arr[middle - 1]) || (middle < arr.length - 1 && arr
[middle] < arr[middle + 1])) {
                left = middle;
            } else if ((middle > 1 && arr[middle] < arr[middle - 1]) || (middle < arr.length - 1
&& arr[middle] > arr[middle + 1])) {
                // i - 1 > i > i + 1
                right = middle;
            }
        }
        return left;
    }
}
```

8.5.2 查找重复数

给定输入 N(数组大小),N 个整数表示一个数组,保证数组的数取值为 $1 \sim N-1$,有且只有一个数发生了重复。请找出该重复的数,要求时间复杂度小于 $O(n^2)$。

挑战:如果同时要求空间复杂度为 $O(1)$ 且不能修改数组呢?

视频讲解

简单题解:类桶排序。

```
import java.util.Scanner;

class U8H2 {
    public static int findDuplicate(int[] nums) {
        int[] a = new int[nums.length];
for(int i = 0; i < nums.length; i++) {
if(a[nums[i]] == 0) a[nums[i]]++;
else return nums[i];
}
    }

    public static void main(String[] args) {
        Scanner in = new Scanner(System.in);
        int N = in.nextInt();
        int[] arr = new int[N];
        for (int i = 0; i < N; i++) {
            arr[i] = in.nextInt();
        }
        System.out.println(findDuplicate(arr));
    }
}
```

视频讲解

挑战题解:快慢指针法(可将 num[i]看成索引,转换为链表环问题)。

```
import java.util.Scanner;

class U8H2 {
    public static int findDuplicate(int[] nums) {
        int speedX1 = 0;
        int speedX2 = 0;

        do {
            speedX1 = nums[speedX1];
            speedX2 = nums[nums[speedX2]];
        } while (speedX1 != speedX2);

        speedX1 = 0;
        while (speedX1 != speedX2) {
            speedX1 = nums[speedX1];
            speedX2 = nums[speedX2];
        }

        return speedX1;
    }
```

```java
    public static void main(String[] args) {
        Scanner in = new Scanner(System.in);
        int N = in.nextInt();
        int[] arr = new int[N];
        for (int i = 0; i < N; i++) {
            arr[i] = in.nextInt();
        }
        System.out.println(findDuplicate(arr));
    }
}
```

8.5.3 有序矩阵查找

编写一个方法,传入一个由整数组成的矩阵和一个值,查找矩阵是否存在这个值,如果存在则返回 true,如果不存在则返回 false。保证矩阵每一行从左到右升序排列,且每一行的第一个元素都大于前一行的最后一个元素,并要求时间复杂度为 $O(\log n)$(使用二分法)。

```java
class U8H3 {
    public boolean searchMatrix(int[][] matrix, int target) {
        if (matrix == null || matrix[0] == null) {
            return false;
        }
        int rows = matrix.length;
        int columns = matrix[0].length;
        int currentRow = 0;
        int currentColumn = columns - 1;
        while (currentRow < rows && currentColumn >= 0) {
            if (matrix[currentRow][currentColumn] == target) {
                return true;
            }
            if (matrix[currentRow][currentColumn] < target) {
                ++currentRow;
            } else {
                --currentColumn;
            }
        }
        return false;
    }
}
```

小　　结

(1) 查找就是在由一组记录组成的集合中寻找属性值符合特定条件的数据元素。若集合中存在符合条件的记录,则查找成功,否则查找失败。

(2) 查找表是一种以同一类型的记录构成的集合为逻辑结构、以查找为核心运算的灵活的数据结构。在实现查找表时要根据实际情况按照查找的具体要求组织查找表,从而实现高效率的查找。

(3) 静态查找表是指对表的操作不包括对表的修改的表,可以用顺序表或线性链表进行表示,分为顺序查找、二分查找和分块查找3种。

(4) 动态查找表是指对表的操作包括对表的修改的表,即表结构本身实际是在查找过程中动态生成的。动态查找表有多种不同的实现方法,如二叉排序树查找。

(5) 平衡二叉树是左、右子树深度之差的绝对值小于2并且左、右子树均为平衡二叉树的树。平衡二叉树又叫AVL树。

(6) 哈希存储以关键字值为自变量,通过哈希函数计算出数据元素的存储地址,并将该数据元素存入到相应地址的存储单元。在进行哈希表查找时只需要根据查找的关键字采用同样的函数计算出存储地址即可到相应的存储单元取得数据元素。在进行哈希表查找时需要构造好的哈希函数并且制定解决冲突的方法。

习　题　8

一、选择题

1. 已知一个有序表为(12,18,24,35,47,50,62,83,90,115,134),当折半查找值为90的元素时经过(　　)次比较后查找成功。

A. 2　　B. 3　　C. 4　　D. 5

2. 已知10个元素(54、28、16、73、62、95、60、26、43),按照依次插入的方法生成一棵二叉排序树,查找值为62的结点所需的比较次数为(　　)。

A. 2　　B. 3　　C. 4　　D. 5

3. 已知数据元素(34、76、45、18、26、54、92、65),按照依次插入结点的方法生成一棵二叉排序树,则该树的深度为(　　)。

A. 4　　B. 5　　C. 6　　D. 7

4. 按(　　)遍历二叉排序树得到的序列是一个有序序列。

A. 前序　　B. 中序　　C. 后序　　D. 层次

5. 一棵高度为h的理想平衡二叉树最少含有(　　)个结点。

A. 2^h　　B. 2^{h-1}　　C. 2^{h+1}　　D. 2^{h-1}

6. 在散列函数$H(k)=k \bmod m$中,一般来讲m应取(　　)。

A. 奇数　　B. 偶数　　C. 素数　　D. 充分大的数

7. 静态查找与动态查找的根本区别在于(　　)。

A. 它们的逻辑结构不一样　　B. 施加在其上的操作不同

C. 所包含的数据元素的类型不一样　　D. 存储实现不一样

8. 长度为12的有序表采用顺序存储结构和折半查找技术,在等概率情况下查找成功时的平均查找长度是(　　),查找失败时的平均查找长度是(　　)。

A. 37/12　　B. 62/13　　C. 39/12　　D. 49/13

9. 用n个键值构造一棵二叉排序树,其最低高度为(　　)。

A. $n/2$　　B. n　　C. $\log_2 n$　　D. $\log_2 n+1$

10. 二叉排序树中最小值结点的(　　)。

A. 左指针一定为空　　B. 右指针一定为空

C. 左、右指针均为空　　D. 左、右指针均不为空

11. 散列技术中的冲突指的是(　　)。

A. 两个元素具有相同的序号

B. 两个元素的键值不同,而其他属性相同

C. 数据元素过多

D. 不同键值的元素对应相同的存储地址

12. 在采用线性探测法处理冲突所构成的闭散列表上进行查找可能要探测多个位置,在查找成功的情况下所探测的这些位置的键值(　　)。

A. 一定都是同义词　　B. 一定都不是同义词

C. 不一定都是同义词　　D. 都相同

二、填空题

1. 评价查找效率的主要标准是________。

2. 查找表的逻辑结构是________。

3. 对于长度为100的顺序表,在等概率情况下查找成功时的平均查找长度为________,查找不成功时的平均查找长度为________。

4. 在有150个结点的有序表中进行二分法查找,不论成功与否,键值的比较次数最多为________。

5. 索引顺序表上的查找分两个阶段,即________、________。

6. 从 n 个结点的二叉排序树中查找一个元素,平均时间复杂度大致为________。

7. 散列表中的同义词是指________。

8. 散列表既是一种________方式,又是一种________方法。

9. 散列表中要解决的两个主要问题是________、________。

10. 散列表的冲突处理方法有________和________两种,对应的散列表分别称为开散列表和闭散列表。

三、算法设计题

1. 编写一个非递归算法,在稀疏有序索引表中二分查找出给定值 k 所对应的索引项,返回该索引项的start域的值。

2. 编写一个算法,在二叉排序树中查找键值为 k 的结点。

3. 设计一个简单的学生信息管理系统,每个学生的信息包括学号、姓名、性别、班级和电话等。采用二叉排序树结构实现以下功能。

(1) 创建学生的信息表。

(2) 按照学号和姓名查找学生的信息。

附录A 综合实践题

第2章 线性表

1. 编写一组程序，基于单链表，用头插法建表，实现某班学生姓名数据的建表、展示、查找、定位、插入、删除、判定表空、求表长等操作。

依次输入学生姓名：

赵壹、钱贰、孙叁、李肆、周伍、吴陆、郑柒、王捌

实验测试要求如下：

（1）展示该班所有学生的姓名及班级人数。

（2）查找学生“李肆”在表中的位置。

（3）在表中的学生“王捌”后加入新生“冯玖”，删除班里的转走生“赵壹”，展示该班的现有学生。

```
package ex21;

public class Node {
    public Object data;                                     //存放结点数据值
    public Node next;                                       //存放后继结点
    //无参构造函数
    public Node(){
        this(null,null);
    }
    //只有结点值的构造函数
    public Node(Object data){
        this(data,null);
    }
    //带有结点值和后继结点的构造函数
    public Node(Object data,Node next){
        this.data = data;
        this.next = next;
    }
}
package ex21;

import java.util.Scanner;

public class LinkList{
    public Node head;                                       //单链表的头指针
```

```java
//构造函数初始化头结点
public LinkList(){
    head = new Node();
}
//构造函数构造长度为 n 的单链表
public LinkList(int n) throws Exception{
    this();
    create(n);
}
//用头插法逆序建立单链表
public void create(int n) throws Exception{
    Scanner sc = new Scanner(System.in);
    for(int i = 0;i < n;i++){
        insert(length(),sc.next());
    }
    sc.close();
}
//将链表置空
public void clear(){
    head.data = null;
    head.next = null;
}
//判断链表是否为空
public boolean isEmpty(){
    return head.next == null;
}
//返回链表长度
public int length(){
    Node p = head.next;
    int length = 0;
    while(p!= null){
        p = p.next;
        length++;
    }
    return length;
}
//读取并返回第 i 个位置的数据元素
public Object get(int i) throws Exception {
    Node p = head.next;
    int j;
    //从首结点开始向后查找,直到 p 指向第 i 个结点或者 p 为 null
    for(j = 0;j < i&&p!= null;j++){
        p = p.next;
    }
    if(j > i||p == null)                              //i 不合法时抛出异常
        throw new Exception("第" + i + "个数据元素不存在");
    return p.data;
}
//插入 x 作为第 i 个元素
public void insert(int i, Object x) throws Exception{
    Node p = head;
```

```
        int j = -1;
        //寻找第 i 个结点的前驱
        while(p!= null&&j < i - 1){
            p = p.next;
            j++;
        }
        if(j > i - 1||p == null)                                  //i 不合法时抛出异常
            throw new Exception("插入位置不合法");
        Node s = new Node(x);
        s.next = p.next;
        p.next = s;

    }

    public void remove(int i) throws Exception{
        Node p = head;
        int j = -1;
        while(p!= null&&j < i - 1){
            p = p.next;
            j++;
        }
        if(j > i - 1||p.next == null)
            throw new Exception("删除位置不合法");
        p.next = p.next.next;

    }
    //返回元素 x 首次出现的位序号
    public int indexOf(Object x) {
        Node p = head.next;
        int j = 0;
        while(p!= null&&!p.data.equals(x)){
            p = p.next;
            j++;
        }
        if(p!= null)
            return j;
        else
            return -1;
    }
    public void display(){
        Node p = head.next;
        while(p!= null){
            System.out.print(p.data + " ");
            p = p.next;
        }

    }

}
package ex21;
public class test {
```

```java
    public static void main(String[ ] args) throws Exception {
        System.out.println("输入学生姓名:");
        LinkList L = new LinkList(8);                                  //建表
        //输入学生姓名(复制下行注释粘贴即可):
        //赵壹 钱贰 孙叁 李肆 周伍 吴陆 郑柒 王捌
        //(1)
        System.out.print("(1)班级学生: ");
        L.display();
        System.out.println("班级人数: " + L.length());
        String s1 = "李肆";
        //(2)
        System.out.println("(2)"李肆"在表中的位置: " + L.indexOf(s1));
        //(3)
        String s2 = "王捌";
        String s3 = "冯玖";
        String s4 = "赵壹";
        L.insert((L.indexOf(s2) + 1), s3);
        L.remove(L.indexOf(s4));
        System.out.print("(3)现在该班级学生: ");
        L.display();
    }
}
```

2. 编写一组程序,基于单链表,实现一元多项式的加法运算。

多项式加法示例:

$$p_1 = 3x^3 + 5x^2 + 4x$$

$$p_2 = x^5 + 3x^2$$

$$p_1 + p_2 = x^5 + 3x^3 + 8x^2 + 4x$$

输入:从大到小依次输入两个一元多项式的系数和指数。

输出:输出一元多项式 p_1、p_2 及两式相加的结果。

```java
package ex22;

public class PolyNode {

    private int a;                                             //系数
    private int i;                                             //指数
    PolyNodenext;
    //带有系数值和指数值的构造函数
    public PolyNode(int a,int i){

        this.a = a;
        this.i = i;
        this.next = null;
    }
    //无参构造函数
    public PolyNode(){

        this(0,0);
```

```java
        }
        public int getA() {
            return a;
        }
        public int getI() {
            return i;
        }
        public void setA(int a) {
            this.a = a;
        }
        public void setI(int i) {
            this.i = i;
        }

    }
    package ex22;

    public class PolyList {

        PolyNode head;                                    //单链表的头指针
        PolyNode current;

        public PolyList(){

            head = new PolyNode();
            current = head;
            head.next = null;
        }

        //是否为空
        public boolean isEmpty(){

            return head.next == null;
        }
        //这里只考虑按顺序插入元素
        public void insert(PolyNode node){

            current.next = node;
            current = node;
        }

        //打印多项式
        public String printS(){

            StringBuilder s = new StringBuilder("");
            StringBuilder a = new StringBuilder("");
            StringBuilder i = new StringBuilder("");
            StringBuilder theOne = new StringBuilder("");

            current = head.next;
            while(current!= null){
```

```
            a.delete(0, a.length());
            i.delete(0, i.length());
            theOne.delete(0, theOne.length());

                if(current.getA() == 1)
                    a.append("");
                else
                    a.append(String.valueOf(current.getA()));

                if(current.getI() == 1)
                {
                    i.append("");
theOne.append(a.toString()).append("x").append(i.toString());
                }else{

                    i.append(String.valueOf(current.getI()));
theOne.append(a.toString()).append("x^").append(i.toString());
                }


            if(current == head.next)
                s.append(theOne.toString());
            else
                s.append(" + ").append(theOne.toString());

            current = current.next;
        }
        return s.toString();
    }

    //加法运算
    public static PolyList add(PolyList p1,PolyList p2){

        PolyList result = new PolyList();
        //分别指向p1、p2的第一个元素
        p1.current = p1.head.next;
        p2.current = p2.head.next;
        while(p1.current!= null && p2.current!= null){

            if(p1.current.getI() == p2.current.getI()){


                    result.insert(new PolyNode(p1.current.getA() + p2.current.getA(), p1.
current.getI()));
                p1.current = p1.current.next;
                p2.current = p2.current.next;
            }
            else if(p1.current.getI()> p2.current.getI()){

                result.insert(p1.current);
```

```
                    p1.current = p1.current.next;

                }else{
                    result.insert(p2.current);
                    p2.current = p2.current.next;
                }
            }
            while(p1.current!= null){

                result.insert(p1.current);
                p1.current = p1.current.next;
            }
            while(p2.current!= null){

                result.insert(p2.current);
                p2.current = p2.current.next;
            }
            return result;

        }
    }
    package ex22;

    public class test {
        public static void main(String[] args) {

                //多项式 p1: 3x^3 + 5x^2 + 4x
                 PolyList p1 = new PolyList();
                 p1.insert(new PolyNode(3,3));
                 p1.insert(new PolyNode(5,2));
                 p1.insert(new PolyNode(4,1));
                 System.out.println("p1 = " + p1.printS());

               //多项式 p2: x^5 + 3x^2
                 PolyList p2 = new PolyList();
                 p2.insert(new PolyNode(1,5));
                 p2.insert(new PolyNode(3,2));
                 System.out.println("p2 = " + p2.printS());

                //相加
                PolyList resultList1 = PolyList.add(p1, p2);
                System.out.println("p1 + p2 = " + resultList1.printS());
            }
    }
```

3. 基于双向链表的约瑟夫问题。这是一个有名的问题,N 个人围成一圈,从第一个玩家开始报数,第 M 个玩家将出局,继续从下一个玩家开始重新报数并循环,直至最后剩下一个玩家。例如,$N=6$、$M=5$,则依次出局的玩家序号为5、4、6、2、3,最后优胜者为剩下的1号。

输入:玩家数、游戏开始数字、游戏出局的数字。

输出：圆桌上的所有玩家、圆桌玩家的出局顺序、优胜者的号码。

```java
package ex23;

public class JosephusNode {
    private JosephusNode next;                          //下一个结点
    private JosephusNode prior;                         //上一个结点
    private int number;                                 //当前结点在约瑟夫环中的位置

    public JosephusNode(int number) {
        super();
        this.number = number;
    }

    public JosephusNode getNext() {
        return next;
    }

    public JosephusNode getPrior() {
        return prior;
    }

    public void setPrior(JosephusNode prior) {
        this.prior = prior;
    }

    public void setNext(JosephusNode next) {
        this.next = next;
    }

    public int getNumber() {
        return number;
    }

    public void setNumber(int number) {
        this.number = number;
    }
}
package ex23;

import java.io.BufferedReader;
import java.io.IOException;
import java.io.InputStreamReader;

public class JosephusList {

    private JosephusNode head = null;

    public void beginGame() throws NumberFormatException, IOException {
        BufferedReader buf = new BufferedReader(
                new InputStreamReader(System.in));
```

```
        System.out.println("请输入玩家个数: ");
        int number = Integer.parseInt(buf.readLine());

        this.createJosephus(number);                          //创建约瑟夫环

        System.out.println("请输入游戏开始数字: ");
        int k = Integer.parseInt(buf.readLine());
        System.out.println("请输入游戏出局数字: ");
        int m = Integer.parseInt(buf.readLine());

        System.out.println("圆桌上的所有人: ");
        for (int i = 1; i <= number; i++) {
            System.out.print(i + "\t");

        }
        System.out.println();

        this.showJosephus(k, m);
    }

    private void createJosephus(int number) {
        this.head = new JosephusNode(1);                      //建立头结点
        JosephusNode flag = this.head;                        //建立一个移动结点
        this.head.setNext(null);
        this.head.setPrior(null);
        for (int i = 2; i <= number; i++) {
            JosephusNode data = new JosephusNode(i);          //创建新结点
            flag.setNext(data);                               //前一个结点指向新建结点
            data.setPrior(flag);                              //新建结点指向前一个结点
            flag = data;                                      //移动结点前移
        }
        flag.setNext(this.head);                              //尾结点指向头结点
        this.head.setPrior(flag);                             //头结点指向尾结点
    }

    private void showJosephus(int k, int m) {
        JosephusNode data = this.head;
        for (int i = 1; i < k; i++) {
            data = data.getNext();                            //找到开始结点
        }
        System.out.println("出局顺序: ");
        while (data.getNext() != data) {
            for (int i = 0; i < m - 1; i++) {
                data = data.getNext();                        //找到出局者
            }

            System.out.print(data.getNumber() + "\t");        //输出出局者
            //将出局者踢出环形链表
            data.getPrior().setNext(data.getNext());
            data.getNext().setPrior(data.getPrior());
```

```
                data = data.getNext();
            }
            System.out.println("\n" + "优胜者: " + data.getNumber());
        }
    }
package ex23;
import java.io.IOException;
public class test {

        public static void main(String[] args) throws NumberFormatException,
                IOException {
            JosephusList josephus = new JosephusList();
                josephus.beginGame();
        }
}
```

第3章　栈和队列

1. 在一个用字符串描述的表达式"{[(a+b)]/f+(c+d)}"中存在大、中、小括号。请编写一组程序,基于栈实现对输入的一串字符串的依次扫描,并检查括号匹配是否成功。

示例1:

输入:{{}}()(hello){({world}{})}

输出:括号匹配成功。

示例2:

输入:{{}}()(hello){({world}()}

输出:括号匹配不成功。

```
package ex31;

public class BraceMatchStack<T>{
    //定义类,使用一个缺省泛型控制输出对象
        private Object[] stackElem = new Object[16];      //实例化一个数组作为栈的实体对象
        private int top = 0;

        //判断栈空
        public boolean isEmpty(){
            return top == 0;                              //如果栈空则返回1,否则返回0
        }
        //清空栈
        public void clear(){
            for(int i = 0;i < top;i++){
                                    //循环遍历当前栈中的每一个元素并赋值为空,然后将top归零
                stackElem[top] = null;
            }
            top = 0;
        }
        //返回栈的长度
        public int length(){
```

```
        return top;
    }
    //压栈操作
    public boolean push(T data){
        if(top>=stackElem.length){                    //如果 top>当前栈长度,调用扩容方法
            resize();
        }
        stackElem[top]=data;                          //将当前元素赋值到栈中
        top++;                                        //size 移动到新的位置
        return true;
    }
    //出栈操作
    @SuppressWarnings("unchecked")
    public T pop(){
        if(top==0){
            return null;                              //如果栈长为 0 则返回空
        }
        top--;                                        //现将 size 指向有值的位置
        return (T) stackElem[top];                    //取出 top,这时不需移动 top 的位置
    }
    //扩容栈
    private void resize(){
        Object[]temp=new Object[stackElem.length*3/2+1];
                                                      //先将栈的实际容量扩大为原来的 1.5 倍
        for(int i=0;i<top;i++){          //定义一个 temp 数组,用于原有栈的元素
            temp[i]=stackElem[i];        //将原有元素赋值到 temp 中
            stackElem[i]=null;           //原栈元素置空
        }
        stackElem=temp;                  //将 temp 赋值到 stackElem 中,使之成为新的栈元素
    }

    //括号匹配
    public static boolean braceMatch(String s){
        char[] a=s.toCharArray();
        BraceMatchStack<Character>ms=new BraceMatchStack<Character>();
        Character t;
        for(int i=0;i<a.length;i++)
        {

if(a[i] != '{'&&a[i] != '}'&&a[i] != '('&&a[i] != ')'&&a[i] != '['&&a[i] != ']')
                continue;
            else
                t=ms.pop();
            if(t==null){
                ms.push(a[i]);
            }
            else if(t=='{'&&a[i]=='}'){
                //如果匹配则不进行动作处理,栈顶元素已经出栈
            }else if(t=='('&&a[i]==')'){

            }else if(t=='['&&a[i]==']'){
```

```
            }
            else{
                //如果不匹配则将栈顶元素和新元素一起出栈
                ms.push(t);
                ms.push(a[i]);
            }

        }
        return true;
    }

    public static void main(String[] args){

        Strings1 = "{{}}()(hello){({world}{})}";
        if(braceMatch(s1)){
            System.out.println("括号匹配成功");
        }else{
            System.out.println("括号匹配不成功");
        }
        Strings2 = "{{}}()(hello){({world}()}}";
        if(braceMatch(s1)){
            System.out.println("括号匹配成功");
        }else{
            System.out.println("括号匹配不成功");
        }
    }
}
```

2. 在计算机中,算术表达式的计算是通过栈的方式来完成的,具体的实现过程是先将中缀表达式转化为后缀表达式,再计算后缀表达式的值。

请编写一组程序,基于栈实现将中缀表达式转化为后缀表达式,再计算后缀表达式的值。

示例:

输入:2+5+1*((3-3/1+2*3)-1.2)*2

输出:16.6

```
package ex32;
import java.util.Stack;                          //可直接引用系统提供的Stack进行实验

public class CalculatorStack {

    //中缀表达式转后缀表达式
    private void InfixToSuffix(String infix, StringBuffer suffix) throws Exception {
        Stack<Character> s = new Stack<>();   //创建一个栈
        int iLen = infix.length();            //计算长度用来控制循环
        double num = 0;
        for (int i = 0;i < iLen;i++) {
            //1.略过空格
```

```
            if (infix.charAt(i) == ' ')
                continue;
            //2.如果是数字(包括小数)则直接输出
            else if (IsDigit(infix.charAt(i)))
                suffix.append(infix.charAt(i));
            //3.如果是左括号则直接入栈
            else if (infix.charAt(i) == '(')
                s.push(infix.charAt(i));
            //4.如果是右括号则出栈,直到遇到'('为止,并把'('出栈
            else if (infix.charAt(i) == ')') {
                while (s.peek() != '(') {
                    suffix.append(s.peek());
                    s.pop();
                }
                s.pop();
            }
            //5.如果是+、-,若栈中无元素或者栈顶有'(',则直接入栈,否则全部出栈(遇到'('也
停止)后再入栈(因为+、-运算符的优先级最低)
            else if (infix.charAt(i) == '+'|| infix.charAt(i) == '-') {
                //加一个分隔符,区分两位以上的数字
                suffix.append(' ');
                if (s.empty() || s.peek() == '(')
                    s.push(infix.charAt(i));
                else {
                    do {
                        suffix.append(s.peek());
                        s.pop();
                    } while (!s.empty() && s.peek() != '(');
                    s.push(infix.charAt(i));
                }
            }
            //6.如果是*、/,若栈顶的优先级低于当前运算符,则直接入栈,否则先出栈再入栈
            else if (infix.charAt(i) == '*'|| infix.charAt(i) == '/'){
                //加一个分隔符,区分两位以上的数字
                suffix.append(' ');
                //当前运算符的优先级大于栈顶的优先级时直接入栈
                if (GetPriority(s.peek(), infix.charAt(i)) == 1)
                    s.push(infix.charAt(i));
                else {
            //当栈不为空且当前运算符的优先级小于等于栈顶的优先级、栈顶不是'('时才能出栈
                    while (!s.empty() && (GetPriority(s.peek(), infix.charAt(i)) < 1) && s.
peek() != '(') {
                        suffix.append(s.peek());
                        s.pop();
                    }
                    s.push(infix.charAt(i));
                }
        }
    }
        //7.将栈中的运算符都出栈
        while (!s.empty()) {
```

```java
            suffix.append(s.peek());
            s.pop();
        }
    }

    //后缀表达式计算
    private double CalcSuffix(String suffix) {
        Stack<Double> s = new Stack<>();         //创建一个栈
        int iLen = suffix.length();              //计算长度用来控制循环
        double result = 0;                       //表达式的最终结果
        StringBuffer temp = new StringBuffer();
      //临时存放数字
        for (int i = 0;i < iLen;i++) {
            //1.扫描到数字则入栈
            if (IsDigit(suffix.charAt(i)))
                temp.append(suffix.charAt(i));
            else if (suffix.charAt(i) == ' ') { //如果遇到分隔符则把 temp 转换为数字,压入栈
                if (temp.length() > 0) {
                                   //防止运算符后面跟分隔符,所以判断一下 temp 里面是否有数字
                    s.push(Double.valueOf(temp.toString()));
                    temp.setLength(0);
                }
            }
            //2.若扫描到运算符则将栈顶的两个元素依次出栈做相应的运算,把结果再入栈
            else if (IsOperator(suffix.charAt(i))) {
                //防止数字后面直接跟运算符,所以这里也要判断一下 temp 是否还有未提取出的数字
                if (temp.length() > 0){
                    s.push(Double.valueOf(temp.toString()));
                    temp.setLength(0);
                }
                double op1 = s.peek();
                s.pop();
                double op2 = s.peek();
                s.pop();
                result = Calc(op1, op2, suffix.charAt(i));
                s.push( result);
            }
        }
        return s.peek();
    }

    //判断是否为数字
    private boolean IsDigit(char ch) {

        return (ch >= '0' && ch <= '9') || ch == '.' ? true : false;
    }

    //判断是否为操作符
    private boolean IsOperator(char ch) {

        return ch == '+' || ch == '-' || ch == '*' || ch == '/' ? true : false;
```

```
    }

    //判断运算符的优先级,-1表示小于,0表示等于,1表示大于
    private int GetPriority(char op1, char op2) throws Exception {
        if ((op1 == '+'|| op1 == '-') && (op2 == '-'|| op2 == '+'))
            return 0;
        else if (op1 == op2)
            return 0;
        else if ((op1 == '+'|| op1 == '-') && (op2 == '*'|| op2 == '/'))
            return 1;
        else if ((op1 == '*'|| op1 == '/') && (op2 == '-'|| op2 == '+'))
            return -1;
        else if ((op1 == '*'|| op1 == '/') && (op2 == '*'|| op2 == '/') && op1 != op2)
            return 0;
        else
            throw new Exception("两个运算符的优先级未定义.");
    }

    //根据运算符进行计算
    private double Calc(double op1, double op2, char op) {
        switch (op) {
        case '+': return op2 + op1;
        case '-': return op2 - op1;
        case '*': return op2 * op1;
        case '/': if (op1 != 0) return op2 / op1;
                  else return 0;
        default:  return 0;
        }
    }

    //获取结果
    public double GetResult(String infix) throws Exception {
        StringBuffer suffix = new StringBuffer();
        InfixToSuffix(infix, suffix);
        return CalcSuffix(suffix.toString());
    }

    public static void main(String[] args) throws Exception {
        CalculatorStack calc = new CalculatorStack();

    System.out.println(calc.GetResult("2+5+1*((3-3/1+2*3)-1.2)*2"));
        System.out.println(2+5+1*((3-3/1+2*3)-1.2)*2);
    }
}
```

3. 杨辉三角形如图A.1所示,它的每行每列之间存在一定的规律。请编写一组程序,基于队列,实现杨辉三角形的打印。

```
          1   1
        1   2   1
      1   3   3   1
    1   4   6   4   1
  1   5   10  10  5   1
1   6   15  20  15  6   1
```

图A.1 杨辉三角形

示例:

输入:6

输出：

1 1

1 2 1

1 3 3 1

1 4 6 4 1

1 5 10 10 5 1

```
package ex33;

import java.util.Scanner;

public class YhsjQueue {
    public class Node {
        public Object data;                            //存放结点数据值
        public Node next;                              //存放后继结点
        //无参构造函数
        public Node(){
            this(null,null);
        }
        //只有结点值的构造函数
        public Node(Object data){
            this(data,null);
        }
        //带有结点值和后继结点的构造函数
        public Node(Object data,Node next){
            this.data = data;
            this.next = next;
        }

    }
    private Node front;                                //队首指针
    private Node rear;                                 //队尾指针

    //构造空队列
    public YhsjQueue(){
        front = rear = null;
    }
    //将队列置空
    public void clear() {
        front = rear = null;
    }
    //判断队列是否为空
    public boolean isEmpty() {
        return front == null;
    }

    //返回队列的长度
    public int length() {
        Node p = front;
        int length = 0;
        while(p!= null){
```

```
            p = p.next;
            length++;
        }
        return length;
    }

    //读取队首元素并返回其值
    public Object peek() {
        if(isEmpty())
            return null;
        return front.data;
    }
    //入队
    public void offer(Object x) throws Exception {
        Node s = new Node(x);
        if(!isEmpty()){                               //如果队列非空
            rear.next = s;
            rear = s;
        }
        else{
            front = rear = s;
        }

    }
    //出队
    public Object poll() {
        if((front == null))
            return null;
        Node p = front;
        front = front.next;
        if(p == rear)                                 //删除结点为队尾结点时需要修改 rear
            rear = null;
        return p.data;
    }
    //输出队列中的所有数据元素
    public void display() {
        if(!isEmpty()){
            for(Node p = front;p!= null;p = p.next){
                System.out.print(p.data + " ");
            }
        }
        else{
            System.out.print("此队列为空");
        }

    }

    public static void main(String[] args) throws Exception{
        Scannerinput  =  new Scanner(System.in);
        int n = input.nextInt();
        YhsjQueue q  =  new YhsjQueue();
```

```java
        q.offer(1);                          //先添加两个 1 进入队列
        q.offer(1);
        int temp;
        int s = 0;
        for(int i = 1;i <= n;i++)
        {
            System.out.println();            //换行
            q.offer(0);                      //各行间插入一个 0
            for(int j = 1;j <= i + 2;j++)
            {
                temp = (int) q.poll();       //退出一个系数 temp
                q.offer(temp + s);           //计算下一行的系数并加入队列
                s = temp;
                if(j!= i + 2)
                    System.out.print(s + " ");
            }
        }
    }

}
```

第 4 章　串和数组

1. 请编写一组程序，实现两个函数，计算 next 失配函数和使用 KMP 算法实施串的模式匹配函数。输入两个字符串 a、b，调用这两个函数进行模式匹配，如果 a 中存在字符串 b，则输出“匹配”，否则输出“不匹配”。

示例：

输入：

abcbcaabc

bcaa

输出：

匹配

```java
package ex41;


public class KMPAlgorithm {

    //判断是否匹配
    public static boolean matchString(String target, String mode) {
        //为了与算法保持一致，使 index 从 1 开始增加前缀
        StringnewTarget = "x" + target;          //target 为目标文本串
        StringnewMode = 'x' + mode;              //mode 为模式串

        int[] K = calculateK(mode);

        int i = 1;
        int j = 1;
```

```
        while(i <= target.length() && j <= mode.length()) {
            if (j == 0 || newTarget.charAt(i) == newMode.charAt(j)) {
                i++;
                j++;
            }else {
                j = K[j];
            }
        }

        if (j > mode.length()) {
            return true;
        }
        return false;
    }


    //计算 K 值
    private static int[] calculateK(String mode) {
        //为了与算法保持一致,使 index 从 1 开始增加前缀
        StringnewMode = "x" + mode;
        int[] K = new int[newMode.length()];
        int i = 1;
        K[1] = 0;
        int j = 0;

        while(i < mode.length()) {
            if (j == 0 || newMode.charAt(i) == newMode.charAt(j)){
                i++;
                j++;
                K[i] = j;
            }else {
                j = K[j];
            }
        }

        return K;
    }

    public static void main(String[] args) {
        Stringa = "abcbcaabc";
        Stringb = "bcaa";
        if(KMPAlgorithm.matchString(a, b))
            System.out.println("匹配");
        else
            System.out.println("不匹配");
    }

}
```

2. 当稀疏矩阵中非零元素的位置或个数经常发生变化时不宜采用三元组顺序表存储结构,而应该采用链式存储结构表示。十字链表是稀疏矩阵的另一种存储结构,在十字链表

中稀疏矩阵的非零元素用一个结点来表示，每个结点由 5 个域组成，如图 A.2 所示。其中，row 域存放该元素的行号，column 域存放该元素的列号，value 域存放该元素的值，right 域存放与该元素同行的下一个非零元素结点的指针，down 域存放与该元素同列的下一个非零元素结点的指针。每个非零数据元素结点既是某个行链表中的一个结点，也是某个列链表中的结点，整个稀疏矩阵构成了一个十字交叉的链表，这样的链表称为十字链表。

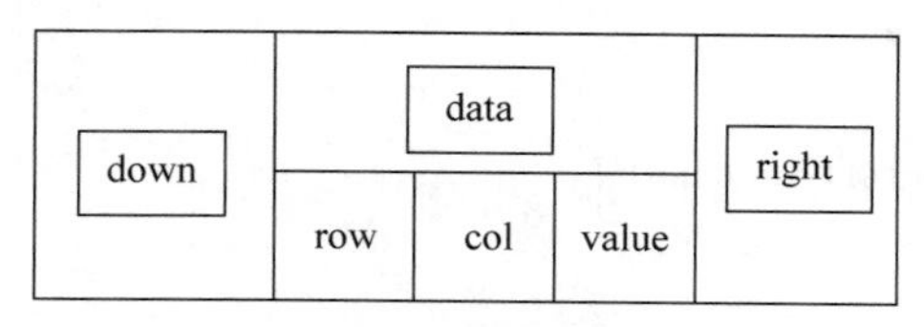

图 A.2　稀疏矩阵的 5 个域

请编写一组程序，构建 3 个类，即三元组结点类 TripleNode、十字链表存储的结点类 OLNode 和十字链表存储类 CrossList，实现十字链表的存储。当输入一组稀疏矩阵数据时能输出矩阵的非零元素的个数，并分别从行和列输出非零元素。

```
package ex42;

//稀疏矩阵的十字链表存储的结点结构
public class OLNode {

    private TripleNode data;              //三元组存储的数据包括该元素所在的行、列和数值
    private OLNode Right;                 //行链表指针
    private OLNode down;                  //列链表指针


    public OLNode() {
        this(null, null, null);
    }

    public OLNode(TripleNode data) {
        this(data, null, null);
    }

    public OLNode(TripleNode data, OLNode right, OLNode down) {
        super();
        this.data = data;
        Right = right;
        this.down = down;
    }

    public TripleNode getData() {
        return data;
    }

    public OLNode getRight() {
        return Right;
    }
```

```java
    public void setRight(OLNode right) {
        Right = right;
    }

    public OLNode getDown() {
        return down;
    }

    public void setDown(OLNode down) {
        this.down = down;
    }

    public void setData(TripleNode data) {
        this.data = data;
    }

}
package ex42;

//三元组抽象结构
public class TripleNode {

    private int row;

    private int column;

    private double value;

    public TripleNode(int row, int column, double value) {
        super();
        this.row = row;
        this.column = column;
        this.value = value;
    }

    public TripleNode() {
        this(0, 0, 0);
    }

    public int getRow() {
        return row;
    }

    public void setRow(int row) {
        this.row = row;
    }

    public int getColumn() {
        return column;
    }
```

```
    public void setColumn(int column) {
        this.column = column;
    }

    public double getValue() {
        return value;
    }

    public void setValue(double value) {
        this.value = value;
    }

    public String toString() {
        return "[ (" + row + "," + column + "), "
                + value + " ]";
    }

}
package ex42;

//稀疏矩阵的十字链表存储法

public class CrossList {

    private int cols;                    //原始矩阵的列数

    private int rows;                    //原始矩阵的行数

    private int nums;                    //原始矩阵中非零元素的个数

    private OLNode[] rhead;  //列指针——单纯地充当头指针,执行该行的第一个非零元素,所以
其长度等于 cols

    private OLNode[] chead;  //行指针——单纯地充当头指针,执行该列的第一个非零元素,所以
其长度等于 rows

    public CrossList(int cols, int rows) {
        inintHeader(cols, rows);
    }

    //将一个数组变成一个稀疏矩阵存储的形式
    public CrossList(double[][] datas) {
        inintHeader(datas[0].length, datas.length);
        for (int row = 0; row < datas.length; row++) {
            for (int col = 0; col < datas[0].length; col++) {
                if (datas[row][col] != 0) {
                    insert(row, col, datas[row][col]);
                }
            }
        }
```

```
    }

    //在该稀疏矩阵中插入一个元素
    public void insert(int row, int col, double data) {
        this.nums++;
        //创建一个十字链表结点,并将数据存储进去
        TripleNodeda = new TripleNode(row, col, data);
        OLNodenewNode = new OLNode(da);

        //通过行、列头指针确定指向该新结点的指针
        OLNodet = rhead[row];              //找到该行的头指针
        while (t.getRight() != null) {     //找到该行的末尾
            t = t.getRight();
        }
        t.setRight(newNode);               //让该行的末尾指向该新结点
        t = chead[col];
        while (t.getDown() != null) {
            t = t.getDown();
        }
        t.setDown(newNode);
    }

    //通过行数和列数初始化行、列头指针
    public void inintHeader(int cols, int rows) {
        this.cols = cols;
        this.rows = rows;
        rhead = new OLNode[cols];
        chead = new OLNode[rows];
        //初始化行的头指针
        for (int i = 0; i < rhead.length; i++) {
            rhead[i] = new OLNode();
        }
        //设置列的头指针
        for (int i = 0; i < chead.length; i++) {
            chead[i] = new OLNode();
        }
    }

    //将十字存储的链表还原成原始矩阵
    public double[][] reBackToArr() {
        double arr[][] = new double[rows][cols];
        for (int i = 0; i < rhead.length; i++) {
            OLNodet = rhead[i];
            while (t != null) {
                if (t.getData() != null) {//头指针数据为空
arr[t.getData().getRow()][t.getData().getColumn()] = t
                            .getData().getValue();
                }
                t = t.getRight();
            }
```

```
        }

        return arr;
    }

    //遍历整个十字链表
    public void printfArrOfRC() {
        System.out.println("原始矩阵 共" + rows + "行, " + cols + "列, " + this.nums
                + "个非零元素");
System.out.println("---------------------------------------");
        System.out.println("从行上来看");
        System.out.println("行号");
        for (int i = 0; i < rhead.length; i++) {
            System.out.print(i + "  ");
            OLNodet = rhead[i];
            while (t != null) {
                if (t.getData() != null) {//头指针数据为空
                    System.out.print(t.getData().getValue() + "->");
                }
                t = t.getRight();
            }
            System.out.println();
        }
System.out.println("---------------------------------------");
        System.out.println("从列上来看");
        System.out.println("列号");
        for (int i = 0; i < chead.length; i++) {
            System.out.print(i + "  ");
            OLNodet = chead[i];
            while (t != null) {
                if (t.getData() != null) {
                    System.out.print(t.getData().getValue() + "->");
                }
                t = t.getDown();
            }
            System.out.println();
        }
    }

    public CrossList() {
        super();
    }

    public CrossList(int cols, int rows, int nums, OLNode[] rhead,
            OLNode[]chead) {
        super();
        this.cols = cols;
        this.rows = rows;
        this.nums = nums;
        this.rhead = rhead;
        this.chead = chead;
```

```
    }

    public int getCols() {
        return cols;
    }

    public void setCols(int cols) {
        this.cols = cols;
    }

    public int getRows() {
        return rows;
    }

    public void setRows(int rows) {
        this.rows = rows;
    }

    public int getNums() {
        return nums;
    }

    public void setNums(int nums) {
        this.nums = nums;
    }

    public OLNode[] getRhead() {
        return rhead;
    }

    public void setRhead(OLNode[] rhead) {
        this.rhead = rhead;
    }

    public OLNode[] getChead() {
        return chead;
    }

    public void setChead(OLNode[] chead) {
        this.chead = chead;
    }

    public static void main(String[] args) {
        double[][] arr = { { 0, 0, 1, 0 }, { 1, 0, 0, 4 }, { 0, 0, 3, 0 },
                { 1, 2, 0, 4 } };
        CrossListcList = new CrossList(arr);
        cList.printfArrOfRC();
    }

}
```

第 5 章　树结构

1. 以{1,2,3,4,5,6,7,8,9}为元素构造一棵二叉树，并输出它的先序遍历、中序遍历和后序遍历的结果。

输入：

1 2 3 4 5 6 7 8 9

输出：

先序遍历：

1 2 4 8 9 5 3 6 7

中序遍历：

8 4 9 2 5 1 6 3 7

后序遍历：

8 9 4 5 2 6 7 3 1

```java
package ex51;
import java.util.LinkedList;
import java.util.List;
public class TraversalOfBinaryTree {
    /* 功能：把一个数组的值存入二叉树中，然后进行 3 种方式的遍历 */
        private int[] array = { 1, 2, 3, 4, 5, 6, 7, 8, 9 };
        private static List<Node> nodeList = null;
        /* 内部类：结点 */
        private static class Node {
            Node leftChild;
            Node rightChild;
            int data;

            Node(int newData) {
                leftChild = null;
                rightChild = null;
                data = newData;
            }
        }
        public void createBinTree() {
            nodeList = new LinkedList<Node>();
            //将一个数组的值依次转换为 Node 结点
            for (int nodeIndex = 0; nodeIndex < array.length; nodeIndex++) {
                nodeList.add(new Node(array[nodeIndex]));
            }
            //对前 lastParentIndex - 1 个父结点按照父结点与孩子结点的数字关系建立二叉树
            for (int parentIndex = 0; parentIndex < array.length / 2 - 1; parentIndex++) {
                //左孩子
                nodeList.get(parentIndex).leftChild = nodeList
                        .get(parentIndex * 2 + 1);
                //右孩子
                nodeList.get(parentIndex).rightChild = nodeList
                        .get(parentIndex * 2 + 2);
```

```
        }
        //最后一个父结点:因为最后一个父结点可能没有右孩子,所以单独拿出来处理
        int lastParentIndex = array.length / 2 - 1;
        //左孩子
        nodeList.get(lastParentIndex).leftChild = nodeList
                .get(lastParentIndex * 2 + 1);
        //右孩子,如果数组的长度为奇数才建立右孩子
        if (array.length % 2 == 1) {
            nodeList.get(lastParentIndex).rightChild = nodeList
                    .get(lastParentIndex * 2 + 2);
        }
    }
    /* 先序遍历的这3种不同的遍历结构都是一样的,只是先后顺序不一样而已 */
    public static void preOrderTraverse(Node node) {
        if (node == null)
            return;
        System.out.print(node.data + " ");
        preOrderTraverse(node.leftChild);
        preOrderTraverse(node.rightChild);
    }

    /* 中序遍历的这3种不同的遍历结构都是一样的,只是先后顺序不一样而已 */
    public static void inOrderTraverse(Node node) {
        if (node == null)
            return;
        inOrderTraverse(node.leftChild);
        System.out.print(node.data + " ");
        inOrderTraverse(node.rightChild);
    }

    /* 后序遍历的这3种不同的遍历结构都是一样的,只是先后顺序不一样而已 */
    public static void postOrderTraverse(Node node) {
        if (node == null)
            return;
        postOrderTraverse(node.leftChild);
        postOrderTraverse(node.rightChild);
        System.out.print(node.data + " ");
    }
    public static void main(String[] args) {
        TraversalOfBinaryTree binTree = new TraversalOfBinaryTree();
        binTree.createBinTree();
        //nodeList中第0个索引处的值即为根结点
        Node root = nodeList.get(0);

        System.out.println("先序遍历: ");
        preOrderTraverse(root);
        System.out.println();
```

```
        System.out.println("中序遍历: ");
        inOrderTraverse(root);
        System.out.println();

        System.out.println("后序遍历: ");
        postOrderTraverse(root);
    }
}
```

2. 二叉查找树也是一种常用的树状结构,它具有以下性质。

(1) 若它的左子树不空,则其左子树上的所有结点的值均小于它根结点的值。

(2) 若它的右子树不空,则其右子树上的所有结点的值均大于它根结点的值。

(3) 它的左、右子树也分别为二叉查找树。

这里分别定义二叉查找树的几个操作。

1) 查找操作

在二叉查找树中查找 x 的过程如下。

(1) 若二叉树是空树,则查找失败。

(2) 若 x 等于根结点的数据,则查找成功。

(3) 若 x 小于根结点的数据,则递归查找其左子树,否则递归查找其右子树。

2) 插入操作

二叉查找树 b 插入 x 的过程如下。

(1) 若 b 是空树,则直接将插入的结点作为根结点插入。

(2) 若 x 等于 b 的根结点的数据的值,则直接返回。

(3) 若 x 小于 b 的根结点的数据的值,则将 x 要插入的结点的位置改变为 b 的左子树,否则将 x 插入的结点的位置改变为 b 的右子树。

3) 删除操作

二叉查找树的删除操作(这里根据值删除,而非结点)分 3 种情况。不过在此之前应该确保根据给定的值找到了要删除的结点,如果没找到该结点则不会执行删除操作。

下面 3 种情况假设已经找到了要删除的结点。

(1) 如果结点为叶子结点(没有左、右子树),此时删除该结点不会破坏树的结构,直接删除即可,并修改其父结点指向它的引用为 null。

(2) 如果其结点只包含左子树或者右子树,此时直接删除该结点,并将其左子树或者右子树设置为其父结点的左子树或者右子树即可,此操作不会破坏树结构。

(3) 当结点的左、右子树都不为空时,一般的删除策略是用其右子树的最小数据(容易找到)代替要删除的结点数据并递归删除该结点(此时为 null),因为右子树的最小结点不可能有左孩子,所以第二次删除较为容易。z 的左子树和右子树均不空。找到 z 的后继 y,因为 y 一定没有左子树,所以可以删除 y,让 y 的父结点成为 y 的右子树的父结点,并用 y 的值代替 z 的值,如图 A.3 所示。

请用代码实现二叉查找树的上述操作。

```
package ex52;
public class BinarySearchTree < T extends Comparable <? super T >> {
```

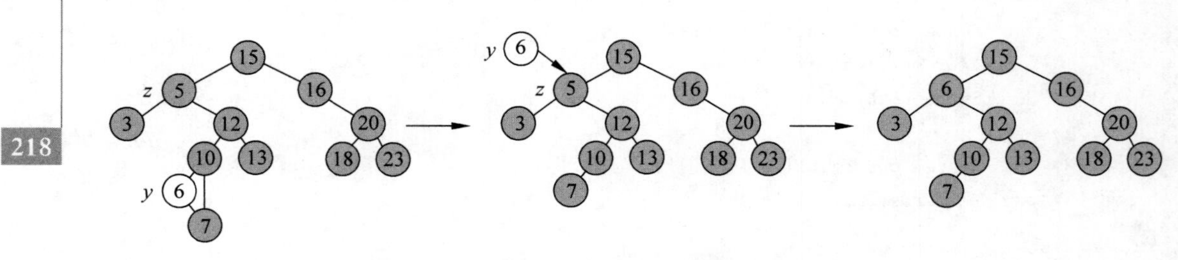

图 A.3　二叉查找树的删除操作

```
/*结点数据结构*/
static class BinaryNode<T>
    {
        T data;
        BinaryNode<T> left;
        BinaryNode<T> right;
        public BinaryNode(T data) {
            this(data,null,null);
        }
        public BinaryNode( T data, BinaryNode<T> left, BinaryNode<T> right) {
            this.data = data;
            this.left = left;
            this.right = right;
        }
        public BinaryNode()
        {
            data = null;
            this.left = left;
            this.right = right;
        }
    }
    private BinaryNode<T> rootTree;
    /*构造一棵空的二叉查找树*/
    public BinarySearchTree()
    {
        rootTree = null;
    }
    /*清空二叉查找树*/
    public void clear()
    {
        rootTree = null;
    }
    /*判断是否为空*/
    public boolean isEmpty()
    {
        return rootTree == null;
    }
    /*查找指定的元素,默认从根结点处开始查询*/
    public boolean contains(T t)
    {
       return contains(t, rootTree);
```

```
}
/*找到二叉查找树中的最小值*/
public T findMin()
{
    if(isEmpty())
    {
        System.out.println("二叉树为空");
        return null;
    }else
    return findMin(rootTree).data;

}
/*找到二叉查找树中的最大值*/
public T findMax()
{
    if(isEmpty())
        {
            System.out.println("二叉树为空");
            return null;
        }else
         return findMax(rootTree).data;
}
/*插入元素*/
public void insert(T t)
{
    rootTree = insert(t, rootTree);
}
/*删除元素*/
public void remove(T t)
{
    rootTree = remove(t,rootTree);
}
/*从某个结点处开始查找元素*/
public boolean contains(T t, BinaryNode<T> node)
{
    if(node == null)
      return false;
    int result = t.compareTo(node.data);
    if(result > 0)
       return contains(t,node.right);
    else if(result < 0)
       return contains(t, node.left);
    else
       return true;
}
/*查询出最小元素所在的结点*/
public BinaryNode<T> findMin(BinaryNode<T> node)
{
    if(node == null)
        return null;
    else if(node.left == null)
```

```
            return node;
        return findMin(node.left);            //递归查找
    }
    /*查询出最大元素所在的结点*/
    public BinaryNode<T> findMax(BinaryNode<T> node)
    {
        if(node!= null)
        {
            while(node.right!= null)
                node = node.right;
        }
        return node;
    }
    /*在某个位置开始判断插入元素*/
    public BinaryNode<T> insert(T t,BinaryNode<T> node)
    {
        if(node == null)
        {
            //新构造一棵二叉查找树
            return new BinaryNode<T>(t, null, null);
        }
        int result = t.compareTo(node.data);
        if(result<0)
           node.left = insert(t,node.left);
        else if(result>0)
           node.right = insert(t,node.right);
        else
            ;//doNothing
        return node;
    }
    /*在某个位置开始判断删除某个结点*/
    public BinaryNode<T> remove(T t,BinaryNode<T> node)
    {
        if(node == null)
            return node;                      //没有找到,不操作
        int result = t.compareTo(node.data);
        if(result>0)
            node.right = remove(t,node.right);
        else if(result<0)
            node.left = remove(t,node.left);
        else if(node.left!= null&&node.right!= null)
        {
            node.data = findMin(node.right).data;
            node.right = remove(node.data,node.right);
        }
        else
            node = (node.left!= null)?node.left:node.right;
        return node;
    }
    public BinaryNode<Integer> init()
    {
```

```
        BinaryNode< Integer > node3 = new BinaryNode< Integer >(3);
        BinaryNode< Integer > node1 = new BinaryNode< Integer >(1);
        BinaryNode< Integer > node4 = new BinaryNode< Integer >(4,node3,null);
        BinaryNode< Integer > node2 = new BinaryNode< Integer >(2,node1,node4);
        BinaryNode< Integer > node8 = new BinaryNode< Integer >(8);
        BinaryNode< Integer > root = new BinaryNode< Integer >(6,node2,node8);
        return root;
    }
    public void preOrder(BinaryNode node) {
        if (node != null) {
            System.out.print(node.data + " ");
            preOrder(node.left);
            preOrder(node.right);
        }
    }
    /*简单测试*/
    public static void main(String[] args) {
        BinarySearchTree  searchTree = new BinarySearchTree<>();
        BinaryNode< Integer > node = searchTree.init();
        searchTree.rootTree = node;
        searchTree.preOrder(searchTree.rootTree);
        System.out.println();
        searchTree.remove(4);
        searchTree.preOrder(searchTree.rootTree);
    }
}
```

第6章 图

1. 编写一个程序,要求找出给定无向图从0点开始到所有点的最短路径。n、m 分别表示顶点数和边数;给出 k 组数据,每组数据有3个数,分别表示起始点、目标点和两点之间的距离。输入 n、m 及 k 组数据,要求输出0到各个点的最短路径的距离,格式如0→0:0。

示例:

输入:

1 1

1 2 3

输出:

0→0:0

```
package ex61;
import java.util.*;
public class DjistraPath {

    final static int MAXN = 100;
    final static int BigNum = 10000000;
    static Scanner scan = new Scanner(System.in);
    public static void main(String[] args) {
        int[][] graph = new int[MAXN][MAXN];           //存储图
```

```
        int[] dist = new int[MAXN];                    //记录0和n之间的最短距离
        boolean[] vis = new boolean[MAXN];             //记录被查找过的点
        int n,m;                                       //n、m点之间有一条路径
        n = scan.nextInt();
        m = scan.nextInt();
        Arrays.fill(vis, false);
        for(int i = 0;i < n;i++)
            for(int j = 0;j < n;j++)
                if(i == j)
                    graph[i][j] = 0;
                else
                    graph[i][j] = BigNum;
        int pos1,pos2;
        for(int i = 0;i < m;i++)    {                  //输入
            pos1 = scan.nextInt();
            pos2 = scan.nextInt();
            graph[pos1][pos2] = scan.nextInt();
        }
        for(int i = 0;i < n;i++)
            dist[i] = graph[0][i];
        vis[0] = true;int min,v = 0;
        for(int i = 0;i < n - 1;i++)    {
            min = BigNum;
            for(int j = 0;j < n;j++)    {              //找到最短路径
                if(vis[j]!= true && dist[j]< min)    {
                    min = dist[j];
                    v = j;
                }
            vis[v] = true;                             //记录为查找过的
            }
            for(int j = 0;j < n;j++)    {              //刷新dist数组
                if(vis[j] != true && dist[j]> dist[v] + graph[v][j])    {  //更新最短路径
                    dist[j] = dist[v] + graph[v][j];
                }
            }
        }
        for(int i = 0;i < n;i++)    {
            System.out.println("0 ->" + i + ":" + dist[i]);
        }
    }
}
```

2. 编写一个程序,请用Kruskal算法算出给定无向图的最小生成树。

无向图,—1表示不存在边:

0,10,—1,—1,—1,11,—1,—1,—1

10,0,18,—1,—1,—1,16,—1,12

—1,—1,0,22,—1,—1,—1,—1,8

—1,—1,22,0,20,—1,—1,16,21

—1,—1,—1,20,0,26,—1,7,—1

11，－1，－1，－1,26,0,17，－1，－1
－1,16，－1，－1，－1,17,0,19，－1
－1，－1，－1,16,7，－1,19,0，－1
－1,12,8,21，－1，－1，－1，－1,0

输入：无。

输出：生成树的每条边及其权值，按权值升序输出，格式如 0→0:0，最后输出生成树的权值之和。

```java
package ex62;
public class Kruskal {
    public static void main(String[] args) {
        int[][] map = new int[][]{
                {0,10,MAX,MAX,MAX,11,MAX,MAX,MAX},
                {10,0,18,MAX,MAX,MAX,16,MAX,12},
                {MAX,MAX,0,22,MAX,MAX,MAX,MAX,8},
                {MAX,MAX,22,0,20,MAX,MAX,16,21},
                {MAX,MAX,MAX,20,0,26,MAX,7,MAX},
                {11,MAX,MAX,MAX,26,0,17,MAX,MAX},
                {MAX,16,MAX,MAX,MAX,17,0,19,MAX},
                {MAX,MAX,MAX,16,7,MAX,19,0,MAX},
                {MAX,12,8,21,MAX,MAX,MAX,MAX,0}
        };
        kruskal(map);
    }
    static int MAX = Integer.MAX_VALUE;
    public static void kruskal(int[][] arcs) {
        //顶点的个数
        int num = arcs.length;
        //存放对应顶点所在连通图的标识
        int[] group = new int[num];
        int sum = 0, n1 = 0, n2 = 0;
        boolean finished = false;
        int groupNum = 1;
        while(!finished) {
            int min = Integer.MAX_VALUE;
            //找出所有边中的最小值
            for(int i = 0; i < num; i++) {
                for(int j = i + 1; j < num; j++) {
                    if(arcs[i][j] > 0 && arcs[i][j] < min){
                        //如果 group 相同，则表示处理过，不相同或都为 0 表示没处理过
                        if (group[i] != group[j] || (group[i] == 0 && group[j] == 0)) {
                            min = arcs[i][j];
                            n1 = i;
                            n2 = j;
                        }
                    }
                }
            }
            if(min == Integer.MAX_VALUE){
```

```
                    continue;
                }
                System.out.println(n1 + "->" + n2 + ":" + min);
                sum += min;
                //找到了最小值,设置连通标识
                if(group[n1] == 0 && group[n2] == 0){
                    group[n1] = groupNum;
                    group[n2] = groupNum;
                    groupNum++;
                }
                else if(group[n1] > 0 && group[n2] > 0) {
                    int tmp = group[n2];
                    for(int m = 0; m < group.length; m++){
                        if(group[m] == tmp){
                            group[m] = group[n1];
                        }
                    }
                }
                else{
                    if(group[n1] == 0){
                        group[n1] = group[n2];
                    }
                    else{
                        group[n2] = group[n1];
                    }
                }
                for(int i = 0; i < group.length; i++) {
                    if(group[i] != group[0]){
                        finished = false;
                        break;
                    }
                    else{
                        finished = true;
                    }
                }
                if(finished) {
                    break;
                }
            }
            System.out.println("sum:" + sum);
        }
    }
```

第7章 排序

1. 已知一个有穷整数数组,请采用冒泡排序完成从小到大的排序操作。

示例:

输入:

{1,2,5,4,7,6,3,0}

输出：
{0,1,2,3,4,5,6,7}

```
package ex71;
import java.util.Arrays;

public class BubbleSort {
    public static void bubble(int[ ]nums){
        int len = nums.length;
        for(int i = 0 ; i < len - 1 ; i ++){
            for(int j = 0 ; j < len - 1 - i ; j++){
                if(nums[j] > nums[j + 1]){
                    swap(nums, j);
                }
            }
        }
    }
    public static void swap(int[ ]nums ,int j){
        int temp = nums[j];
        nums[j] = nums[j + 1];
        nums[j + 1] = temp;
    }
    public static void main(String[ ]args){
        int [ ]nums = { 1, 2, 5, 4, 7, 6, 3, 0};
        bubble(nums);
        System.out.println(Arrays.toString(nums));
    }
}
```

2. 已知一个有穷整数数组，请采用快速排序完成从小到大的排序操作。

示例：

输入：
{1,2,5,4,7,6,3,0}

输出：
{0,1,2,3,4,5,6,7}

```
package ex72;

import java.util.Arrays;

public class QuickSort {
    public static void quicksort(int array[ ],int start,int end){
        if(start >= end || array == null)            //判断数组是否有效
            return;
        int p = partition(array,start,end);          //得到划分的位置
        quicksort(array,start,p - 1);
        quicksort(array,p + 1,end);
    }
    private static int partition(int[ ] array, int start, int end) {
```

```
        int value = array[end];                          //选择最后一个元素作为支点
        int index = start - 1;
        for (int i = start; i < end; i++) {
            if (array[i] < value) {
                index++;
                if (index != i) {                        //交换 nums[index]和 nums[i]
                    swap(array, index, i);
                }
            }
        }
        if ((index + 1) != end) {
            swap(array, index + 1, end);
        }
        return index + 1;
    }
    public static void swap(int[] array, int i, int j) {
        int temp = array[i];
        array[i] = array[j];
        array[j] = temp;
    }
    public static void main(String[]args){
        int []nums = { 1, 2, 5, 4, 7, 6, 3, 0};
        quicksort(nums,0,nums.length - 1);
        System.out.println(Arrays.toString(nums));
    }
}
```

3. 已知一个有穷整数数组,请采用归并排序完成从小到大的排序操作。

示例:

输入:

{1,2,5,4,7,6,3,0}

输出:

{0,1,2,3,4,5,6,7}

```
package ex73;

import java.util.Arrays;

public class MergeSort {
    public static int[] sort(int[] nums, int low, int high) {
        int mid = (low + high) / 2;
        if (low < high) {
            sort(nums, low, mid);
            sort(nums, mid + 1, high);
            merge(nums, low, mid, high);
        }
        return nums;
    }
    public static void merge(int[] nums, int low, int mid, int high) {
        int[] tempArray = new int[high - low + 1];
```

```
        int left = low;                                   //左指针
        int right = mid + 1;                              //右指针
        int i = 0;                                        //指向 tempArray 的指针
        //将左边的元素移到数组中
        while (left <= mid && right <= high) {
            if (nums[left] < nums[right]) {
                tempArray[i++] = nums[left++];
            } else {
                tempArray[i++] = nums[right++];
            }
        }
        //将左边的元素移到数组中
        while (left <= mid) {
            tempArray[i++] = nums[left++];
        }
        //将右边的元素移动到数组中
        while (right <= high) {
            tempArray[i++] = nums[right++];
        }
        //更新数组
        for (int j = 0; j < tempArray.length; j++) {
            nums[j + low] = tempArray[j];
        }
    }
    public static void main(String[] args) {
        int []nums = { 1, 2, 5, 4, 7, 6, 3, 0};
        MergeSort.sort(nums, 0, nums.length - 1);
        System.out.println(Arrays.toString(nums));
    }
}
```

第8章　查找

1. 输入一组字符串，已知所给字符串只包含'('和')'，请使用顺序查找，求出最长的合法括号子串的长度。例如，所给字符串为()()()),则最长的合法括号子串为()()(),因此输出该子串的长度6。

示例：

输入：

()()

输出：

4

```
package ex81;

public class SeqSearch {
    public static int longestValidParentheses(String s) {
        int right = 0 , left = 0, ans = 0;
        /* * *
```

```
             * right records the number of '('
             * left records the number of ')'
             * ans records the length of the longest valid substring
             * initialization right = left = ans = 0;
             */

            int len = s.length();
            for(int i = 0 ; i < len ; i++){
                    if(s.charAt(i) == '(')
                        left++;
                    else
                        right++;
                    if(left == right){
                        ans = Math.max(ans,2 * right);   //更新长度
                    }
                    else if(right > left)
                        left = right = 0;
            }
            left = right = 0;
            //re - initialization
            for(int i = len - 1 ; i >= 0 ; i -- ){
                    if(s.charAt(i) == ')')
                        right++;
                    else
                        left++;
                    if(right == left)
                        ans = Math.max(ans,2 * left);
                    else if(left > right)
                        left = right = 0;
            }
            return ans;
        }
        public static void main(String[ ]args){
            String s = "()()())";
            System.out.println(longestValidParentheses(s));
        }
}
```

2. 给定一个循环有序数组,任意选择一个主元作为初始元素。例如,{1,2,3,4,5,6,7}可能转换为{3,4,5,6,7,1,2,3}、{7,6,5,4,3,2,1}或者{2,3,4,5,6,7,1}等。现在请使用二分查找法实现返回给出数字在循环有序数组中的下标(下标从0开始),如果数字不存在则返回-1。

示例:

输入:

{3,4,5,6,7,2,1}

2

输出:

5

```java
package ex82;

public class BinarySearch {
    public static int search(int[] nums, int target) {
        int start = 0;
        int end = nums.length - 1;
        while (start <= end){
            int mid = (start + end) / 2;
            if (nums[mid] == target)
                return mid;
            if (nums[start] <= nums[mid]){
                if (target < nums[mid] && target >= nums[start])  //nums[start] <= target <
nums[mid]
                    end = mid - 1;                     //移动尾指针
                else
                    start = mid + 1;
            }
            if (nums[mid] <= nums[end]){
                if (target > nums[mid] && target <= nums[end])
                                                       //nums[mid] < target <= nums[end]
                    start = mid + 1;                   //移动头指针
                else
                    end = mid - 1;
            }
        }
        return -1;
    }
    public static void main(String[]args){
        int []nums = {3,4,5,6,7,2,1};
        int target = 2;
        System.out.println(search(nums,target));
    }
}
```

3. 编写一组程序,实现一个二叉查找树的功能,可以将给定的一个数组建立成二叉树,进行动态插入、删除关键字;查询根结点关键字、最小关键字、最大关键字;查询前驱结点、后继结点以及将树转换为有序列表等操作。

输入示例:

13 5 17 6 22 11 25 3 18 33 2 26

输入示例如图 A.4 所示。

对输入进行以下 3 种操作:

(1) 建立二叉查找树,从左到右输出所有结点(结点格式为(a,b,c),其中 a 代表左结点、c 代表右结点、b 代表父结点)。

输出示例:

(,2,)(2,3,)(3,5,6)(,6,11)(,11,)(5,13,17)(,17,22)(,18,)(18,22,25)(,25,33)(,26,)(26,33,)

(2) 插入关键字'16',删除关键字'26',再输出所有结点。

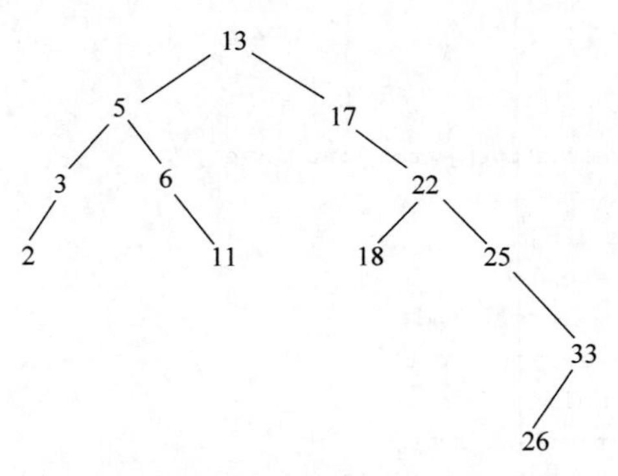

图 A.4　输入示例图

输出示例：

(,2,)(2,3,)(3,5,6)(,6,11)(,11,)(5,13,17)(,16,)(16,17,22)(,18,)(18,22,25)(,25,33)(,33,)

(3) 将(2)转换为有序列表输出。

输出示例：

2 3 5 6 11 13 16 17 18 22 25 33

```
package ex83;

import java.util.ArrayList;
import java.util.List;

public class BinarySearchTree {

    //树的根结点
    private TreeNode root = null;

    //遍历结点列表
    private List < TreeNode > nodelist = new ArrayList < TreeNode >();

    private class TreeNode {

        private int key;
        private TreeNode leftChild;
        private TreeNode rightChild;
        private TreeNode parent;

        public TreeNode(int key, TreeNode leftChild, TreeNode rightChild,
                TreeNodeparent) {
            this.key = key;
            this.leftChild = leftChild;
            this.rightChild = rightChild;
            this.parent = parent;
        }

        public int getKey() {
```

```java
            return key;
        }

        public String toString() {
            Stringleftkey = (leftChild == null ? "" : String
                    .valueOf(leftChild.key));
            Stringrightkey = (rightChild == null ? "" : String
                    .valueOf(rightChild.key));
            return "(" + leftkey + "," + key + "," + rightkey + ")";
        }

    }

    //判断二叉查找树是否为空
    public boolean isEmpty() {
        if (root == null) {
            return true;
        }else {
            return false;
        }
    }

    //若树为空,则抛出异常
    public void TreeEmpty() throws Exception {
        if (isEmpty()) {
            throw new Exception("树为空!");
        }
    }

    //在二叉查找树中查询给定关键字
    public TreeNode search(int key) {
        TreeNodepNode = root;
        while (pNode != null && pNode.key != key) {
            if (key < pNode.key) {
                pNode = pNode.leftChild;
            }else {
                pNode = pNode.rightChild;
            }
        }
        return pNode;
    }

    //获取二叉查找树中的最小关键字结点
    public TreeNode minElemNode(TreeNode node) throws Exception {
        if (node == null) {
            throw new Exception("树为空!");
        }
        TreeNodepNode = node;
        while (pNode.leftChild != null) {
            pNode = pNode.leftChild;
        }
```

```
        return pNode;
    }

    //获取二叉查找树中的最大关键字结点
    public TreeNode maxElemNode(TreeNode node) throws Exception {
        if (node == null) {
            throw new Exception("树为空!");
        }
        TreeNodepNode = node;
        while (pNode.rightChild != null) {
            pNode = pNode.rightChild;
        }
        return pNode;
    }

    //获取给定结点在中序遍历顺序下的后继结点
    public TreeNode successor(TreeNode node) throws Exception {
        if (node == null) {
            return null;
        }

        //若该结点的右子树不为空,则其后继结点就是右子树中的最小关键字结点
        if (node.rightChild != null) {
            return minElemNode(node.rightChild);
        }
        //若该结点的右子树为空
        TreeNodeparentNode = node.parent;
        while (parentNode != null && node == parentNode.rightChild)
        {
            node = parentNode;
            parentNode = parentNode.parent;
        }
        return parentNode;
    }

    //获取给定结点在中序遍历顺序下的前趋结点
    public TreeNode precessor(TreeNode node) throws Exception {
        if (node == null) {
            return null;
        }

        //若该结点的左子树不为空,则其前趋结点就是左子树中的最大关键字结点
        if (node.leftChild != null) {
            return maxElemNode(node.leftChild);
        }
        //若该结点的左子树为空
        TreeNodeparentNode = node.parent;
        while (parentNode != null && node == parentNode.leftChild)
        {
            node = parentNode;
            parentNode = parentNode.parent;
```

```
        }
        return parentNode;
    }

    //insert: 将给定关键字插入到二叉查找树中
    public void insert(int key) {
        TreeNodeparentNode = null;
        TreeNodenewNode = new TreeNode(key, null, null, null);
        TreeNodepNode = root;
        if (root == null) {
            root = newNode;
            return;
        }
        while (pNode != null) {
            parentNode = pNode;
            if (key < pNode.key) {
                pNode = pNode.leftChild;
            }else if (key > pNode.key) {
                pNode = pNode.rightChild;
            }else {
                //树中已存在匹配给定关键字的结点,则什么都不做直接返回
                return;
            }
        }
        if (key < parentNode.key) {
            parentNode.leftChild = newNode;
            newNode.parent = parentNode;
        }else {
            parentNode.rightChild = newNode;
            newNode.parent = parentNode;
        }

    }

    //从二叉查找树中删除匹配给定关键字相应的树结点
    public void delete(int key) throws Exception {
        TreeNodepNode = search(key);
        if (pNode == null) {
            throw new Exception("树中不存在要删除的关键字!");
        }
        delete(pNode);
    }

    //delete: 从二叉查找树中删除给定的结点
    private void delete(TreeNode pNode) throws Exception {
        if (pNode == null) {
            return;
        }
        if (pNode.leftChild == null && pNode.rightChild == null) {
                                                    //该结点既无左孩子结点,也无右孩子结点
            TreeNodeparentNode = pNode.parent;
```

```
            if (pNode == parentNode.leftChild) {
                parentNode.leftChild = null;
            }else {
                parentNode.rightChild = null;
            }
            return;
        }
        if (pNode.leftChild == null && pNode.rightChild != null) {
                                              //该结点的左孩子结点为空,右孩子结点非空
            TreeNodeparentNode = pNode.parent;
            if (pNode == parentNode.leftChild) {
                parentNode.leftChild = pNode.rightChild;
                pNode.rightChild.parent = parentNode;
            }else {
                parentNode.rightChild = pNode.rightChild;
                pNode.rightChild.parent = parentNode;
            }
            return;
        }
        if (pNode.leftChild != null && pNode.rightChild == null) {
                                              //该结点的左孩子结点非空,右孩子结点为空
            TreeNodeparentNode = pNode.parent;
            if (pNode == parentNode.leftChild) {
                parentNode.leftChild = pNode.leftChild;
                pNode.rightChild.parent = parentNode;
            }else {
                parentNode.rightChild = pNode.leftChild;
                pNode.rightChild.parent = parentNode;
            }
            return;
        }
        //该结点的左、右孩子结点均非空,则删除该结点的后继结点,并用该后继结点取代该结点
        TreeNodesuccessorNode = successor(pNode);
        delete(successorNode);
        pNode.key = successorNode.key;
    }

    //获取二叉查找树的中序遍历结点列表
    public List<TreeNode> inOrderTraverseList() {
        if (nodelist != null) {
            nodelist.clear();
        }
        inOrderTraverse(root);
        return nodelist;
    }


    //对给定二叉查找树进行中序遍历
    private void inOrderTraverse(TreeNode root) {
        if (root != null) {
            inOrderTraverse(root.leftChild);
```

```java
            nodelist.add(root);
            inOrderTraverse(root.rightChild);
        }
    }

    //获取二叉查找树中关键字的有序列表
    public String toStringOfOrderList() {
        StringBuildersbBuilder = new StringBuilder("");
        for (TreeNode p : inOrderTraverseList()) {
            sbBuilder.append(p.key);
            sbBuilder.append(" ");
        }
        sbBuilder.append("");
        return sbBuilder.toString();
    }

    //获取该二叉查找树的字符串表示
    public String toString() {
        StringBuildersbBuilder = new StringBuilder("");
        for (TreeNode p : inOrderTraverseList()) {
            sbBuilder.append(p);
            sbBuilder.append("");
        }
        sbBuilder.append("");
        return sbBuilder.toString();
    }

    public TreeNode getRoot() {
        return root;
    }

    public static void main(String[] args) {
        try {
            BinarySearchTreebst = new BinarySearchTree();
            int[] keys = new int[] { 13,5,17,6,22,11,25,3,18,33,2,26 };
            for (int key : keys) {
                bst.insert(key);
            }
            System.out.println("(1): " + bst);
            bst.insert(16);
            bst.delete(26);
            System.out.println("(2): " + bst);
            System.out.println("(3): " + bst.toStringOfOrderList());
        }catch (Exception e) {
            System.out.println(e.getMessage());
            e.printStackTrace();
        }
    }

}
```

参 考 文 献

[1] 叶核亚.数据结构(Java版)[M].北京:电子工业出版社,2015.
[2] 袁开友,郑孝宗.数据结构(Java应用案例教程)[M].重庆:重庆大学出版社,2014.
[3] 刘小晶,杜选.数据结构(Java语言描述)[M].北京:清华大学出版社,2011.
[4] 张强,赵莹,武岩.Java与数据结构的应用[M].北京:北京邮电大学出版社,2015.
[5] 徐孝凯.数据结构教程(Java语言描述)[M].北京:清华大学出版社,2010.
[6] WEISS M A.数据结构与问题求解(Java语言版)[M].葛秀慧,田洁,王春梅,等译.4版.北京:清华大学出版社,2011.
[7] 丁海军.数据结构(Java语言描述)[M].北京:电子工业出版社,2015.
[8] 雷军环,吴名星.数据结构(Java语言版)[M].北京:清华大学出版社,2015.
[9] 王学军.数据结构(Java语言版)[M].北京:人民邮电出版社,2008.
[10] LEWIS J,CHASE J.Java软件结构与数据结构[M].3版.北京:清华大学出版社,2009.
[11] WEISS M A.数据结构与算法分析(Java语言描述)[M].冯舜玺,译.2版.北京:机械工业出版社,2015.
[12] LAFORE R.Java数据结构和算法[M].2版.北京:中国电力出版社,2007.
[13] 车战斌,李占波.面向对象的数据结构(Java版)[M].郑州:河南科学技术出版社,2008.
[14] 蔡明志.数据结构(Java版)[M].北京:中国铁道出版社,2006.